U0393011

XIBEI DIQU CAIMEI CHENXIAN
DUI DIBIAO SHENGTAI HUANJING DE YINGXIANG YANJIU

西北地区采煤沉陷
对地表生态环境的影响研究

张 凯 刘舒予 白 璐 杨英明 等著

化学工业出版社
·北京·

内容简介

本书以西北地区采煤沉陷区为研究对象，围绕沉陷对生态环境的影响这一复杂问题，对西北地区采煤对环境的影响进行了系统总结。内容主要包括煤炭开采地表沉陷特征与影响范围研究、不同沉陷特征下土壤和植被特征研究、沉陷区表层土壤理化性质时空变化规律及成因解析、沉陷区包气带土壤含水率时空变化规律研究、基于同位素示踪法的神东矿区土壤水运移规律研究、采煤沉陷区地表生态环境质量综合评价等。书中列出的研究方法可供相关领域的科研人员和学者参考，内容广博，论述系统。

本书可供从事生态环境监测与评价、矿山生态修复、土壤水运移分布等研究领域的科研人员参考，也可作为大专院校环境工程、环境科学等专业师生的参考书。

图书在版编目（CIP）数据

西北地区采煤沉陷对地表生态环境的影响研究/张凯等著．—北京：化学工业出版社，2023.6

ISBN 978-7-122-43278-0

Ⅰ.①西… Ⅱ.①张… Ⅲ.①煤矿开采-采空区-生态环境-环境影响-研究-西北地区 Ⅳ.①X822.5

中国国家版本馆 CIP 数据核字（2023）第 065195 号

责任编辑：于 水　　装帧设计：韩 飞
责任校对：刘 一

出版发行：化学工业出版社（北京市东城区青年湖南街 13 号 邮政编码 100011）
印　　装：北京建宏印刷有限公司
710mm×1000mm 1/16 印张 17¼ 字数 288 千字 2023 年 6 月北京第 1 版第 1 次印刷

购书咨询：010-64518888　　售后服务：010-64518899
网　　址：http://www.cip.com.cn
凡购买本书，如有缺损质量问题，本社销售中心负责调换。

定　　价：128.00 元

前 言

富煤贫油少气是中国的国情，煤炭目前仍是中国的主要能源之一，占全国一次能源消费总量的56%，承担着国家能源安全基石的重任。按区域分，我国煤炭资源分布大体呈现出“西多东少”的特征，煤炭生产也逐渐向晋陕蒙三地集中，晋陕蒙三地的原煤产量占全国的比例从2011年的60.16%逐步扩大到2021年的70.99%；按开采方式分，我国井工开采的煤炭占到煤炭总产量的90%左右，远高于露天开采。然而我国西北地区气候干旱、水资源短缺、植被覆盖率低，属于典型的生态脆弱区，煤炭井工开采引发地表沉陷，进而影响土壤水分与养分运移，最终对植被和地表生态环境造成损伤，引起水土流失，土地沙化、荒漠化、盐碱化等，影响区域生态经济的可持续发展，成为制约区域社会、经济与生态环境协同发展的重要因素。

针对煤炭开采对地表生态环境的影响问题，前人围绕植被、土壤、地下水等要素做了大量的研究，但尚未形成统一的认识。一部分学者通过调查研究认为采煤沉陷会导致地下水水位降低、土壤含水率降低、土壤质量下降、植被覆盖率降低以及物种减少等问题；但也有部分学者研究认为煤炭开采导致的地表沉陷并未显著影响表层土壤质量以及大气降水对土壤水分的补给，没有导致植被覆盖率与物种多样性显著降低；同时，近几年也有学者通过对沉陷区长周期观测认为，煤炭开采对地表生态环境造成了一定的影响，但经过一段时间，沉陷区地表生态系统会进行自我修复，并提出了采煤沉陷区生态系统拥有“自修复”的理论。总之，采煤沉陷对地表生态系统的影响由于生态环境本底条件的复杂性、煤层赋存和煤炭开采条件的多样性、监测手段与时间的差异性等因素，导致学者们在采煤沉陷对地表生态系统的影响范围、方式、规律等研究问题上尚未形成统一认识。本书著者长时间在西北某矿区监测土壤与植被情况，以采煤沉陷区土壤水分养分变化为切入点，运用地统计学的方法在ArcGIS平台建立土壤水养的二维与三维经验贝叶斯克里金插值模型，尝试解释煤炭开采对地表生态系统造成影响的方式与规律，希望为该领域的研究提供可借鉴的方法与不一样的视角。

本书共分为7章。第1章简要概述了西北地区煤炭开采现状和煤炭开采对生态环境的影响；第2章基于西部风沙区地表下沉实测数据和$FLAC^{3D}$数值模拟方法，分析了开采后岩层应变动态特征，并基于此揭示了煤层开采地表沉陷动态特征和沉陷影响范围；第3章前半部分利用三维经验贝叶斯克里金方法构建空间插值模型，对土壤水分空间变异性进行了特征研究，并从优先流角度揭示了沉陷区包气带土壤水分空间变异机理，后半部分基于高分遥感影像和土壤实测数据，探讨了植被与土壤理化性质变化规律和空间分布特征，对沉陷区植被-土壤响应关系进行了研究；第4章融合数理统计和地统计学的方法，探究沉陷区表层土壤理化性质时空变化规律和成因；第5章探索了西北采煤沉陷区包气带土壤含水率在采煤先后不同时期的变化特征和空间分布特征，并通过现场和室内模拟实验对土壤优先流水分的运移进行了阐释；第6章在两个典型的煤矿沉陷区利用同位素示踪法解析了植物吸水率同位素特征及水分贡献率；第7章通过层次分析法构建了沉陷区地表生态环境质量的综合评价模型，利用加权法和模糊综合评价法对地表生态环境质量进行综合评价和预警，实现小尺度沉陷区地表生态环境质量的综合评价，并基于ArcGIS平台开发智能监测评价模块。

本书是对课题组多年来在西北地区采煤沉陷区地表生态环境研究成果的系统总结，所列出的研究方法和研究结果可供生态环境监测与评价、矿山生态修复、土壤水运移分布等相关领域的科研人员和学者参考。但本书所讨论的很多问题目前尚未有定论，还需要花费大量的时间和精力继续跟进研究，这也是本课题组未来的研究方向和研究目的。

本书各章编写人员具体如下，前言：张凯、曹严文、刘舒予；第1章：张凯、曹严文、黄聪、刘舒予；第2章：张凯、陈湘宇、刘舒予；第3章：白璐、张嘉辰、刘舒予；第4章：张凯、李雪佳、刘舒予；第5章：杜坤、陈梦圆、杨英明；第6章：杨英明、陈梦圆、张嘉辰；第7章：白璐、宋爽、杨英明。全书由刘舒予、白璐、杨英明统稿，张凯审定。

本书主要研究内容得到了国家能源集团科技创新项目“西部典型生态脆弱区煤矿山水林田湖草一体化生态系统修复研究与工程示范”(202016000041)、中国矿业大学（北京）越崎青年学者项目

(2019QN08)、2020年新疆人才引进计划项目、国家能源集团科技创新项目“西部矿区生态修复与生态稳定性提升关键技术”（GJNY2030XDXM-19-03.1）以及国家自然科学基金青年基金项目“西部风积沙矿区地表生态环境损伤机理及其自修复能力研究”（52004012）项目的资助，本书的出版得到了国家能源集团神东煤炭集团有限公司布尔台煤矿、中国中煤能源集团有限公司纳林河二号煤矿、北京低碳清洁能源研究院等单位的支持。

由于时间和著者学术水平有限，书中疏漏和不足之处难免，敬请各位专家和读者批评指正。

著者

2022年9月

目　录

第1章

西北地区煤炭开采概述

1.1 西北地区煤炭开采现状

煤炭是当前驱动世界经济发展的主要能源之一，到2035年全球年需求量将达到75亿吨。我国是煤炭资源大国——世界上最大的煤炭生产国和消费国[1]，由自然资源部数据可知，2021年我国全年能源消费总量为52.4亿吨标准煤，其中，煤炭产量为41.3亿吨，比2020年增长5.7%，消费量42.3亿吨，增长4.6%，占全国一次能源消费总量的56%。我国的能源禀赋为“多煤少油缺气”，以煤为主的能源结构，在保障国家能源安全，护航国民经济，维护社会经济健康发展等方面起到“压舱石”的关键作用，在相当长的一段时间内难以改变。

我国煤炭资源分布广泛但不均衡，尤其是经济发达的东部沿海地区煤炭后备资源不足，区域供需矛盾较为突出。煤炭资源与地区的经济发达程度呈逆向分布，同时与水资源也呈逆向分布，具体为“西多东少”“北多南少”。相比于经济发达、工业产值高、水资源丰富的东部沿海地区，西北地区的煤炭资源相对丰富，全国67%的煤炭资源分布在西北干旱、半干旱地区，特别是黄河流域“几”字弯区。但西北地区生态环境脆弱，抗扰动能力差，加之水资源稀缺，降水量少，属于典型生态脆弱地区，在该区域开展大规模的煤炭开采活动，势必会引发地表沉陷、裂缝等问题[2]，使得区域生态环境进一步恶化。

煤炭开采分为露天开采和井工开采，露天开采会造成挖损、压占等土地破坏，进而改变土地利用类型，使现有的生态结构和功能受到冲击，破坏原有的稳定生态系统。而井工开采会产生地下采空区，导致地表下沉，造成沉陷、裂缝等多种地质环境问题，进而对周边生态环境造成诸多影响，导致植被退化、地表水和地下水流失等[3]。相比于露天开采，西北地区井工开采比例较高，因此采煤沉陷形成大小不等的塌陷坑、裂缝、沉陷盆地等地质环境问题近年来受到广泛关注。

1.1.1 西北地区煤炭资源赋存

我国的西北地区是指大兴安岭、乌鞘岭以西，昆仑山—阿尔金山—祁连山和长城以北的区域，包括内蒙古自治区的西部、新疆维吾尔自治区、宁夏回族自治区和甘肃省的西北部。在我国四大区域中，西北地区面积最大，约占全国总面积的30%。从煤炭资源赋存（非行政划分区域）分布来看，西北地区主要指内蒙古自治区、陕西、甘肃、宁夏回族自治区和新疆维吾尔自治区五大产煤地区，该区域煤炭种类丰富，从长焰煤至无烟煤均有分布，且煤层构造较简单，分布集中，易于开采。以宁夏宁东、内蒙古鄂尔多斯、陕西榆林为核心的能源化工“金三角”地区，是全国罕见的能源富集区，2018年提供了占全国23%的探明煤炭储量和接近1/3的煤炭产量[4-5]。根据国家自然资源部发布的《2021年全国矿产资源储量统计表》，2021年全国煤炭储量为2078.85亿吨，西北地区煤炭储量为1100.64亿吨，占全国的52.94%。其中，内蒙古自治区煤炭储量为327.02亿吨，陕西省煤炭储量为310.62亿吨，甘肃省煤炭储量为41.50亿吨，宁夏回族自治区煤炭储量为56.98亿吨，新疆维吾尔自治区煤炭储量为364.52亿吨。

1.1.1.1 陕西省

陕西省煤炭资源非常丰富，根据陕西省统计局数据和统计年鉴，陕西省2020年煤炭资源保有储量1763.38亿吨，居全国第四位。2020年原煤生产47703.74万吨标准煤，占能源生产构成的80.62%，煤品消费10168.92万吨标准煤，占能源消费总量的75.26%。

陕西煤炭资源分布呈现出极大的不均衡性，主要分布于渭河以北五大煤田，分别为渭北石炭二叠纪煤田、黄陇侏罗纪煤田、陕北侏罗纪煤田、陕北三叠纪煤田和陕北石炭二叠纪煤田；秦岭以南有陕南煤田，煤炭资源零星分布。目前建成生产的矿区有神府、铜川、蒲白、澄合、韩城、焦坪、黄陵等七大矿区以及各地（市）、县的地方国有煤矿和乡镇煤矿。煤种以低变质的长焰、不黏、弱黏和气煤为主，肥煤、焦煤、瘦煤、贫瘦煤和贫煤次之。

陕西煤矿主要分布于陕北地区，该地区位于陕西省的北部，包括榆林和延安两市，总土地面积8.03万平方千米，占陕西省总面积的40%。根据国家能源局公告，截至 2019 年底，陕西省共有在产煤矿 251 座，以大型煤矿为主，合计产能 49863 万吨/年。其中榆林市煤矿数量最多，达到 170 座，占总数的 67.73%，总产能为 36800 万吨/年，占全省总产能的 73.80%[6]。

1.1.1.2　内蒙古自治区

内蒙古自治区（以下简称“内蒙古”）是我国重要的煤炭资源储量大省和生产大省，根据内蒙古自治区统计局数据和统计年鉴，内蒙古自治区 2020 年煤炭资源保有储量 5179.13 亿吨。2020 年全区能源生产总量 60906.77 万吨标准煤，其中，原煤占能源生产总量的 94.65%；能源消费总量为 27133.65 万吨标准煤，煤品燃料占能源消费总量的 101.86%。

内蒙古的煤炭资源成煤时代及煤系既集中又独立，成片煤层近水平，埋藏浅，煤种齐全，开采条件好。煤炭资源主要分布在鄂尔多斯含煤区、二连含煤区、海拉尔含煤区 3 个赋煤区，划分为 11 个赋煤带。含煤地层主要为石炭-二叠系、侏罗系及白垩系。煤种较齐全，但资源储量相差较大，褐煤、长焰煤、不黏煤等煤化程度较低的煤种数量大、分布广，三类煤类占内蒙古保有煤炭资源储量的 97.66%，而炼焦煤、无烟煤、气煤、肥煤、瘦煤、弱黏煤资源储量较少。

目前内蒙古煤矿以大型煤矿为主，根据国家煤矿安全监察局公告，截至 2021 年 3 月底，内蒙古共有在产煤矿 329 座，合计产能 93595 万吨/年。其中，大型煤矿 193 座，产能合计 84970 万吨/年，占煤矿产能的 90.78%。其中，鄂尔多斯煤矿数量最多，达到 229 座，占总数的 69.60%，总产能为 62685 万吨/年，占内蒙古总产能的 66.97%。

1.1.1.3　甘肃省

根据甘肃省统计局数据和统计年鉴，2019 年甘肃省煤炭保有资源储量 268.3 亿吨。2020 年全省能源生产总量 6729.39 万吨标准煤，其中，原煤占能源生产总量的 39.17%；能源消费总量 8104.71 万吨标准煤，其中，煤炭占能源消费总量的 52.74%。

甘肃省煤炭资源地理分布很不平衡，保有查明煤炭资源储量的绝大部分都集中分布在陇东，庆阳、平凉两市占 83.6%，中部白银、兰州两市占 8.1%，河西酒泉、张掖、武威、金昌四市占 8.2%，其它区域只有零星分布。整体上看，甘肃煤炭资源大多属于低灰、中硫、高热值的长焰煤、弱黏煤、不黏煤，是优质的动力用煤和化工用煤，埋藏较深，增加了开采难度。

1.1.1.4 宁夏回族自治区

根据宁夏回族自治区统计局数据和统计年鉴，宁夏回族自治区（以下简称“宁夏”）2020年煤炭探明资源量73.84亿吨。按照电热当量计算法，2020年宁夏全区一次性能源生产量为5745.6万吨标准煤，其中，原煤产量占能源生产总量的92.2%；2020年能源消费总量8581.8万吨标准煤，其中，煤炭占能源消费总量的88.6%。

宁夏煤炭资源主要分布在宁东、贺兰山、香山和宁南四大煤田中，其中宁东煤田资源储量274.9亿吨，占全区的83.5%。宁东煤田含煤地层为侏罗系延安组，多以缓倾斜-倾斜的中厚、特厚煤层为主，大部分煤层稳定，总体地质构造简单，瓦斯含量较低，具备建设大型现代化矿井的条件。贺兰山煤田含煤地层为二叠系山西组和石炭系太原组，构造以断层和褶皱为主，开采条件属于中等偏下，部分区域存在瓦斯突出现象，且目前大部分矿区煤炭资源渐渐枯竭，开采条件较差。香山、固原煤田多以倾斜-急倾斜的薄、中厚煤层为主，赋存条件一般，地质构造较为复杂，煤炭资源开采条件一般。总体上，宁夏煤炭资源条件不如鄂尔多斯、榆林，但稍强于陇东，在全国处于中上水平。全区70%的煤炭资源为不黏煤、长焰煤，主要分布在宁东煤田的灵武、鸳鸯湖、石沟驿、马家滩和积家井等矿区；25.9%为1/3焦、主焦煤和炼焦配煤，主要分布在贺兰山煤田的石嘴山、石炭井矿区；占比不高的无烟煤和贫煤主要分布在贺兰山煤田汝箕沟、石炭井矿区。

1.1.1.5 新疆维吾尔自治区

新疆维吾尔自治区（以下简称“新疆”）煤炭资源十分丰富，根据新疆维吾尔自治区统计局数据和统计年鉴，2020年新疆全区煤炭保有储量4500.43亿吨，资源优势突出。2020年能源生产总量29373.5万吨标准煤，其中，原煤产量占能源生产总量的60.9%；2020年能源消费总量18981.8万吨标准煤，其中，煤炭占能源消费总量的68.9%。

新疆煤炭资源分布不均衡，呈北富南贫格局，92.7%的煤炭资源分布在北疆的准噶尔、吐哈和伊犁地区，南疆的阿克苏、喀什、克州、和田四地州仅占1.6%，且主要集中在阿克苏地区。根据国家能源局公告，截至2018年底，新疆共有生产煤矿81座，合计产能15806万吨/年，以大型煤矿为主。其中，昌吉回族自治州煤矿数量最多，达到 20 座，占总数的 24.69%，总产能为 6152 万吨/年，占全区总产能的 38.92%[7]。

新疆煤种比较齐全，从褐煤到无烟煤均有分布，但不同煤种的资源量在新疆煤炭资源总量中占比相差悬殊，并且在地域分布上极为不均[7]。总体上主要以中低变质的长焰煤、不黏结煤和弱黏结煤为主，其次为中变质的气煤、肥煤和焦煤，占资源总量的 80.9%，总体上具有低灰、特低硫、特低磷、高中发热量特点，是优质动力煤和化工原料煤，有适合远距离输送的资源条件，分布在准噶尔、吐哈和伊犁地区平原地带；炼焦用煤次之，占预测总储量的 19.0%，主要分布在天山北坡的准南煤田和南坡的库拜煤田；贫煤、无烟煤、褐煤很少，仅占 0.1%。新疆现阶段生产煤矿主要以大型矿井为主，占煤矿产能总量的 80.32%。

1.1.2　西北地区生态环境现状

我国西北地区深居内陆，地域辽阔，生态系统类型多样，自然环境条件相对恶劣，具有干旱缺水、荒漠戈壁广布、风沙较多、昼夜温差大、生态脆弱、人口稀少、矿产资源丰富等特点。

西北地区的气候特点为干旱少雨，这也是该地区生态环境脆弱的主要原因[8]。西北地区位于内陆地区，年温差大，气候类型以温带大陆性气候为主，夏季高温，降水量少，蒸发量大。在西部风沙区，年平均降雨量约 400mm，年平均蒸发量约 2000mm[9]，黄河“几”字弯地区蒸发量与降水量比值可达 4～8[10]。根据国家统计局数据，2020 年内蒙古自治区全区年降水量平均为 375.1mm；陕西省全省年平均降水量为 649.4mm；甘肃省年平均降水量为 506.5mm；新疆维吾尔自治区年平均降水量为 199.6mm；宁夏回族自治区全区年平均降水量为 310mm。

西北地区水资源短缺，西北五省（区）约占全国土地面积的 1/3。2020 年全国水资源总量 31605.2 亿立方米，西北地区仅占 6.78%，其中，内蒙古水资源总量 503.9 亿立方米，陕西水资源总量 419.6 亿立方米，甘肃水资源总量 408.0 亿立方米，宁夏水资源总量 11.0 亿立方米，新疆水资源总量 801.0 亿立方米。尤其是宁夏和新疆，其煤炭资源丰富，同时也是我国重要的农业产区，农业用水需求大，和能源互相制约，能源和传统农业的“争水”矛盾具有根本性和长期性特点。因此，水资源是西北地区最重要的环境要素。

西北地区土地资源面临着沙化、荒漠化和盐渍化的威胁。内蒙古和新疆是该区域沙漠化最严重的地区，沙漠在整个新疆地区占到近60%的面积，其主要原因是煤炭开采和城市化进程加快[11]；西北地区各省份受到盐渍化威胁程度都较为严重，盐渍化的土地占到总耕地面积的近40%，影响植物正常生长发育，导致植被退化[12]。

西北地区森林覆盖率远低于全国平均水平，2020年国家统计局数据显示，陕西森林覆盖率为43.1%，为西北五省中最高；内蒙古森林覆盖率为22.1%，宁夏森林覆盖率为12.6%，甘肃森林覆盖率为11.3%，均与陕西省存在较大差距；而新疆的森林覆盖率则小于10%，仅有4.9%[13]，其主要原因是内陆地区更加干旱缺水以及过度放牧和大量的煤炭开采。

西北地区地貌类型复杂，地形以高原和盆地为主[13]，天山、昆仑山、祁连山、贺兰山、秦岭等山脉绵延起伏，有塔里木盆地、准噶尔盆地、柴达木盆地三大盆地和关中平原、河套平原。黄河流域是我国重要的生态屏障，“黄河流域生态保护和高质量发展”是我国重大国家战略。黄河全长5464km，西北矿区除新疆外均有黄河流经，其中，甘肃段长913km，宁夏段长397km，陕西段长719km，内蒙古段长830km，共计2859km，占黄河总长的52.32%。黄河“几”字弯区域水资源短缺，主要发育有风积沙区、黄土区两种地貌，具有生态环境脆弱、抗扰动能力差等特点，在煤炭开采中容易诱发土地沉陷、滑坡、崩塌和泥石流等环境地质灾害；同时引发区域水位下降、水土流失、加速土地沙化、生态系统退化等生态问题[10]。

目前，我国东部矿区煤炭资源趋于枯竭，国家煤炭资源开发重心正向西北地区转移，随着向西部进一步扩张，在干旱缺水的地区集中大规模井工开采将会导致生态环境问题，使得土壤植被等生态要素进一步恶化，尤其是西部矿区井工开采具有高强度和高产特点，且埋深较浅，对地表土体扰动尤为显著[14]。自2000年起，西部大开发战略促进了西部地区经济的持续增长，但西北地区生态环境整体呈现“易破坏难保护”的特点，煤炭开采对西北地区生态环境的影响和其治理问题是如今西部可持续发展面临的一大难题[9,15]。

1.1.3 西北地区煤炭资源开采情况

根据煤炭资源赋存情况，传统的煤矿开采方法分为露天开采和井工开采。我国井工开采煤炭产量占到煤炭总产量的95%以上，远高于露天开采[16]。受煤层深度和地质条件限制，我国西北地区煤炭开采方式以井工作业为主。

井工开采，又称为地下开采，是利用井筒和地下巷道系统开采煤炭或其矿产品的开采方法。西北地区井工开采的煤矿有很多，如内蒙古的神东矿区、陕西的榆神矿区等。与露天开采相比，井工开采煤层埋藏深，必须掘进到地层中进行地下作业，难度较大，其自然条件复杂，作业环境恶劣，对开采设备、作业人员素质和开采工艺等方面都有更高的要求，危险系数高。开采过程中需要进行矿井通风，存在瓦斯、煤尘、顶板、火、水五大灾害。由于开采条件和开采技术不同，井工开采对生态环境产生的危害也不同于露天开采，主要有地表沉陷、地裂缝、水资源破坏、矸石等煤基固体废物堆积、地下水位下降、植被退化等。其中，地表沉陷是最主要的环境地质灾害，严重威胁土地资源，不仅毁坏农田用地，森林用地，而且影响采区地貌结构及生态景观[9,17]。

截至 2019 年，我国大量的煤炭开采已经形成约 200 万公顷的采煤沉陷区，并且以 7 万公顷/年的速度在持续扩大，按现有生产规模预计到 2030 年沉陷区面积将达到 280 万公顷[18]。杨永均等分析研究了自然资源部公示的 106 个井工煤矿地质环境保护与土地复垦方案，发现这些井工煤矿年平均产量 305.36 万吨，井工开采对土地造成了压占、挖损、污染、塌陷等破坏，平均已损毁面积约为 940.76 公顷，其中，塌陷面积最大，为 868.85 公顷，井工煤矿单个矿山地质环境保护和土地复垦预算平均静态总投资达到 51087.98 万元[19]。

综上所述，西北地区煤炭开发主要以井工开采为主，沉陷是井工开采对生态环境造成破坏最主要的形式，且井工煤矿复垦成本较高。

1.2　煤炭开采对生态环境的影响

采煤沉陷是指地下煤层采出后，采空区围岩体内原有的应力失去平衡，出现应力集中现象，经过一段时间后，集中应力超过岩石的强度时，顶板岩层开始断裂、冒落，形成冒落带。冒落后，上部岩层随后断裂，在上部岩层发生弯曲。随着采空区的扩大，地表开始移动，形成沉降波，致使地表发生变形、破坏，形成一系列裂缝、塌落，地面沉陷或失稳失效，全部或部分失去抵抗载荷的能力，有时直接造成生产设施的损坏，甚至发展形成灾变，目前多数研究认为采煤沉陷会对地表生态环境造成影响。

1.2.1 采煤沉陷影响范围

准确划分和圈定采煤沉陷的破坏和影响面积，使采煤造成的地表损害控制在允许的范围内，是认识采煤沉陷灾害和对其治理的首要工作[20]。采煤沉陷的影响范围受到覆岩力学性质、煤层埋藏条件、开采方法、老空区、地质构造及地形等因素的影响[21]。

确定影响范围之前要先确定采空区范围，采空区范围的确定一般采用资料收集和物探相结合的方法[21]。对于不同深度和规模的采空区可选取不同的物探方法，如较浅的采空区可用高密度电法、面波法，较深的采空区可用可控源变频大地电磁法、地震勘探法等。采空区范围确定后，再根据覆岩力学性质、采空区煤层埋藏条件、开采方法等选取合适的参数进行概率积分计算，确定其影响范围。周莹[22] 对神府-东胜矿区 6 个矿 3 种不同地貌下 2 个不同沉陷年份及对照区进行了调查，研究发现采煤沉陷导致地表下沉、地裂缝群、沉陷台阶等，其分布范围与煤层采空区的分布范围基本一致，延伸方向与煤矿设计巷道方向一致，范围略小于采空区。

采煤沉陷影响范围的常用计算方法包括典型曲线法、概率积分法、连续介质力学法和数值模拟法等，其中概率积分法和数值模拟法应用较为广泛。概率积分法认为采煤产生的地面移动变形属于偶发性随机事件，且从统计学观点来看，认为在任意开采情况下都可以把整个开采视为是很多或无限多个微小单元的开采，而整个开采对地表的影响等同于所有微小单元开采的影响总和，所以可以从微单元开采的角度研究开采沉陷盆地的方程式。数值模拟也叫计算机模拟，主要依靠先进的计算机算法，采取有限元数学理论，利用数值计算和图像显示的方法，达到对工程问题和物理问题乃至自然界各类问题研究的目的。周莹[22] 以晋城市高平某煤矿采空区为研究对象，通过基于数学方法的概率积分法以及基于力学性质的数值模拟法两种方法，对采空区引起的地表沉陷进行对比分析。结果表明，基于两种确定采煤沉陷范围的方法所计算的采煤沉陷影响的等值线均呈近椭圆形，采空区中心位移最大，且以采空区为中心向四周扩散。研究区采煤沉陷影响范围受地形起伏影响明显，在高程较大、坡度较陡、松散覆盖层较厚区域，地面沉陷影响扩散角明显要大，采煤沉陷影响范围也相对较大；同时，采空跨度越大，采空塌陷向上传递的位移值越大；如果有两个相邻的采空区，采煤沉陷在地表会形成叠加效果，加剧地表沉陷变形。

概率积分法作为一种经典沉陷预测方法，自有其优越性，但经典概率积分法不能表现地层内部的岩体移动变形情况，且关键参数必须由实地观测方可确定，对于形状不规则的矿区需要划分为多个矩形子矿区，分别修改预测参数后进行计算，非常耗时且增加了主观性[23]；数值模拟法无须假设和确定复杂参数，且不仅能有效地表现地表的移动变形情况，更能表现岩体内部的移动变形情况，较好地解释了概率积分法所预计的结果，是对概率积分法一个很好的补充，弥补了经典概率积分法的不足[24]。Yin 等[25] 在内蒙古呼吉尔特矿区提出了一种地表沉降预测方法，在沉陷盆地边缘，该数值模拟方法的拟合精度优于概率积分法。

连续介质快速拉格朗日差分分析法（Fast Lagrangian Analysis of Continua，FLAC）是一种数值模拟法，由 FLAC 在三维空间拓展。$FLAC^{3D}$ 是以岩石力学理论为基础，以各岩层以及表土层的物理力学参数和地层的构造特性为基本计算依据对地表沉陷影响范围进行模拟预测的方法，具有求解速度快、规模大的特点，常用于预测矿区工作面开采所导致的地表垂直沉陷位移及研究沉陷过程中地表沉陷规律和地下岩体移动变形规律[26]。李一凡等[27] 以泉上煤矿 16105 工作面为研究对象，利用数值模拟软件 $FLAC^{3D}$ 对煤炭开采沉陷进行变形预测和模拟。通过与概率积分法得到的结果进行对比分析发现：$FLAC^{3D}$ 更能够真实地模拟出相邻的 16103 工作面采空区与 16105 工作面之间地表沉陷的相互影响，相对于不能充分考虑地质影响的概率积分法，数值模拟法在开采沉陷预测计算中有更好的可行性。此外，国内外很多学者利用 FLAC 进行采煤沉陷模拟预测，是较为推崇的方法。

综上所述，在采煤沉陷影响范围预测计算方面，相比于概率积分法，FLAC 在开采沉陷的研究中有着更为广泛的应用，并具有一定的先进性[27]。

1.2.2 对地表形貌的影响

按照沉陷形态特征，地面沉陷的一般变形和破坏形式分为沉陷盆地、塌陷坑、裂缝三种类型[28-30]。沉陷形态的发育与原始地形地貌有关，在地形起伏较大的沟壑-陡坡丘陵区，沉陷下沉形成的凹陷或盆地景观一般不太明显，但裂缝或错位较为清晰。而在一些地形起伏比较和缓的地貌区，采煤造成地表形态变化比较明显，因沉陷程度有所差异，所以地表在采动和沉降的影响下往往呈现出盆形、马鞍形、波浪形等沉陷地貌景观。

1.2.2.1 沉陷盆地

对采空区上方地表而言，采动影响下产生的冒落向地表发育，原有地面标高会沿着某一中心发生向下的沉降，最终在地表形成一个面积远大于采空区的下沉区域，该区域称为沉陷盆地，也叫下沉盆地。沉陷盆地的特点是沉陷范围较大，沉陷深度较小，随着工作面的推进，沉陷盆地会呈现“碗状”“盆状”，其形状受控于煤层的埋藏条件、开采工作面的形状以及上覆松散层厚度[28]。

沉陷盆地形成过程中，大幅度的沉陷对原有地表形态进行了改变，致使原有地表产生了坡度、高低起伏等形态变化；这些变化会导致位于盆地内部的道路、建筑物、自然环境等都产生不同程度的不利变化。

1.2.2.2 塌陷坑

塌陷坑是采动影响致使地表沉陷区被压缩而产生的，最容易在倾角大于50°的急倾斜煤层，或者在采厚不均匀、开采深度与煤层开采厚度之比小于20的缓倾斜煤层产生[31]。塌陷坑的特点与沉陷盆地相反，其沉陷范围小，沉陷深度大。根据上覆松散层厚度和性质的不同，塌陷坑的形状一般有不规则漏斗形、圆形或井形。一般情况下，小范围内塌陷坑发育数量少，且间距较大，但有时候也会出现连续排列的塌陷坑。地表塌陷坑多在耕地或地下水接近地面的区域出现[30]。

塌陷坑的位置一般在煤层正上方或稍偏离的地方，这个主要与煤层的倾斜程度、顶板岩土体性质及其风化程度有关。

1.2.2.3 裂缝

地裂缝位于地表沉陷的外边缘，因岩层性质不同导致下沉速度快慢不一，使得地表出现裂缝，且裂缝尺寸大小不一，是西北采煤沉陷区一种常见的地质灾害。

采煤沉陷所造成的地表裂缝特点常呈现为：常分布在采空区影响区域的外围区域，或在2个或多个采空区域的地表变形曲率为正值的交会区；一般在采空区常见到的地裂缝走向大多与采空区的下层盆地的边缘大致平行；采煤沉陷所造成的地裂缝不同于其他因素产生的地裂缝，其地裂缝宽度通常不会超过50cm；当出现地裂缝时，可以在附近看到多条地裂缝，且呈平行相似的规律性；地裂缝区域出露的岩土层常呈现拉裂破坏；采煤沉陷形成裂缝的区域，其采空区采深采厚比一般较小，且松散层厚度不会太大，同时地裂缝的发生也与放顶煤开采有关[32]。

西北地区采煤沉陷区的采动地裂缝按发育时间可分为动态裂缝和永久裂缝。动态裂缝主要分布在工作面正上方，裂缝走向垂直于工作面推进方向，裂缝间距与工作面顶板的周期来压有关。在工作面推进过程中，有些动态裂缝会闭合或减小；永久裂缝主要分布在工作面边界上方，随着工作面停采，该类裂缝的大小及形态也趋于稳定。从裂缝动态发育角度将其分为 4 个不同发育时期，即岩层连续移动变形阶段（采动初期），裂缝产生及缓慢发育阶段，裂缝剧烈发育阶段和裂缝稳定阶段。按裂缝形态可分为拉张裂缝和台阶裂缝。大多数的裂缝不但具有拉张，而且具有台阶；少数深厚比较大的工作面上方地表仅有拉张裂缝；厚黄土层薄基岩开采可能会形成台阶裂缝。按形成机理可分为水平拉伸裂缝和竖向剪切裂缝。采动造成的覆岩结构变化，不但引起地表产生水平拉伸，而且由于覆岩在竖直方向的移动，形成竖向剪切裂缝。各种分类方法之间相互联系，从发育时间来看，动态裂缝和永久裂缝均有可能对应拉张裂缝和台阶裂缝[33]。

胡振琪等[34] 根据开采沉陷理论与方法，将采煤地裂缝分为边缘裂缝和动态裂缝。其研究认为边缘裂缝一般位于开采工作面的外边缘区，在开采结束后仍然存在；而动态裂缝位于工作面上方地表，平行于工作面，并随着工作面的推进不断产生和闭合，具有快速闭合的自修复特征。

1.2.2.4 其他

沉陷类型除上述三种外，还有错位。当沉陷裂缝发育到一定程度时，其两侧会出现上下错位，形成台阶。错落面的存在，会对土壤容重、孔隙度、含水率等性质造成影响，对植物生长发育造成损害。高岩等[35] 以李家塔矿区采煤沉陷区为研究对象，发现在拉伸型裂缝、塌陷型裂缝、滑动型裂缝三种裂缝中，滑动型裂缝土层错位差最大。王健[36] 根据沉陷区错位高度的大小将沉陷程度划分为 3 个等级，错落高度≥20cm为强度沉陷，错落高度在 10～20cm 为中度沉陷，错落高度≤10cm 为弱度沉陷。中国科学院水土保持研究所 1994 年考察资料和陕西省榆林地区环保部门 1997 年调查资料表明：大柳塔煤矿首采区矿井井口 3km 范围内土壤剖面层次错位达 0.2～1.4m。补连塔煤矿近年来沉陷造成的剖面层次错位最大达 1.1m，导致地上植株出现枯萎或死亡，固定沙地面临活化的危险[37]。

此外，在黄河下游地区，井工开采产生的地表沉陷易形成封闭式的湖泊，造成土壤水渍积水，产生次生盐碱化[38]。在我国两淮基地、鲁西（兖州）基地、冀中基地、蒙东基地（东北部）等高潜水位煤矿区，由于地下潜水埋深浅，再加上受大气降水和河川径流等综合影响，煤炭开采后将形成大面积的沉陷积水区，但在我国西北矿区积水较为少见[39-40]。

1.2.3 对地表土壤性质的影响

西北地区井工开采造成了地表沉陷，而采煤沉陷区的地表形变是造成土壤性质变化的主要原因。土壤性质包括土壤的物理性质和化学性质。其中，物理性质有土壤质地、容重、孔隙度、土壤水分、电导率等；化学性质有土壤酸碱度（pH 值）和土壤养分（土壤有机质含量以及土壤中碱解氮、速效钾、有效磷等营养元素含量）。

1.2.3.1 土壤物理性质

（1）土壤机械组成

自然土壤的矿物质都是由大小不同的土粒组成的，各个粒级在土壤中所占的相对比例或质量分数，称为土壤机械组成，也称为土壤质地。卡钦斯基粒级制以 0.01mm 为界把土粒分为物理性砂粒（粒径＞0.01mm）和物理性黏粒（粒径＜0.01mm）。机械组成中物理性砂粒和物理性黏粒含量直接影响土壤理化性质[40]。

大部分研究表明采煤沉陷会导致土壤沙化，粒径变大。蔺博等[41] 研究认为采煤沉陷区土壤机械组成表现出土壤物理性质整体质量较差的结果，采煤沉陷裂缝会影响土壤物理性质，导致局部土壤水分和颗粒物散失。王健等[42] 认为，与非沉陷区相比，沉陷区物理性黏粒含量明显减少。封泽鹏[43] 认为采煤沉陷降低了土壤结构的稳定性，使土壤内部的砂粒含量比较高，粉质黏粒含量比较低，随着沉陷时间不断延长，土壤内部的物理性黏粒含量逐渐减少。陈士超等[44] 对神东矿区活鸡兔沉陷区进行研究后发现，沉陷后土壤机械组成中物理性黏粒少，土壤质地总体为砂土和壤土，粒径较小的粉粒和黏粒含量相对较低。王琦等[45] 认为采煤沉陷使风沙区土壤粒径变大，沉陷区粒径较大的砂粒质量分数增加，而粒径较小的粉粒和黏粒质量分数相对减少。

但也有学者持有不同的观点，如程林森等[14] 以大柳塔矿井为研究对象，发现由于沉陷导致土体之间相互应力作用，使土壤颗粒重新组合，最终导致土壤粒径减小。赵永峰[46] 比较了补连塔采矿区上方风沙土的机械组成，认为机械组成主要受土壤位置的变异性影响，沉陷对机械组成的影响非常小。

综上所述，关于煤炭开采对土壤机械组成的影响，结论尚未形成统一的认识，所选研究区域、研究时长的不同可能会得出不同的结论。

（2）土壤容重和孔隙度

容重是土壤的一个基本物理性质，指一定容积的土壤（包括土粒及粒间的孔隙）烘干后质量与烘干前体积的比值。土壤容重能够综合反映土壤内部质量和疏松状况，是表征土壤物理结构状况的重要指标。容重小代表土壤质地疏松多孔，容重大则代表土壤质地紧实板结[47]。土壤孔隙度即土壤孔隙容积占土体容积的百分比。在相同地质条件下，土壤孔隙度与其容重呈反比例关系。当土壤沉实时，土粒密接，容重增大，孔隙度减小；当土壤松动时，土壤松散，容重减小，孔隙度增大[48]。

一部分学者认为采煤沉陷会使土壤松散化，导致容重降低，孔隙度增加[49-50]。但随着沉陷时间的变化，土壤容重和孔隙度的变化趋势又有所不同。包斯琴[50] 研究表明，随着土层深度增加，土壤孔隙度增加趋势明显。相反，封泽鹏[43] 研究表明采煤沉陷区域土壤的孔隙度明显大于非沉陷区域土壤的孔隙度，但随着沉陷时间延长，沉陷区域底部土壤的压实度不断提升，容重不断增加，在外部水蚀和风蚀的作用下，沉陷区域的土壤细粒物质快速流失，使得土壤毛细管孔隙度不断减少。王健[51] 研究表明，风沙区沉陷 1 年、3 年区土壤容重显著小于非沉陷区，沉陷后期样地容重与非沉陷区无显著差异。

另一部分学者研究表明，采煤沉陷引起的土体扰动导致土壤容重增加，孔隙度降低[14,23]。赵明鹏等[52] 在辽西阜新矿区的研究表明采煤沉陷增大了土壤密实度。刘哲荣等[53] 研究发现采煤沉陷对沙地土壤容重有显著影响，且随沉陷年限的增加，土壤容重呈由大到小的变化，逐渐与对照区趋于一致。

还有一部分学者的研究结果表明，采煤沉陷对土壤容重和孔隙度的影响与空间位置和植被等其他因素有关。Wang 等[54] 研究发现，沉陷一年的土壤容重和孔隙度与土壤表面破碎度密切相关，裂缝密度越大，容重和总孔隙度的变化越明显，且沉陷对 0～60cm 土壤的影响强于对 60～100cm 土壤的影响。王健等[40] 研究发现与对照区相比，沉陷沙丘顶部和中部土壤容重和孔隙度没有明显变化，而沙丘底部和丘间低地土壤容重明显降低，孔隙度明显增大；沉陷沙丘 0～40cm 内土壤容重和孔隙度无明显变化，但 40～100cm 内土壤容重明显减少，孔隙度明显增加。Rong 等[55] 将大柳塔矿区沉陷区分为盆底区和边缘区，研究结果表明，采煤沉陷对土壤容重和孔隙度的影响具有明显的分区特征，对边缘区的影响大于盆底区，采后 1 年在盆底区表现出自恢复现象，而在边缘区则没有，且开采沉陷对表层土壤容重和孔隙度的影响高于深层土壤。蔺博等[41] 研究风沙土区与黄土区采煤沉陷裂缝对土壤容重空间变化的影响，认为土壤容重整体随距裂缝处距离增加而增大，并且随着裂缝宽度的增加而减少。邹慧等[48]研究了神东补连塔矿区不同植被覆盖条件下的土壤容重变化情况，发现在采煤沉陷稳定期，沙柳、沙蒿 0～100cm 土层平均土壤容重增大，而杨树则减小。

综上所述，关于煤炭开采对土壤容重和孔隙度影响的研究逐渐考虑到时空变异性，但目前尚未形成统一认识。

(3) 土壤含水率

土壤含水率又称土壤湿度、土壤含水量，是土壤中所含水分的质量。土壤含水率过低，会对植物生长造成不利影响。

大部分研究表明采煤沉陷会导致土壤含水率下降。史沛丽[9]认为煤炭井工开采导致土地沉陷和地裂缝产生，裂缝的产生对土壤含水量有最直接的影响，大量裂缝使表层土壤水分蒸发量增大，同时，部分地表水会沿裂缝向沉陷区渗漏，最终导致土壤含水量减少。吴艳茹[56]和张发旺等[31]研究表明采煤沉陷使土体中出现较多的裂隙（缝），进而使土壤蒸发面积加大，土壤水分蒸发散失强度加剧，致使土壤湿度下降。Zhang 等[57]研究认为采煤沉陷引起的土壤结构变化是土壤含水率下降的关键因素。

有学者研究表明，采煤沉陷对土壤含水率的影响存在时空异质性。台晓丽等[58]认为采煤沉陷对土壤水分造成的影响具有分区和分层特征：盆底区 10～130cm 内含水量减少，130～190cm 内含水量增加；边缘区 10～200cm 内含水量均减少；整体而言，对边缘区的影响大于盆底区。盆底区含水量在采后 1 年恢复到未开采区水平，随着时间推移有超越未开采区的趋势；边缘区 10～130cm 内土壤含水量恢复时间长，效果不明显，采后 2 年仍低于未开采区，没有消除开采对其造成的影响，130～200cm 内含水量在采后 1 年或 1.5 年可得到恢复。薛丰昌等[59]研究了采煤影响下神东矿区土壤含水率，对于浅层土壤，土壤平均含水率大小排序为预采区＞采动区＞采空区；对于深层土壤，在缺乏外界补给的条件下，土壤平均含水率大小排序为采动区＞预采区＞采空区。张延旭等[60]认为采煤沉陷裂缝增加了土壤蒸发面积，加速土壤水分散失，造成了土壤含水率的下降，沉陷区内地裂缝处和无裂缝区土壤含水率均小于未开采区，整体上表现为土壤含水率裂缝区＜沉陷无裂缝区＜未开采区，且裂缝闭合后，采煤沉陷对于土壤水分的影响仍会持续较长时间。蔺博等[41]采用野外原位取样的方法，分别在风沙土区和黄土区两种条件下，对比分析了不同裂缝宽度和距裂缝不同距离土壤的含水率的差异，结果表明，土壤含水率整体表现为随裂缝宽度和距裂缝距离的增加而减少的趋势。此外，有学者研究表明植物的生长和降水也会影响土壤含水率的分布[61-62]。而 Tang 等[63] 在陕西省彬长矿区的研究证明采煤沉陷对土壤含水率的影响与季节有关，采煤产生的地表裂缝造成表土层疏松，加剧了地表水的吸收和蒸发作用，在 1 月的低温季节，沉陷区土壤含水率高于非沉陷区，在 7 月的高温季节，沉陷区的蒸发程度比非沉陷区高，土壤含水率比非沉陷区低。张敬凯等[64] 对大峪沟矿区采煤沉陷区干旱期和丰水期土壤含水率的研究也得到了类似结论。

有研究发现土壤含水率的变化会随着沉陷时间的增加而发生变化。赵红梅等[65] 利用野外勘查、取样测试与室内参数分析综合研究的方法，对神府东胜矿区采煤沉陷不同阶段土壤水分进行对比分析，结果表明，采矿沉陷后，沉陷区，尤其是沉陷裂缝区的土壤含水率与土壤储水量值均小于未沉陷区，说明沉陷裂缝对土壤的持水作用具有非常不利的影响，但沉陷区经过长时间的稳定后，可以恢复到具有一定的生态功能。王健[51] 研究表明风沙区沉陷 1 年、3 年区土壤平均含水率显著小于非沉陷区，沉陷后期样地土壤含水率无显著差异。但封泽鹏[43] 认为与非沉陷区域相比，采煤沉陷区域土壤含水率明显降低，且随着时间的不断推移，采煤沉陷区域的土壤含水率发生变化，沉陷时间越长，土壤内部的持水量越少。

程林森等[14] 研究发现采煤沉陷影响的土壤含水率变化呈现短暂上升后下降的趋势[66]，并且具有滞后性。土壤含水率受采煤影响的初期变化不明显，存在滞后性，采煤影响的滞后时间为地下开采到达测点正下方后 4～5d，之后地下开采对土壤水扰动程度由浅至深逐渐减弱。土壤含水率短暂上升的原因是沉陷引起的土体扰动导致土壤容重增加，孔隙度降低，使得土壤持水能力增强，而裂缝的产生以及雨水补给能力的降低是导致后期土壤含水率降低的主要原因。

部分学者认为采煤沉陷对土壤水分影响较小。吕晶洁等[67] 研究了毛乌素沙地东南边缘沙地采煤沉陷区和未沉陷区不同月份和不同深度的土壤含水率，结果表明在沙区采煤引起的地表沉陷对土壤水分的时空变化影响较小。雷少刚[8] 研究发现受地表沉陷影响，采空区上方岩土结构发生改变，地表出现大量沉陷裂隙，增加了土壤颗粒与空气的接触面积，从而加大了土壤水分蒸发强度，因此采空区上方土壤含水率基本上都小于非采区，这种偏差程度受土壤类型影响，黄土区出现的差异程度强于沙土区，但总体上来看，采矿对浅层土壤含水率的负面影响并不十分显著。内蒙古农业大学和中国矿业大学 2007 年完成的“神东矿区采煤塌陷区生态恢复技术试验与示范研究”的结果显示：采煤沉陷对土壤水分基本没有影响[68]。

综上所述，煤炭开采对土壤含水率的影响，学者们的关注点从煤炭开采对沉陷区土壤含水率的绝对影响，转换到分区、分类型、分时段的影响，探索采煤对沉陷区含水率的影响，但尚未形成系统的认识。

1.2.3.2 土壤化学性质

(1) 土壤酸碱度（pH 值）

土壤的 pH 值是土壤化学特性中表示土壤酸碱度的一个重要指标，通常用土壤溶液中氢离子浓度的负对数表示。土壤的 pH 值对土壤肥力的发展和植物生长有巨大影响[44]。

当前一些研究表明采煤沉陷使土壤酸化、pH 值降低[23]，且 pH 值变化趋势与时间、空间位置具有一定关联。郭程锦[69] 基于主成分分析法及模糊数学法，研究沉陷区内不同年限土壤理化性质的时空变化特征，并对土壤质量进行评价，认为采煤沉陷区土壤理化性质在不同时间内的变化特征明显，土壤 pH 值在不同坡向具有显著性变化差异。周瑞平[70] 研究发现，煤炭开采沉陷使地表产生大量裂缝、裂隙，土壤孔隙度增大，在降雨的淋溶作用下，土壤表层氢离子不断地向深层运移，因此沉陷区 pH 值在表层高于对照区，在表层以下至 1m 深处小于对照区，且裂缝处＜未裂处，坡中＞丘间低地，随沉陷年限增加沉陷区土壤 pH 值有变小的趋势。

也有研究表明沉陷区土壤 pH 值会增大或呈先增大后逐渐降低的变化趋势。夏玉成等[71] 以渭北煤田的铜川矿区和澄合矿区为研究对象，发现采煤扰动区比未扰动区土壤 pH 值略微增大。刘哲荣等[53] 研究表明土壤 pH 值在采煤沉陷 1 年后显著增大，随沉陷年限的增加逐渐降低。赵瑜等[72] 对大柳塔矿某综采工作面土壤理化性质进行分析，结果表明土壤 pH 值随开采进度呈增大趋势，地表稳定后逐渐降低。杜华栋等[73] 以榆神府覆沙矿区采煤塌陷地表层土壤为研究对象，与未塌陷区相比，塌陷初期土壤 pH 增加，经过十年的土壤自修复后仍未完全恢复，说明采煤塌陷对土壤质量的损害具有一定的延续性。

综上所述，目前学术界关于煤炭开采对土壤 pH 值的影响没有统一观点，不同的研究结果可能与土壤类型、土壤 pH 背景值、沉陷时间等因素有关。

(2) 土壤养分

土壤养分包括土壤中的有机质、氮、磷、钾等，是植物生长所需的重要物质[23]。

目前，大部分研究表明采煤沉陷会导致土壤养分流失。张发旺等[23] 研究发现采煤沉陷使地表形成了许多裂缝和相对的坡地和洼地，土壤中许多营养元素随着裂隙、地表径流流入采空区或洼地，造成许多地方土壤养分的短缺，有机质和营养元素下降。陈士超等[44] 研究了活鸡兔采煤沉陷区土壤肥力特征，发现沉陷区表层土壤养分流失或向深层渗漏，土壤肥力下降，土壤有机质、速效氮、速效磷平均含量均处于“极缺”水平。Luo 等[74] 研究了黄土高原采后生态系统的土壤性质，结果表明采后裂隙区土壤有机质、有效磷、有效钾值均显著降低。吴艳茹[56] 研究发现采煤沉陷导致半干旱地区土壤有机质、全氮、速效磷养分含量均减少，降水下渗到土壤中形成裂隙流使土壤营养元素流失，造成局部养分短缺。为探明西北沙地采煤沉陷对土壤肥力的影响，Ma 等[75] 在三个煤矿的沉陷区和对照区的不同深度处采集样品开展实验，也得到了类似的结论。

有研究发现采煤沉陷对土壤养分的影响与沉陷时间和位置有关。赵明鹏等[52] 开展了阜新矿区地面沉陷灾害对土地生产力影响的定性研究，认为地表沉陷造成土壤养分短缺最严重的部位是沉陷拐点，因为沉陷拐点处裂隙发育良好，更容易漏水漏肥，沉陷中心情况则与采深有关，采深越浅，土壤养分越短缺；采深越深，养分短缺越不明显。刘哲荣等[53] 研究发现有机质、全氮、全磷在沉陷 1 年后显著减小，随沉陷年限的增加逐渐增大；全钾在沉陷 1 年后显著增大，随沉陷年限的增加全钾含量继续增大。史沛丽[9] 研究表明西部风沙区地表沉陷导致表层土壤的有机碳、总碳、总氮、速效钾、有效磷、铵态氮、硝态氮含量等理化特性显著降低，地表沉陷 2 年后，在自然条件下与对照区之间的差异逐渐减小；并且发现，地表沉陷改变了土壤有机质、有机碳、速效钾和硝态氮等理化特性的垂直分布特征。郭程锦[69] 基于主成分分析法及模糊数学法，研究沉陷区内不同年限土壤理化性质的时空变化特征，并对土壤质量进行评价，认为采煤沉陷区土壤理化性质在不同时间内的变化特征明显，土壤有机质和总磷在不同坡向具有显著性变化差异，随着沉陷时间的延长，土壤质量指数减小，土壤有机质变化差异明显。Jing 等[76] 发现采煤沉陷增加了土壤有机质和全氮分布的水平空间异质性，裂缝宽度、裂缝深度以及采样点与裂缝边缘之间的距离是导致有机质和全氮水平空间异质性的主要因素。

也有研究认为采煤沉陷有可能造成某些元素含量增加或无明显变化。王琦等[45] 与未沉陷区相比，采煤沉陷使土壤全氮和有机质质量分数随土层加深呈递减趋势。沉陷区速效氮、磷、钾质量分数均出现不同程度的流失。但采煤沉陷使土壤全磷质量分数增加，这可能是土壤中磷大多数为迟效性磷酸盐，采煤沉陷使土壤中有机磷的转化受到影响，导致土壤中全磷不断累积。Yang 等[77]以神府-东胜煤田补连塔（沙尘沉降区）和榆家梁（黄土沉降区）煤矿为研究对象，通过田间取样和室内分析，系统地研究了非沉陷区土壤营养成分的特征及沉陷对土壤养分的影响，结果表明采煤沉陷对两地土壤养分总量的影响较小。王健等[40] 计算了毛乌素沙地东南缘补连塔煤矿沉陷区 0～100cm 内的全氮、全磷和全钾含量，结果表明沉陷沙丘土壤中全氮和全磷含量减少，土壤全钾含量与对照区相比变化很小，方差分析结果表明沉陷后土壤的全氮、全磷和全钾的含量没有发生明显变化。

综上所述，学术界关于煤炭开采对土壤养分的影响存在不同观点，出现这些差异的原因在于西北地区采煤影响下的土地受损有特定的演化过程，从长期看存在自修复的机能，但短期内会有影响，且不同位置的土壤原始结构和性质存在差异。

1.2.4 对包气带土壤结构和水分的影响

包气带是指从地表到潜水面上方之间的土层范围[8]，该带内的土和岩石的空隙中没有被水充满，包含有空气，故名包气带。包气带水是指埋藏于包气带中的地下水，包括土壤水（土壤层内的结合水和毛细水）、上层滞水（局部隔水层上的重力水）、沼泽水、沙漠及滨海沙丘中的水及基岩风化壳（黏土裂隙）中季节性存在的水等，一般水量不大，易受污染，故不作为工农业供水水源，但对于植物生长具有重要意义[78]。其主要特征是受气候控制，且季节性明显，受季节影响变化大，雨季时水量多，旱季时水量较少，甚至干涸。

西北地区属于干旱半干旱气候地区，生态环境脆弱，水资源天然不足。煤炭资源的持续开采对地层结构造成了重大影响，地表产生大面积沉陷，生态环境破坏问题越来越突出。西北干旱地区由于地下水埋深较大，其包气带也相应较厚。煤炭开采沉陷引起的松散层土壤移动与变形将直接影响包气带土壤结构特性[8]，进而影响包气带水分，但其影响的具体方式和程度大小没有定论。

1.2.4.1 对包气带土壤结构的影响

很多研究表明采煤沉陷发展阶段不同，包气带结构呈现不同的变化特征。

张发旺等[79] 研究了神府-东胜矿区采煤沉陷前、采煤发生后的沉陷非稳定阶段以及沉陷稳定阶段包气带结构的变化，指出包气带在沉陷稳定阶段比沉陷非稳定阶段结构变化较小，但地表以下仍存在断续的裂缝。其研究认为在采煤发生后的沉陷非稳定阶段，沉陷裂隙贯通含水层，使地下水大量渗漏，产生大量贯穿地表的裂隙并引起岩土孔隙性发生变化，导致沉陷区包气带变厚，各岩性介质层序一定程度上发生混乱，产生了颗粒无序与有序混合排列的现象；在一定深度上，包气带结构不均，浅部包气带结构以裂隙为主，沉陷的发生对包气带结构扰动较大。在沉陷稳定阶段，包气带结构变化趋于稳定，沉陷区包气带变厚，各岩性介质层序混合成为定式，颗粒的无序排列也已经固定，土壤容重变化基本稳定，地表沉陷裂隙被全部或部分填充；但在地表以下仍存在一些断续的裂缝（隙），使沉陷区包气带形成以孔隙为主，间夹断续裂隙的特殊结构。王强民等[80] 将采煤沉陷对包气带结构的影响分为开采前、开采中和开采后三个阶段：开采前，包气带较薄，土壤颗粒相对均一；开采中，包气带厚度急剧增加，裂缝发育，土壤颗粒均一性变差，水位明显下降；开采后，风沙区大多数地裂缝自然弥合，但土壤中的黏性颗粒减少，砂性颗粒增多，出现明显的粗化现象。

有研究发现，沉陷区经过长时间的稳定后，包气带结构趋于稳定，可以恢复到具有一定的生态功能。赵红梅等[65] 采用野外勘查、取样测试与室内参数分析综合研究方法，对神府-东胜矿区采煤沉陷不同阶段表层包气带土壤水分进行对比分析，结果表明，采矿沉陷后，沉陷区，尤其是沉陷裂缝区的土壤含水率与土壤储水量值均小于未沉陷区，说明沉陷裂缝对土壤的持水作用具有非常不利的影响，但沉陷稳定区经过长时间的沉压、密实后，其土壤层结构、土壤水分含量等性质以及地表植被覆盖程度均越来越趋近于未沉陷区，其土壤水分能够维持植被生长。宋亚新[81] 对神东矿区采煤沉陷不同时期包气带结构的特征进行了研究，发现在沉陷发生前，包气带相对较薄，组成介质层序较清晰，各岩性介质颗粒排列有序，结构均一；采煤发生后的沉陷非稳定阶段，包气带厚度变大，沉陷对包气带结构造成较大扰动，产生的沉陷裂隙贯通含水层，引起岩土孔隙性发生变化，使地下水大量渗漏，地下水位下降；到沉陷稳定阶段，包气带厚度持续增大，包气带结构变化趋于稳定，其岩土性能逐渐恢复，土壤容重变化基本稳定，地表沉陷裂隙被全部或部分填充，但地表以下仍存在一些断断续续的裂缝（隙），使沉陷区包气带形成以孔隙为主，间夹断断续续裂隙的特殊包气带结构，地下将长期存在隐伏裂缝（隙）。

而对于同一时间不同空间，沉陷对包气带的影响也有所不同。雷少刚[8]对神东矿区开采沉陷对包气带的影响进行了研究，他认为由于地下开采而直接导致塌陷区松散层土壤产生的拉伸、压缩变形是影响土壤水差异分布的根本原因，其研究发现拉伸、压缩变形对土壤水分的影响具有差异，开采沉陷对包气带上端土壤含水率的影响强于包气带下端。在压缩区的两边缘带土壤水分变化的差异程度显得较为强烈，而在压缩区的中央范围反而减弱。位于拉伸区中央的土壤含水率变化程度相对于拉伸边缘带更为强烈。沉陷盆地的中性区域，以及采区外的非沉陷区域则由于受变形作用影响较小，土壤结构、土壤水分布相对均匀，无明显差异。压缩区与拉伸区土壤含水率受影响程度较中性区大，而在拉抻区还将引发地表裂隙问题，增大土壤水的蒸发损失，引发更多的环境问题。

1.2.4.2 对包气带土壤水分的影响

采煤沉陷造成煤层顶板基岩坍塌，改变了矿区环境地质和水文地质条件，使地下水沿裂缝向采空区渗漏，引起地下水位下降，使地下水补、径、排条件发生变异。当采煤沉陷传递到地表，则引起地表大面积沉陷，出现诸如地裂缝、塌陷坑、沉陷洞、沉陷阶地等沉陷地貌，破坏了包气带土壤原有结构，引起包气带土壤水分赋存和运移状态发生改变，影响区域生态环境，危害极大[81]。

目前，很多学者认为采煤沉陷会对土壤包气带造成扰动，使包气带水分减少，并且对包气带水分运移造成影响[58]。赵文智等[82]和李惠娣等[83]对大柳塔矿区初塌区实验场的野外实验数据进行分析，从水分特征曲线和渗透系数的角度讨论了不同结构包气带土壤水的特征规律，研究认为采煤沉陷产生的裂隙和裂缝增大了沉陷区的蒸发表面积，进而增大了沉陷区的蒸发潜能，使得含水率降低，对包气带水分造成影响。薛丰昌等[59]研究表明采煤引起地下潜水流失或水位下降，引起包气带加厚、变干，包气带水分减少，导致区域土壤水分补给量的绝对减少。王格等[84]研究认为采煤扰动潜水位下降后造成包气带增厚，包气带损耗的水量增加，随之造成降雨入渗补给地下水减少，进一步加剧了潜水位下降。在采煤扰动的影响下，包气带水分随着垂向深度的增加而减小，动态变化的幅度趋于平缓。

综上所述，大部分研究表明采煤沉陷会对土壤包气带结构造成影响，采煤沉陷发展阶段不同，包气带结构呈现不同的变化特征，且随着时间的增加，其影响会逐渐减小，逐渐恢复至沉陷前水平，而对于同一时间不同空间，也会有不同的影响；采煤沉陷对包气带结构造成的扰动，会进一步对包气带土壤水分赋存和运移规律造成影响。总结现有研究，当前国内外学术界关于采煤沉陷对包气带水分的影响已有成果多为定性讨论，而对采煤沉陷造成的包气带水分运移机理、发展趋势及其对生态环境的影响效应等的定量研究较少，因此，关于采煤沉陷对包气带结构及水分的影响的研究还有待深入。

1.2.5 对植被的影响

我国西北地区属于干旱半干旱地区，生态环境较为脆弱，西部煤炭生产区大部分处于我国西北地区，矿区的开采活动对矿区周围植被覆盖度、植物的生长效应、植物群落的演替等造成了影响，影响了矿区的生态环境。

1.2.5.1 对植被覆盖度的影响

植被覆盖度是衡量地表生态环境的重要基础数据，有研究表明煤炭开采对植被覆盖度的影响由诸多因素引起，这就导致在这个研究方面出现了多种结论。

有学者的结论表明沉陷越严重的区域，植被的退化越严重，植被覆盖度降低的比例越高。Ma 等[85] 采集了煤田的地表变形和植被数据，比较了不同沉降区的植物生长趋势，并对目标煤田四年间的植被覆盖度进行了预测和分析，研究表明采矿活动引起的地面沉降对矿区地表植被有一定影响；离沉降中心越近，植被覆盖度越低。吴淑莹等[86] 分析了宁东煤矿基地采煤沉陷区植被覆盖度时空变化，总体评价了生态脆弱区煤炭开发沉陷区对植被覆盖度的影响，研究结果表明煤炭开采引起的采煤沉陷在一定程度上导致了植被覆盖度的降低，采煤沉陷引起的地形地貌破坏越严重，植被覆盖度降低的比例越高。

在采煤沉陷引起植被覆盖度变化这个研究领域，遥感技术是获取矿区植被覆盖度数据的重要技术手段，很多学者的结论都是通过分析遥感图像来研究采煤沉陷对矿区植被覆盖度的影响。Shang 等[87] 分析了目标矿区 40 年的遥感图像，比较沉陷区和非沉陷区的植被覆盖度，研究表明煤炭开采活动密集的一个时间段内，采煤沉陷区植被覆盖度急剧下降。Zeng 等[88] 调查了目标矿区采矿以来的植被覆盖度数据，结合该地区的降水量数据，结果表明，煤炭开采是影响植被覆盖度的主要因素，开采活动导致了矿区植被覆盖度的降低。Yang 等[89] 结合遥感数据并实地评估目标矿区，研究发现采煤沉陷没有造成矿区植被覆盖度的大规模退化，但在产生了地裂缝的区域，植被覆盖度显著下降。

综上所述，矿区植被覆盖度的变化是动态的过程，煤炭开采对植被覆盖度的影响是有的，很多的研究都表明采矿活动会导致矿区植被覆盖度的降低，而且这种影响不是整体性的，局部变化还可能受到采矿活动以外的因素影响，矿区植被与环境之间的响应关系还需要进一步研究，目前还无法确定采煤沉陷对植被覆盖度的影响机理。

1.2.5.2 对植物生长效应的影响

煤炭的开采会造成不同程度的地表破坏，导致地表沉陷，这也将影响到矿区植物的生长发育，而个体植物对采煤沉陷扰动的响应反映了宏观响应中隐含的微观生态机制。许多学者研究煤炭开采对矿区植物生长效应的影响，由于不同植物生长所需的外部环境不同以及植物自身内源激素种类繁多，他们的研究结论也不同。

采煤沉陷往往会导致地下水系统发生变化，Liu 等[90] 通过叶绿素荧光诱导技术对矿区的典型植物物种进行监测，分析它们的叶绿素荧光诱导的动力曲线，结果表明，采煤沉陷引起的地下水位和土壤含水率下降，导致植物受到干旱胁迫的影响，进一步影响叶片的气孔导度、光合速率和蒸腾速率显著下降。

采煤沉陷造成植物的生长激素出现变化，而且不同种群的植物在相同的环境条件下，受到的影响不同，不同土地类型的植物受到的影响也不同。程林森[14] 研究不同根系损伤程度下柠条和油蒿的生理响应，建立根系损伤量与叶绿素荧光参数指标之间的关系，研究结果表明不同土地类型采煤沉陷植物受到的扰动程度不同，采煤沉陷还导致植物的光合作用大幅降低，相同根系损伤条件下，不同植物受到的影响不同。Hu 等[91] 分析了高分辨率无人机可见波段图像和地面采样数据，建立了沉降区冬小麦叶绿素估计模型，比较不同地面特征的光谱特征，研究表明，沉降区小麦的叶绿素含量较低；不同地段下的小麦受到的扰动程度不同。张健[92] 通过对目标矿区的地裂缝进行动态监测，设计裂缝伤根模拟装置，研究发现地裂缝损伤植物根系，扰乱植物的内源激素水平，抑制叶片的发育。

植物的根部是植物固定和吸取养分的重要部位。Wang 等[93] 模拟了采煤沉陷对植物根部的损伤，比较了几种植物根系损伤后的自愈能力，研究发现不同植物在根系损伤后表现出的抗侵蚀能力不同，有植物可以抵消沉降造成的损伤。杜涛[94] 研究了煤炭开采对植物根际微环境的影响以及植物根际微环境的自修复能力，研究结果表明地表裂缝影响了植物根际微生物的数量、酶活性、土壤含水率等指标，从而破坏了植物根际微环境的平衡，对植物造成了损伤。Zhang 等[95] 设计了一种可以模拟根系损伤胁迫并观察随后植物根系动态生长的装置，观察发现采煤沉陷产生的地裂缝改变了植物根系的空间分布和内源性激素水平，对植物生长造成了影响。

综上所述，煤炭开采造成的地表沉陷和地裂缝会对植物生长效应造成影响，沉陷破坏了地下水系统，对植物造成了干旱胁迫影响；地裂缝对根系的损伤导致了植物内源激素水平的紊乱，影响到植物的生长发育；采煤沉陷破坏了植物根际微环境，在破坏的同时还有植物自修复作用；学者们的研究结论各不相同。了解地下采矿如何对地表植物造成干扰是一个非常值得进一步研究的科学和实际问题，特别是在干旱和半干旱地区。然而，在个体规模上，关于地下采矿区地表植物的响应和可持续性的实证研究仍然缺乏。

1.2.5.3 对植被多样性的影响

植物多样性是指植物的类型和数量及其分布模式，植物多样性的丧失会对生态系统功能产生不利影响。不同地形位置之间的植物群落组成可能存在显著差异。植物多样性和群落结构受土壤基质、温度、湿度和其他环境因素的影响，而煤炭开采可能会影响这些环境因素。

为了研究采煤塌陷对地表植被组成及其多样性的影响，He 等[96] 比较了沉降区和非沉降区的植物群落多样性，研究表明，采煤沉陷对植物群落多样性的影响不大；不同土壤类型上的植被多样性受到的影响有差异，体现在部分草本植物的数量上。与此相反的研究结论是叶瑶等[97] 对矿区的塌陷区域和未塌陷区域进行对比，发现采煤塌陷区与对照区相比，塌陷区植物种类数量明显减少，随着塌陷时间的增加，植被组成和多样性发生了显著改变，这说明采煤塌陷对植被多样性的影响显著。

地表沉陷是煤炭开发对生态环境造成严重损害的形式之一，直接或间接地影响植物分布与群落结构，但是对处在不同区域的相同种群造成的影响不同，对处于相同区域的不同种群的影响也不一样。杜华栋等[98] 以矿区不同地表沉陷类型下植物群落为研究对象，调查植物群落组成、生产力和多样性等变化特征，研究结果表明沉陷扰动造成了一年生草本、多年生草本和中旱生植物比例增加，中生植物比例显著下降，而灌木和乔木比例变化不明显。不同沉陷类型下塬面裂缝区植物群落结构变化不显著，塬面台阶状沉陷区、沟谷边缘裂缝区和台阶状沉陷区植物群落物种数、覆盖度、生物量、物种密度、物种多样性显著下降。

近年来，对不同地貌、不同沉陷年份的地表植物多样性的变化也有研究。周莹等[99] 对矿区不同地貌、不同沉陷年份及对照区地表植被进行了调查，计算并分析了各样地植物群落的重要值、物种多样性指数和均匀度等。结果表明调查区经沉陷干扰后，植物群落主要组成没有发生明显变化；除生态十分脆弱的乌兰木伦矿区外，其余矿区地表沉陷后物种多样性与对照组相比没有显著性差异；沉陷后群落组成较沉陷前增多，且沉陷 1 年区比沉陷多年区物种数多，它们之间具有明显的相关性。

综上所述，采煤沉陷对植物群落多样性是否有影响还存在不同的结论，不同地貌、不同沉陷时间、植物自身的修复能力、群落的自然演替等都是影响植物群落多样性和结构的因素，目前在这个领域的学术研究还没有统一。

1.3 矿区生态环境影响评价

此节将对矿区生态环境影响评价的部分内容进行讨论，煤炭开采对矿区生态环境的影响巨大，煤炭开采活动破坏矿区地形地貌，改变了矿区生态环境因子，这些环境因子的变化对矿区生态环境造成了不可逆转的破坏，矿区生态环境影响评价工作可以有效地预防这些问题的产生。

1.3.1 评价指标

1.3.1.1 研究现状

环境指标就是能够表征、判断、度量与评价环境质量的量化信息。对于环境指标的关注和研究是伴随着环境问题的出现而开始的。最初，对于环境指标的研究多集中在环境污染问题上，而且主要集中在地方层次上的大气污染和水污染指标上，如美国格林大气污染综合指数，美国橡树岭大气质量指数，内梅罗水污染指数等。也就是说，在 20 世纪六七十年代，世界上掀起了第一次环境指标研究高潮。

在 20 世纪 70 年代末、80 年代初的中国，随着对环保事业的日益重视，环境指标的研究也达到了一个高峰。主要工作是应用和改进国外已有的环境指标，如这一时期所构造的上海大气质量指数、北京西郊大气质量指数和水域有机污染综合评价值等。

进入 20 世纪 80 年代，特别是 80 年代末，随着全球性环境问题的日益加重以及人们对荒漠化面积的不断扩大、生物多样性减少及森林面积锐减等生态问题的关注，全球对环境指标的研究又进入了一个新阶段。人们开始从生态学的角度全面和系统地研究生态环境指标，为可持续发展综合决策提供依据。

20 世纪 90 年代后，随着可持续发展有关理论研究的深入和人们可持续发展意识的提高，关于生态环境质量评价指标体系的研究屡见报道，如山岳生态指标体系的建立，黑河流域生态环境评价指标体系，南京城市生态系统可持续发展指标体系与评价，农业资源综合开发生态环境评价等。但关于矿区生态环境质量评价及预警的指标体系的研究仍较少见，特别是一个完整的具有层次性、结构性的指标体系的研究有待进一步深入。

1.3.1.2　研究意义

在环境影响评价中，指标的选取关系到评价结果的准确性和可行性，评价指标具有普遍性和特殊性，既要根据通用性原则对具有普遍性的指标建立评价层次，又要根据不同研究区域和研究尺度的差异对特殊性指标建立评价层次，评价过程还必须将定性指标和定量指标结合到一起，由此可以看出评价指标的选择是至关重要的。选择合理的评价方法和相应的评价指标体系是矿山生态环境影响评价的重要途径，指标的选取还要遵循评价原则。

矿区生态影响评价基本原则如下。

① 科学性。分析煤炭开采对矿区生态环境影响的特点，依据生态运行规律，同时以国家、行业、地方标准及经验数据为评价准则，然后定量得出矿区生态环境的影响状况。

② 完整性。矿区生态环境作为一个整体，各生态环境因素作为一个个体，采矿是多个人进行的，人与人之间、人与整体之间都在相互作用、相互影响。保护生态系统的完整和和谐，需要从各具体因素及因素的相互作用出发，来加以完善。

③ 政策导向性。所谓政策性是指始终把各地环境政策和国际环护战略当作基本原则，开发者的环境保护责任透明公开，以便达到以政策影响矿区生态环境的管理的目的。

④ 目标针对性。人为因素和自然因素都能使煤矿区生态环境产生影响，

必须从根本上解决由于人为的采煤以及人为因素导致的一些自然因素的变化对生态环境造成的影响。

⑤ 相互协调性。为了加强环保措施可行性和提高评价有效性，必须协调长远利益和近期利益、社会大众利益和企业私自利益，另外矿区开采与生态环境及生态系统与生态因子的关系也必须合理协调。

1.3.2 权重赋值方法研究

权重计算的确定方法在综合评价中是重中之重，不同的方法对应的计算原理也不相同。在实际分析过程中，应结合数据特征及专业知识选择适合的权重计算。

1.3.2.1 层次分析法

层次分析法是决策人根据所研究的目的，经过逻辑性分析将烦琐、复杂的系统问题一步一步地进行分层，构成一个由多要素组成且排列顺序严谨的多层次结构，通过同层的两要素之间相互比较与计算，进而研究各要素在多层次结构中的重要程度，将定性问题向定量分析转换的一种实用便捷、科学有效的评价决策方法。这种方法可以对人们的主观意识判断进行客观事实的描述，能够合理地确定评价体系中的各指标权重值，为选择出最优的方案提供依据。该方法确定权重详细过程如下。

① 构建层次结构。包括目标层、准则层和指标层，其中目标层从整体上判断沉陷区生态环境质量，表述沉陷区地表生态环境质量；准则层从不同因素角度反映目标层的生态环境稳定状况，包括气候因素、土壤因素、植被因素、水文因素；指标层是沉陷区生态环境质量评价指标体系的最基本层次，可对准则层进行直接度量，包括年降雨量、生长季平均气温、土壤 pH 值等。

② 构造判断矩阵。判断矩阵是层次结构模型的基础，用来表示下层影响因子中哪些对上层因素的影响更重要。此法首先需要构造出目标层与因素层之间的判断矩阵。

③ 层次单排序。层次单排序计算的目的是确定同一层次的指标因子对上一层次指标因子相对重要程度的权重，因此需要计算判断矩阵 $\boldsymbol{R}$ 的最大特征值及对应特征向量。层次总排序计算目的是将层次单排序计算结果进行整合，得到指标层元素对目标层元素的权重值。

④ 层次指标权重确定。指标权重确定要遵循 AHP 层次分析法理论，根据

上述数学运算规则，通过专家决策确定出目标层 A 与准则层 B，准则层 B 与指标层 C 的判断矩阵，并进行层次指标权重计算，通过调整直到各判断矩阵的计算结果满足一致性检验。

优点。

① 系统的分析方法。层次分析法把研究对象作为一个系统，按照分解、比较判断、综合的思维方式进行决策，成为继机理分析、统计分析之后发展起来的系统分析的重要工具。系统的思想在于不割断各个因素对结果的影响，而层次分析法使每一层的权重设置最后都会直接或间接影响到结果。而且在每个层次中的每个因素对结果的影响程度都是量化的，非常清晰、明确。这种方法尤其可用于对无结构特性的系统评价以及多目标、多准则、多时期等的系统评价。

② 简单实用的决策方法。这种方法既不单纯追求高深数学，又不片面地注重行为、逻辑、推理，而是把定性方法与定量方法有机地结合起来，使复杂的系统分解，能将人们的思维过程数学化、系统化，便于人们接受，且能把多目标、多准则又难以全部量化处理的决策问题转化为多层次、单目标问题，通过两两比较确定同一层次元素相对上一层次元素的数量关系后，最后进行简单的数学运算。即使是具有中等文化程度的人也可了解层次分析的基本原理和掌握它的基本步骤，计算也非常简便，并且所得的结果简单明确，容易为决策者了解和掌握。

③ 所需定量数据信息较少。层次分析法主要是从评价者对评价问题的本质、要素的理解出发，比一般的定量方法更讲求定性的分析和判断。由于层次分析法是一种模拟人们决策过程的思维方式的一种方法，层次分析法把判断各要素的相对重要性的步骤留给了大脑，只保留人脑对要素的印象，转化为简单的权重进行计算。这种思想能处理许多用传统的最优化技术无法着手解决的实际问题。

缺点。

① 不能为决策提供新方案。层次分析法的作用是从备选方案中选择较优者。这个作用正好说明了层次分析法只能从原有方案中进行选取，不能为决策者提供解决问题的新方案。这样，我们在应用层次分析法的时候，可能就会有这样一种情况，即我们自身的创造能力不够，造成了尽管在我们想出来的众多方案里选了一个最好的出来，但其效果仍然不够人家企业做出来的效果好。而对于大部分决策者来说，如果一种分析工具能替我分析出在我已知的方案里的

最优者，然后指出已知方案的不足，甚至再提出改进方案的话，这种分析工具才是比较完美的。但显然，层次分析法还没能做到这点。

② 定量数据较少，定性成分多，不易令人信服。在如今对科学方法的评价中，一般都认为一门科学需要比较严格的数学论证和完善的定量方法。但现实世界的问题和人脑考虑问题的过程很多时候并不是能简单地用数字来说明一切的。层次分析法是一种带有模拟人脑的决策方式的方法，因此必然带有较多的定性色彩。

1.3.2.2 熵值法

熵值法属于一种客观赋值法，其利用数据携带的信息量大小计算权重，从而得到较为客观的指标权重。熵值是不确定性的一种度量，熵越小，数据携带的信息量越大，权重越大；相反，熵越大，信息量越小，权重越小。

熵值法广泛应用于各个领域，对于普通问卷数据（截面数据）或面板数据均可计算。在实际研究中，通常情况下是与其他权重计算方法配合使用，如先进行因子或主成分分析得到因子或主成分的权重，即得到高维度的权重，然后再使用熵值法进行计算，从而得到具体各项的权重。

优点：①熵值法能深刻反映指标的区分能力，确定较好的权重；②赋权更加客观，有理论依据，可信度也更高；③算法简单，易于实践，不需要其他软件分析。

缺点：①无法考虑到指标与指标之间的横向影响；②对样本依赖性大，随建模样本的变化，权重也会发生变化；③可能导致权重失真，最终结果无效。

1.3.2.3 主成分分析法

主成分分析法（PCA）是一种基于降维思想的评价方法。其内涵就是将多个评价指标进行分析排序之后，提取其中几个具有代表性的指标来代替整体评价指标，这几个被提取的代表性指标就是所谓的主成分。这种提取指标方法，不仅可以简化问题，减少计算量，而且还不丢失整体指标中的有效信息。我们在研究生态环境问题的时候，需要以研究区的生态环境特点为基础，从不同层次的多方面选取较多的影响因子，这些因子计算过程往往较为复杂且烦琐，而使用主成分分析法可以将问题简化，这样就可以使用较少的指标来评价整个体系，并且每个主成分都是独立的，相互之间不会影响。目前此法应用领域甚广，如经济、社会、技术等领域都有体现。

主成分分析法的基本思路大致分为五步：首先要对原始指标数据进行标准化处理工作，从而构建出一个基于样本的矩阵，并执行变换得到标准化的变换矩阵；然后利用标准化变换矩阵求出各指标间的相关系数，从而得到一个相关系数矩阵；根据得到的相关系数矩阵计算各个指标的特征方差贡献率，将特征方差贡献率中排名靠前的求和后，累积（方差）贡献率大于一定标准（通常大于 80%）的指标作为主成分；根据得到的主成分计算其各变量的主成分载荷矩阵，确定各变量对某一主成分的相关性，是促进作用还是抑制作用；最后合成主成分，得到综合评价值。此法确定指标权重是根据数据分析而得到指标间内在联系，可以有效地避免人为主观性，是一种客观合理的评价方法。

优点：首先它利用降维技术用少数几个综合变量来代替原始多个变量，这些综合变量集中了原始变量的大部分信息；其次它通过计算综合主成分函数的得分，对客观经济现象进行科学评价；再次它在应用上侧重于信息贡献影响力综合评价。

缺点：当主成分的因子负荷的符号有正有负时，综合评价函数意义就不明确，命名清晰性低。

1.3.3 评价方法研究

生态环境质量评价实际上是对生态环境质量优与劣的评定过程，而且是一种有方向性的评定过程。这个过程包含许多个层次，如生态环境评价因子的确定、环境监测、评价标准、评价模型等，最终的方向是评定人类生存发展活动与环境质量之间的价值关系。因此，广义地讲，生态环境评价方法应包括这一过程中使用的全部方法。

目前，国内外使用的生态环境质量评价方法很多，归纳起来可分为以下几类：决定论评价法、经济论评价法、运筹学评价法、模糊综合评价法和灰色关联分析法。每一类方法中又分成许多不同方法。下面一一介绍。

（1）决定论评价法

所谓决定论评价法是对环境因素与评价标准进行判断与比较的过程。使用这种方法，首先设定若干评价指标和若干评价标准，然后将各个因子依据各个判断标准，通过直接观察和相互比较对环境质量进行分级，或按评分的多少排序，从而判断该环境因素的状态。它包括指数评价法和专家评价法。

① 指数评价法。这是最早用于环境质量评价的一种方法。近十几年来，

这一方法在环境质量评价中得到了广泛的应用，并有了很大的发展。它具有一定的客观性和可比性，常用于环境质量现状评价中。

② 专家评价法。这是一种古老的方法，但至今仍有重要地位。它是将专家们作为索取信息的对象，组织环境科学领域（有时也需要其他领域）的专家运用专业方面的经验和理论对环境质量进行评价的方法。

（2）经济论评价法

从经济的角度进行环境质量评价的方法，称为经济论评价法。该方法是考虑环境质量的经济价值，以事先拟好的某一环境质量综合经济指标来评价不同对象。常用的方法有两类：一类是用于一些特定的环境情况所特有的综合指标，如森林资源的经济评价，农业资源的经济评价等；另一类是费用-效益分析法，也是目前常用的一种方法，其评价标准是效益必须大于费用。

（3）运筹学评价法

利用数学模型对多因素的变量进行定量动态评价的方法。这种方法理论性很强，对于带有不确定因素的环境质量评价来说，能够从本质上逐步逼近，以求出最优解，最适合于复杂环境质量系统或区域性评价。目前经常使用的方法有以图论为工具建立的数学模型-结构模型，以线性理论为基础建立的含有环境因素的投入-产出模型，以及以控制论为指导建立的动力学模型。

（4）模糊综合评价法

模糊综合评价法是针对复杂的模糊性事物，合理地综合所有因素的影响，从而做出一个总体评判。模糊数学是通过使用模糊集合对不完全信息的问题进行精确解决的方法，它可以比较自然地处理人类思维中所包含的主动性和模糊性。模糊综合评判是由我国学者汪培庄最早提出的，是一种具体应用的方法。其过程主要分为两部分：先根据每个因素作出单独评价；然后根据各个因素的评价结果以及其权重对评价对象做出综合评价。评价模型过程简单、易懂，便于人们学习和应用，特别适合那些复杂的多层次问题的评价，评判过程明确并且评价值唯一，评价对象所受到的影响较小，是其他模型难以替代的方法。

利用模糊模型进行综合评价，评价指标的选取、指标权重的分配以及合成算子的选择决定了评价结果的准确性和可靠性。所以，在评价过程中必须分析评价问题特点以及其发展规律，在多种模糊合成模型中选择科学的模型，从而对事物作出客观的评价。

模糊综合评价方法的优点。

① 模糊综合评价结果本身是一个向量，能够给决策者提供更多的信息，由于其具有模糊性，所以能够准确地描述评价系统本身的模糊状况，这就充分体现了其结果的优越性。

② 对于复杂的评价对象，模糊评价能够从层次角度进行分析。首先模糊评价模型能够最大限度对评价对象进行客观的描述；其次在评价的过程中能够使得权重的确定更加准确。对于一个包含众多影响因素的复杂系统而言，如果在确定权值时，把影响结果的所有评价因素看成一个整体进行确权，则会由于因素众多并且权值和等于一导致每个因素的权重值很小，这样便不容易体现出各因素间的重要程度差。所以在进行评价的过程中，尽量将复杂系统进行分层，分别对每个层次所包含的因素进行权值确定，这样便会较容易地确定各因素的隶属度和重要程度。因此，复杂程度越高、结构层次越多的评价问题，多层次模糊综合评价模型效果越理想。

③ 模糊评价模型具有较强的适用性。由于在现实生活中事物的模糊现象大量存在，决定了模糊评价模型的广泛应用。由于人的主观因素存在很大的模糊性，所以模糊综合评价在主观因素的评价中具有其他模型不可比拟的优越性。

④ 在模糊综合评价中，评价者可以根据不同的着眼点对各因素的权重进行适当的调整，还可以通过不同的权重分配进行多次评价，对其结果进行分析研究，从而确定各因素的相对重要程度。

以上是模糊综合评价方法的优越性，但它也有自身的局限性，如下。

① 对于各因素之间相关性引起的信息重复问题，模糊综合评价很难解决。为了确保评价结果的准确性，在进行评价因子筛选的过程中，必须尽可能地删除相关程度较大的因素。

②在模糊综合评价中，各因素的权重是根据人的主观判断确定的，但由于人的主观性较大，所确定的权值可能与客观实际产生较大的偏差，从而影响评价结果的可靠性。

前文所提到的几种评价方法从不同的角度出发进行综合评价，也可以理解为单一的一种模型从被评价对象的某一个角度出发去评价。但是对于矿区而言，尤其是采煤沉陷区，其复杂的环境因素和历史遗留问题都将增大矿区生态环境评价的难度，单一的评价模型会因为局限性而使评价结果难以让人信服，刘方对多种单一的评价模型进行优缺点分析，他的每种方法在不同条件下的适用性有差异，单一的评价模型并不能够准确地对一个矿区的生态环境作出评价，他将多种方法合理地进行组合，建立一个基于灰色关联分析法的综合评价模型，得出来的结论与实际情况一致。

(5) 灰色关联分析

根据灰色关联分析的方法对一个系统进行评价，就是针对所有的评价指标确定一个标准序列，然后根据关联分析原理求出各个评价对象的指标值序列与此标准序列之间的关联度，根据所求的关联度大小确定各个评价对象的好坏。在一个评价系统中，不同的样本有不同的参考标准，同一样本在不同的时间或者空间其标准也是不一样的，所以此标准并不是唯一的。不管如何选取，每次选取的值都是在当时各指标的最优取值。对于任何评价对象而言，确定其参考序列的方法多种多样，例如用预测的最佳值，或者根据相关政府部门对评价对象所规定的标准参考值等。由于参考序列是在各系统技术经济指标数据中选出的最佳值，所以在每一时刻，根据模型求出的关联度都与其选择的参考序列相对应。

灰色关联分析评价模型在进行综合评价时主要有以下优点。

① 灰色关联分析模型对于具有大量未知信息的系统的评价相当有效，对于评价指标难以量化以及难以统计的问题能够有效地解决。另外，在使用其进行评价时，能够排除人为因素的影响，评价结果更加客观、准确。

② 灰色关联分析评价模型在使用的过程中比较简短，操作者能够很快地接受并且熟练掌握。

③ 该模型在应用时不需要大量的样本数据，它能够根据少量的代表性样本数据，对整个系统做出科学的评价，在计算过程中不必对所有指标值进行归一化处理，可直接用所取指标值进行计算，评价结果可靠性较强。

在进行评价时，灰色关联分析模型也有其不足之处。

① 模型需要的样本数据必须具有时间序列特性，并且只是通过关联度的大小，通过比较结果对评价对象之间的相对优劣做出判断，并不能反映评价对象的绝对水平。

② 模型具有相对评价的全部缺点，在进行综合评价时，评价指标体系的建立以及所选的各指标权重大小的确定是综合评价过程的关键所在，决定了评价结果的准确性。

参考文献

[1] Zhang B L, Luo H, Lv L H, et al. Analysis of ecological environment impact of coal exploitation

and utilization [C]. 2nd International Conference on Energy Engineering and Environmental Protection (EEEP)：2018：121.

[2] 杨瑞．晋北黄土区井工煤矿生态风险评价研究 [D]. 北京：中国地质大学（北京），2021.

[3] Chugh Y P. Concurrent mining and reclamation for underground coal mining subsidence impacts in China：Land reclamation in ecological fragile areas [C]. 2nd International Symposium on Land Reclamation and Ecological Restoration (LRER)：2017： 315-332.

[4] 顾大钊．能源"金三角"煤炭开发水资源保护与利用：2 亿吨级神东矿区水资源保护与利用技术探索和工程实践 [M]. 北京：科学出版社，2012.

[5] 崔学军，尚建选，姜从斌．能源化工"金三角"产业发展调研报告 [M]. 北京：化学工业出版社，2020.

[6] 王丹凤．新时期陕西省煤炭资源勘查开发布局研究 [J]. 中国煤炭，2021，47（12）：1-6.

[7] 霍超．新疆煤炭资源分布特征与勘查开发布局研究 [J]. 中国煤炭，2020，46（10）：16-21.

[8] 雷少刚．荒漠矿区关键环境要素的监测与采动影响规律研究 [D]. 徐州：中国矿业大学，2009.

[9] 史沛丽．采煤沉陷对西部风沙区土壤理化特性和细菌群落的影响 [D]. 北京：中国矿业大学（北京），2018.

[10] 申艳军，杨博涵，王双明，等．黄河几字弯区煤炭基地地质灾害与生态环境典型特征 [J]. 煤田地质与勘探，2022，50（06）：104-117.

[11] Qian T N，Bagan H，Kinoshita T，et al. Spatial-temporal analyses of surface coal mining dominated land degradation in Holingol，Inner Mongolia [J]. IEEE Journal of Selected Topics in Applied Earth Observations and Remote Sensing，2014，7（5）：1675-1687.

[12] 王丹月．西北地区土地退化现状及其防治对策 [J]. 大众标准化，2021（23）：215-216.

[13] 李治兵，沈涛，肖怡然，等．西北地区农业生态和经济系统协调发展研究 [J]. 中国农业资源与区划，2020，41（12）：237-244.

[14] 程林森，雷少刚，卞正富．半干旱区煤炭开采对土壤含水量的影响 [J]. 生态与农村环境学报，2016，32（02）：219-223.

[15] 张文丹．生态环境保护对西北地区经济发展影响研究 [J]. 环境科学与管理，2021，46（10）：138-141.

[16] 王双明，杜华栋，王生全．神木北部采煤塌陷区土壤与植被损害过程及机理分析 [J]. 煤炭学报，2017，42（01）：17-26.

[17] Wang Y H，Guo G L，Deng K Z，et al. Environmental hazards caused by mining subsidence in northwest China and proposals on countermeasures：Mining science and technology [Z]. 5th International Symposium on Mining Science and Technology (ISMST)：2004：637-640.

[18] 李树志．我国采煤沉陷区治理实践与对策分析 [J]. 煤炭科学技术，2019，47（01）：36-43.

[19] 杨永均，陈赞旭，王芳蕾，等．矿山地质环境保护与土地复垦预算费用及效果 [J]. 中国国土资源经济，2022， 35（11）： 75-82.

[20] Guney A，Gul M. Analysis of surface subsidence due to longwall mining under weak geological conditions：Turgut basin of Yatagan-Mugla (Turkey) case study [J]. International Journal of

Mining Reclamation and Environment，2019，33（7）：445-461.

[21] 赵明宣，靳月文．采煤沉陷对生态环境破坏范围的划定研究［J］．环境科学与管理，2021，46（04）：155-158.

[22] 周莹．半干旱区采煤沉陷对地表植被组成及多样性的影响［D］．呼和浩特：内蒙古农业大学，2009.

[23] Tan X F，Song B Z，Bo H Z，et al. Extraction of irregularly shaped coal mining area induced ground subsidence prediction based on probability integral method［J］．Applied Sciences-Basel，2020，10（18）：6623.

[24] 秦世界，张和生，李国栋．基于 FLAC～（3D）的煤矿开采沉陷预计及与概率积分法的对比分析［J］．煤炭工程，2014，46（06）：96-98.

[25] Yin H J，Guo G L，Li H Z，et al. Prediction method and research on characteristics of surface subsidence due to mining deeply buried Jurassic coal seams［J］．Bulletin of Engineering Geology and the Environment，2022，81（10）：449.

[26] Zhang K，Bai L，Wang P F，et al. Field measurement and numerical modelling study on mining-induced subsidence in a typical underground mining area of northwestern China［J］．Advances in Civil Engineering，2021，5599925.

[27] 李一凡，刘成洲，崔腾飞，等．煤矿开采沉陷预计过程的 FLAC～（3D）数值模拟研究［J］．北京测绘，2018，32（10）：1156-1160.

[28] 杨旭．采空区地面塌陷地质环境影响预测与综合评价研究［D］．西安：长安大学，2012.

[29] 池明波．我国西北矿区水资源承载力评价与科学开采规模决策［D］．徐州：中国矿业大学，2019.

[30] 王鹏胜．不同方法对确定采煤沉陷影响范围的应用研究［D］．太原：太原理工大学，2021.

[31] 张发旺，侯新伟，韩占涛，等．采煤塌陷对土壤质量的影响效应及保护技术［J］．地理与地理信息科学，2003（03）：67-70.

[32] 韩伟伟．采煤塌陷所致地质灾害类型探讨［J］．能源与节能，2018（08）：28-29.

[33] 胡海峰，廉旭刚，蔡音飞，等．山西黄土丘陵采煤沉陷区生态环境破坏与修复研究［J］．煤炭科学技术，2020，48（04）：70-79.

[34] 胡振琪，王新静，贺安民．风积沙区采煤沉陷地裂缝分布特征与发生发育规律［J］．煤炭学报，2014，39（01）：11-18.

[35] 高岩，党晓宏，汪季，等．采煤沉陷区不同裂缝处小叶杨根系损伤特性［J］．水土保持通报，2022，42（01）：34-41.

[36] 王健．半干旱区采煤塌陷对沙质土壤理化性质影响研究［D］．呼和浩特：内蒙古农业大学，2007.

[37] 彭苏萍，毕银丽．黄河流域煤矿区生态环境修复关键技术与战略思考［J］．煤炭学报，2020，45（04）：1211-1221.

[38] 张瑞娅，邹勇，吴云，等．采煤塌陷深积水区现状分析与治理对策探讨［J］．煤炭工程，2014，46（09）：73-75.

[39] 张文妤．晋南地区采煤沉陷积水区治理措施浅探——以晋东南地区某煤矿为例［J］．山西科技，2018，33（04）：139-141.

[40] 王健，高永，魏江生，等．采煤塌陷对风沙区土壤理化性质影响的研究［J］．水土保持学报，2006（05）：52-55.

[41] 蔺博，党晓宏，高岩，等．风沙区和黄土区采煤塌陷裂缝对土壤物理性质的影响研究［J］．绿色科技，2022，24（06）：5-10.

[42] 王健，武飞，高永，等．风沙土机械组成、容重和孔隙度对采煤塌陷的响应［J］．内蒙古农业大学学报（自然科学版），2006（04）：37-41.

[43] 封泽鹏．采煤塌陷对土壤质量的影响研究［J］．能源与节能，2021（02）：93-94.

[44] 陈士超，左合君，胡春元，等．神东矿区活鸡兔采煤塌陷区土壤肥力特征研究［J］．内蒙古农业大学学报（自然科学版），2009，30（02）：115-120.

[45] 王琦，全占军，韩煜，等．采煤塌陷对风沙区土壤性质的影响［J］．中国水土保持科学，2013，11（06）：110-118.

[46] 赵永峰．神东矿区采煤塌陷对土壤理化性质及土壤含水率的影响［C］2006 中国科协年会，2006：3729-3733.

[47] 杨善莲．基于 CT 技术的菜地土壤孔隙性质与氮磷养分含量三维分布特征研究［D］．合肥：安徽农业大学，2020.

[48] 邹慧，毕银丽，金晶晶，等．采煤沉陷对植被土壤容重和水分入渗规律的影响［J］．煤炭科学技术，2013，41（03）：125-128.

[49] 王丽．神木矿区采煤对土壤和植被的影响［D］．咸阳：西北农林科技大学，2012.

[50] 包斯琴．采煤塌陷土壤水分变异及冻融特征［D］．呼和浩特：内蒙古农业大学，2015.

[51] 王健．神东煤田沉陷区生态受损特征及环境修复研究［D］．呼和浩特：内蒙古农业大学，2017.

[52] 赵明鹏，张震斌，周立岱．阜新矿区地面塌陷灾害对土地生产力的影响［J］．中国地质灾害与防治学报，2003（01）：80-83.

[53] 刘哲荣，燕玲，贺晓，等．采煤沉陷干扰下土壤理化性质的演变——以大柳塔矿采区为例［J］．干旱区资源与环境，2014，28（11）：133-138.

[54] Wang J，Zhang R Q，Abiyasi，et al. Soil bulk density and total porosity characteristics of different subsidence age mining area in Mu Us Sandland［Z］. 4th International Conference on Energy and Environmental Protection (ICEEP)：2015：3738-3744.

[55] Rong Y，Hu Z Q，Wu Y J，et al. Physical and chemical properties of soil at different mining subsidence areas in windy and sandy regions：Land reclamation in ecological fragile areas［Z］. 2nd International Symposium on Land Reclamation and Ecological Restoration（LRER）：2017：349-355.

[56] 吴艳茹．半干旱地区采煤塌陷对土壤性质影响进展研究［J］．内蒙古师范大学学报（哲学社会科学版），2011，40（05）：109-112.

[57] Zhang K，Yang K，Wu X T，et al. Effects of underground coal mining on soil spatial water content distribution and plant growth type in northwest China［J］. ACS OMEGA，2022，7（22）：

18688-18698.

[58] 台晓丽,胡振琪,陈超. 西部风沙区不同采煤沉陷区位土壤水分中子仪监测 [J]. 农业工程学报, 2016, 32 (15): 225-231.

[59] 薛丰昌,卞正富. 神东矿区采矿对土壤含水率影响分析 [J]. 煤炭科学技术, 2007 (09): 83-85.

[60] 张延旭,毕银丽,陈书琳,等. 半干旱风沙区采煤后裂缝发育对土壤水分的影响 [J]. 环境科学与技术, 2015, 38 (03): 11-14.

[61] Yang W J, Wang Y B, He C S, et al. Soil water content and temperature dynamics under grassland degradation: A multi-depth continuous measurement from the agricultural pastoral ecotone in northwest China [J]. Sustainability, 2019, 11 (15): 4188.

[62] 张凯,王顺洁,高霞,等. 煤炭开采下神东矿区土壤含水率的空间变异特征及其与土质和植被的响应关系 [J]. 天津师范大学学报 (自然科学版), 2022 (6): 55-63.

[63] Tang F Q, Gu J. Remote sensing monitoring of surface vegetation and soil moisture changes and the disturbance effect of coal mining subsidence in the Western mining area of China [Z]. 5th International Workshop on Earth Observation and Remote Sensing Applications (EORSA): 2018: 317-321.

[64] 张敬凯,母晓培,侯合明,等. 大峪沟矿区采煤塌陷对土壤含水率的影响 [J]. 矿山测量, 2017, 45 (01): 59-61.

[65] 赵红梅,张发旺,宋亚新,等. 神府东胜矿区不同塌陷阶段土壤水分变化特征 [J]. 南水北调与水利科技, 2008 (03): 92-96.

[66] 琚成远,浮耀坤,陈超,等. 神南矿区采煤沉陷裂缝对土壤表层含水量的影响 [J]. 煤炭科学技术, 2022, 50 (04): 309-316.

[67] 吕晶洁,胡春元,贺晓. 采煤塌陷对固定沙丘土壤水分动态的影响研究 [J]. 干旱区资源与环境, 2005 (S1): 152-156.

[68] 李全生,贺安民,曹志国. 神东矿区现代煤炭开采技术下地表生态自修复研究 [J]. 煤炭工程, 2012 (12): 120-122.

[69] 郭程锦. 采煤沉陷区土壤理化性质时空变化特征 [J]. 现代盐化工, 2021, 48 (06): 67-68.

[70] 周瑞平. 鄂尔多斯地区采煤塌陷对风沙土壤性质的影响 [D]. 呼和浩特: 内蒙古农业大学, 2008.

[71] 夏玉成,冀伟珍,孙学阳,等. 渭北煤田井工开采对土壤理化性质的影响 [J]. 西安科技大学学报, 2010, 30 (06): 677-681.

[72] 赵瑜,袁玉敏,陈超. 风沙区采煤扰动下土壤养分含量的演变特征 [J]. 中国矿业, 2017, 26 (06): 84-87.

[73] 杜华栋,赵晓光,张勇,等. 榆神府覆沙矿区采煤塌陷地表层土壤理化性质演变 [J]. 土壤, 2017, 49 (04): 770-775.

[74] Luo Z, Ma J, Chen F, et al. Cracks reinforce the interactions among soil bacterial communities in the coal mining area of Loess Plateau, China [J]. International Journal of Environmental Research and Public Health, 2019, 16 (24): 4892.

[75] Ma K, Zhang Y X, Ruan M Y, et al. Land subsidence in a coal mining area reduced soil fertility and led to soil degradation in arid and semi-arid regions [J]. International Journal of Environmental Research and Public Health, 2019, 16 (20): 3929.

[76] Jing Z R, Wang J M, Zhu Y C, et al. Effects of land subsidence resulted from coal mining on soil nutrient distributions in a loess area of China [J]. Journal OF Cleaner Production, 2018, 177: 350-361.

[77] Yang T T, Gao Y, Yao G Z, et al. Effects of coal mining subsidence on the changes of soil nutrient in Shenfu-Dongsheng coal field [J]. Trans Tech Publ, 2013, 726: 3828-3831.

[78] Zhu Y J, Jia X X, Qiao J B, et al. Capacity and distribution of water stored in the vadose zone of the Chinese Loess Plateau [J]. Vadose Zone Journal, 2019, 18 (1): 180203.

[79] 张发旺,宋亚新,赵红梅,等. 神府-东胜矿区采煤塌陷对包气带结构的影响 [J]. 现代地质, 2009, 23 (01): 178-182.

[80] 王强民,董书宁,王皓,等. 西部风沙区采煤塌陷地裂缝影响下的土壤水分运移规律及调控方法 [J]. 煤炭学报, 2021, 46 (05): 1532-1540.

[81] 宋亚新. 神府-东胜采煤塌陷区包气带水分运移及生态环境效应研究 [D]. 北京: 中国地质科学院, 2007.

[82] 赵文智,周宏,刘鹄. 干旱区包气带土壤水分运移及其对地下水补给研究进展 [J]. 地球科学进展, 2017, 32 (09): 908-918.

[83] 李惠娣,杨琦,聂振龙,等. 土壤结构变化对包气带土壤水分参数的影响及环境效应 [J]. 水土保持学报, 2002 (06): 100-102.

[84] 王格,郭欣伟,党素珍. 采煤扰动下潜水位及包气带水分变化特征 [J]. 农业工程学报, 2022, 38 (06): 105-112.

[85] Ma D, Zhao S M. Quantitative analysis of land subsidence and its effect on vegetation in Xishan coalfield of Shanxi province [J]. Isprs International Journal of Geo-Information, 2022, 11 (3): 154.

[86] 吴淑莹,周伟,袁涛,等. 宁东煤矿基地采煤沉陷区植被动态变化研究 [J]. 西北林学院学报, 2020, 35 (01): 218-225.

[87] Shang H, Zhan H Z, Ni W K, et al. Surface environmental evolution monitoring in coal mining subsidence area based on multi-source remote sensing data [J]. Frontiers in Earth Science, 2022, 10: 790737.

[88] Zeng Q, Shen L, Yang J. Potential impacts of mining of super-thick coal seam on the local environment in arid Eastern Junggar coalfield, Xinjiang region, China [J]. Environmental Earth Sciences, 2020, 79 (4): 88.

[89] Yang Y J, Erskine P D, Zhang S L, et al. Effects of underground mining on vegetation and environmental patterns in a semi-arid watershed with implications for resilience management [J]. Environmental Earth Sciences, 2018, 77 (17): 605.

[90] Liu Y, Lei S G, Chen X Y, et al. Disturbance mechanism of coal mining subsidence to typical

plants in a semiarid area using O-J-I-P chlorophyll a fluorescence analysis [J]. Photosynthetica, 2020, 58 (5): 1178-1187.

[91] Hu X, Niu B B, Li X J, et al. Unmanned aerial vehicle (UAV) remote sensing estimation of wheat chlorophyll in subsidence area of coal mine with high phreatic level [J]. Earth Science Informatics, 2021, 14 (4): 2171-2181.

[92] 张健. 采动地裂缝土壤水分运移规律及伤根微生物修复机理 [D]. 北京: 中国矿业大学(北京), 2020.

[93] Wang B, Liu J, Wang C L, et al. Effects of drawing damage on root growth and soil reinforcement of Hippophae rhamnoides in a coal mining subsidence area [J]. International Journal of Phytoremediation, 2022, 24 (4): 409-419.

[94] 杜涛. 煤炭开采对植物根际微环境影响规律及生态修复效应 [D]. 北京: 中国矿业大学(北京), 2013.

[95] Zhang J, Bi Y L, Song Z H, et al. Arbuscular mycorrhizal fungi alter root and foliar responses to fissure-induced root damage stress [J]. Ecological Indicators, 2021, 127: 107800.

[96] He Y M, He X, Liu Z R, et al. Coal mine subsidence has limited impact on plant assemblages in an arid and semi-arid region of northwestern China [J]. Ecoscience, 2017, 24 (3/4): 91-103.

[97] 叶瑶,全占军,肖能文,等. 采煤塌陷对地表植物群落特征的影响 [J]. 环境科学研究, 2015, 28 (05): 736-744.

[98] 杜华栋,宋世杰,张勇,等. 彬长矿区不同地表沉陷类型下植物群落特征 [J]. 生态学, 2019, 38 (05): 1520-1527.

[99] 周莹,贺晓,徐军,等. 半干旱区采煤沉陷对地表植被组成及多样性的影响 [J]. 生态学报, 2009, 29 (08): 4517-4525.

第2章

煤炭开采地表沉陷特征与影响范围研究

煤炭开采过程也会引起很多环境问题，例如地表沉陷[1] 已经成为在全球范围内出现的人为环境灾害之一。地表沉陷，即由地下采空区顶板的冒落所造成的地面变形，由于煤炭的采出方式大多为地下矿井开采，在生产过程中，原岩应力平衡遭到破坏，从而产生各种形式的移动变形以重新建立新的平衡，在此过程中，煤炭开采所引起的上覆岩层移动变形，自下而上形成冒落带、断裂带和弯曲下沉带[2-3]，在地表形成沉陷。地表沉陷导致土壤、植被等发生不同程度的损伤，特别是西部矿区大工作面开采造成的地表沉陷，对生态环境的影响呈现出新的特征[4]。因此，有必要对西部矿区大工作面开采地表沉陷特征及其影响范围展开研究。

以往关于地表沉陷特征和影响范围的研究多集中于中东部矿区和西部浅埋煤层矿区，对于煤层埋深大于 500m 的风沙区研究较少。由于风积沙松散层力学强度较小，流动性较强，与基岩的力学性质相差较大，煤层开采后地表会出现不同于基岩区的沉陷特征。即使同属于西部风沙区，埋深大于 500m 的深部煤层开采与埋深为 100～200m 的浅部煤层开采相比，其地表沉陷特征和影响范围也会有较大差异。因此，本章基于西部风沙区三个相邻工作面地表下沉实测数据，利用 $FLAC^{3D}$ 数值模拟方法，研究深部煤层开采过程中地表下沉动态特征和岩层应变动态变化，确定三个工作面开采后地表沉陷影响范围，并依据沉陷特征对沉陷影响区进行分区。

2.1 煤炭开采地表沉陷特征与范围

本节首先在野外调查的基础上进行布点测试并进行长期监测，获得研究区地表下沉实测数据；基于实测数据，通过趋势分析、对比分析等方法描述工作面上所布设的 3 条地表沉降监测线在不同时间段的动态下沉曲线；利用 $FLAC^{3D}$ 数值模拟方法，研究深部煤层开采过程中地表下沉动态特征和岩层应变动态变化，确定开采后地表沉陷影响范围并对沉陷影响区进行分区。

2.1.1 研究方法

2.1.1.1 研究区域概况

研究区位于内蒙古自治区鄂尔多斯市乌审旗无定河镇，处于神东煤田纳林河矿区最南端，具体地理位置可见图 2.1。由于其地处毛乌素沙地与陕北黄土高原的过渡带，植被稀疏，是具有高原沙漠地貌特征的半荒漠地区，其气候特征属于半干旱温带高原大陆性气候，太阳辐射强烈，干燥少雨，风大沙多，无

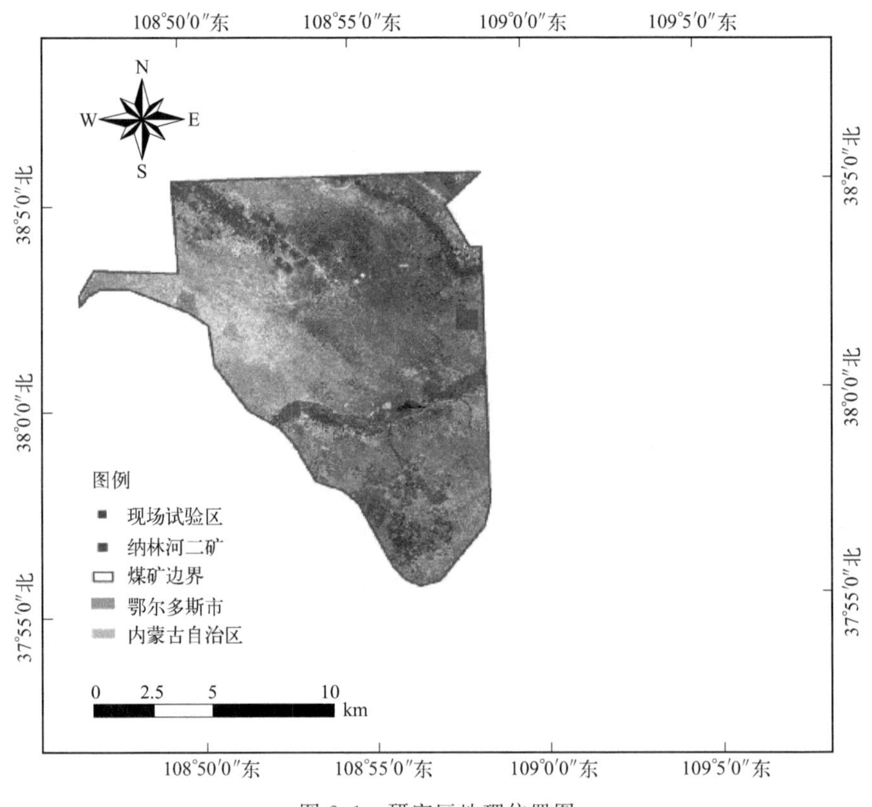

图 2.1 研究区地理位置图

霜期短，而其土壤类型主要包括风沙土、潮土、绵沙土等。同时研究区位于我国北方农牧交错带的中部，土地类型以各类草地为主，是典型的荒漠化草原生态系统，其植被类型主要包括落叶阔叶林、沙生灌丛、草丛等。研究区长约17.8km，宽约13.5km，面积为176.34km^2，其内存在一条常年性地表径流——无定河由西向东流经研究区中南部，研究区内河道长约12.8km。因此，根据本研究对地表沉降观测和水、土、植被等生态要素现场监测的需求，选取纳林河二矿首采区31101、31102和31103工作面及其周边区域作为现场试验区开展针对沉陷区的相关研究工作，现场试验区地理位置见图2.2，其中31101工作面宽241m，长2600m，开采时间为2014年9月—2017年5月；31102工作面宽241m，长3100m，开采时间为2017年6月—2018年12月；31103工作面宽241m，长3600m，开采时间为2019年4月—2021年4月；工作面预留区段煤柱间距为20m。三个工作面采高均为5.5m，煤层埋深约为600m。

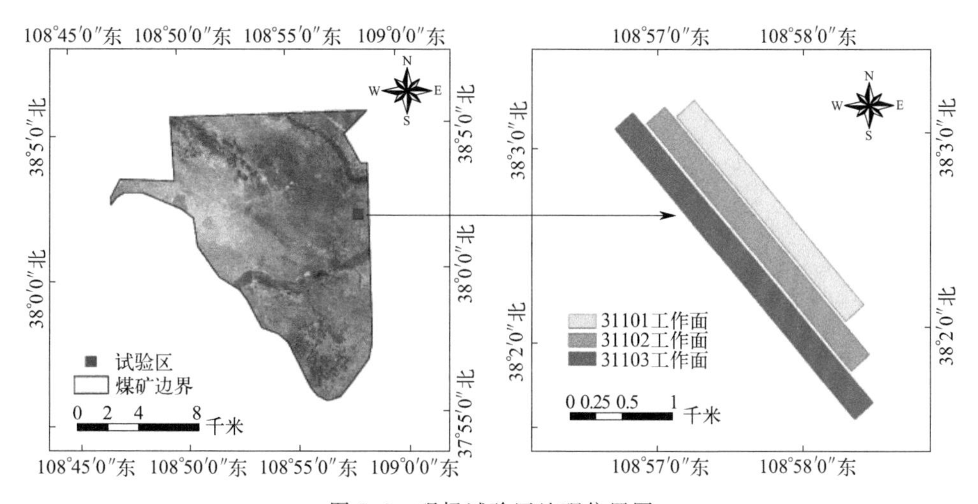

图2.2 现场试验区地理位置图

2.1.1.2 布点与测定

（1）测点布设

在31101、31102、31103工作面上方布设3条地表沉降监测线（LineN、LineA、LineQ-W）及185个监测点。测点信息统计如表2.1所示，测点布设如图2.3所示。

表 2.1 试验区测点信息统计表

测线/测区	测点编号	监测/取样时段	备注
Line N	N01-N45	11/16/2017—5/14/2019	沿 31102 工作面中央走向方向穿过开切眼，测线长度 1270m，测点间距 25m
Line A	AK1-AK3，A1-A61	7/27/2019—7/5/2020	沿 31103 工作面中央走向方向穿过开切眼，测线长度 1670m，测点间距 25m
Line Q-W	K1-K3，W1-W24，KQ1-KQ3，Q1-Q23，Z33（即 Q24），Q25-Q48，	11/21/2017—7/3/2020	沿 31101、31102 和 31103 工作面倾向方向靠近开切眼，测线长度 2276m，测点间距 25m

注：测点 Q18，Q21-Q26，Q35，Q47 有数据缺失。

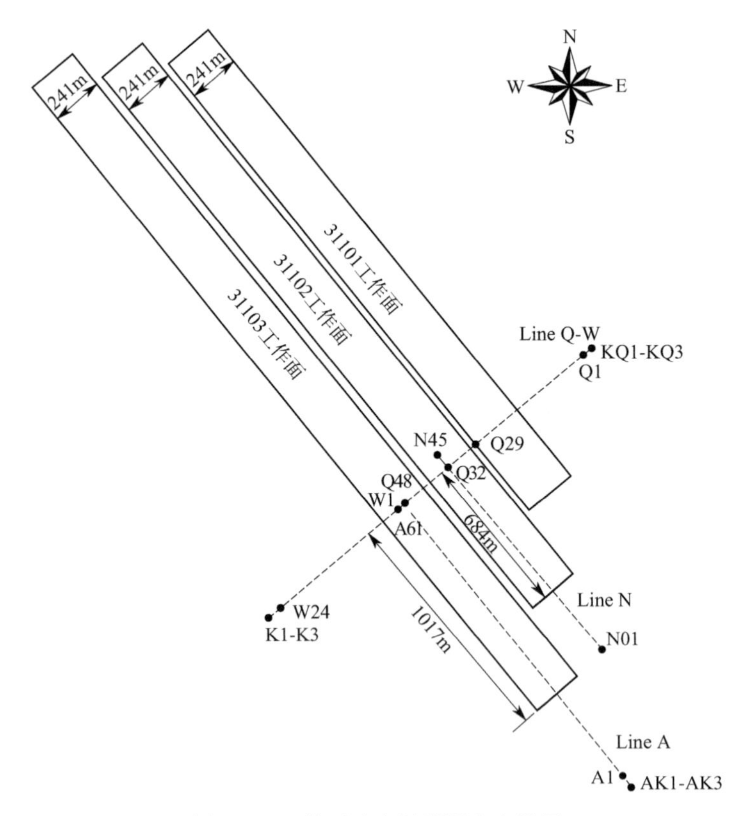

图 2.3 工作面地表沉降测点布设图

(2) 测定方法

全站仪全称为全站型电子测距仪（electronic total station），是一种集光、机、电为一体的高技术测量仪器，是集水平角、垂直角、距离（斜距、平距）、高差测量功能于一体的测绘仪器系统。与光学经纬仪相比全站仪将光学度盘换为光电扫描度盘，将人工光学测微读数代之以自动记录和显示读数，使测角操作简单化，且可避免读数误差的产生。因此，全站仪被广泛用于地上大型建筑和地下隧道施工等精密工程的测量或变形监测。

本研究采用全站仪测量地表沉降各测点的位移。工作面开采初期，地表移动处于开始阶段，地表沉陷速率小于 50mm/月时，每月需进行全面监测。当地表移动变形速率大于 50mm/月时，进入活跃阶段，每个月需要进行 2～3 次测量。当 6 个月内地表各点下沉量累计不超过 30mm 时，地表移动变形进入衰退阶段，地表移动逐渐停止，需要 1～2 次完整测量。地表沉陷盆地边界取下沉 10mm 为边界点[5]。

2.1.2 地表下沉动态特征

2.1.2.1 31102 工作面开采地表下沉动态特征

走向测线 N 从 2017 年 11 月 16 日至 2019 年 5 月 14 日动态下沉曲线如图 2.4 所示。

由图 2.4 动态下沉曲线形态可知，2017 年 11 月 16 日，工作面推进至 825m，开切眼一侧下沉盆地边缘坡度较缓，尚未出现剧烈下沉。2018 年 2 月 5 日，工作面推进至 1268m，开切眼一侧下沉剧烈，地表实测发现地裂缝。在此期间地表下沉量增加了 1m 以上，可以推断发生了上覆岩层砌体梁结构失稳破断。2018 年 9 月 12 日至 2019 年 5 月 14 日，8 个月内各测点下沉累积量小于 20mm，表明下沉进入衰退阶段，沉降逐渐停止。截至 2019 年 5 月 14 日，31102 工作面推进 3099m，已全部开采，地表下沉基本停止，最大下沉量为 1.38m。由地表下沉实测数据可知，地表下沉量为 10mm 的点距开切眼 270m。因此可以得出，31102 工作面在走向沉陷影响范围边界约为距开切眼 270m 处。

倾向测线 Q-W 从 2017 年 11 月 21 日至 2018 年 10 月 24 日动态下沉曲线如图 2.5 所示。

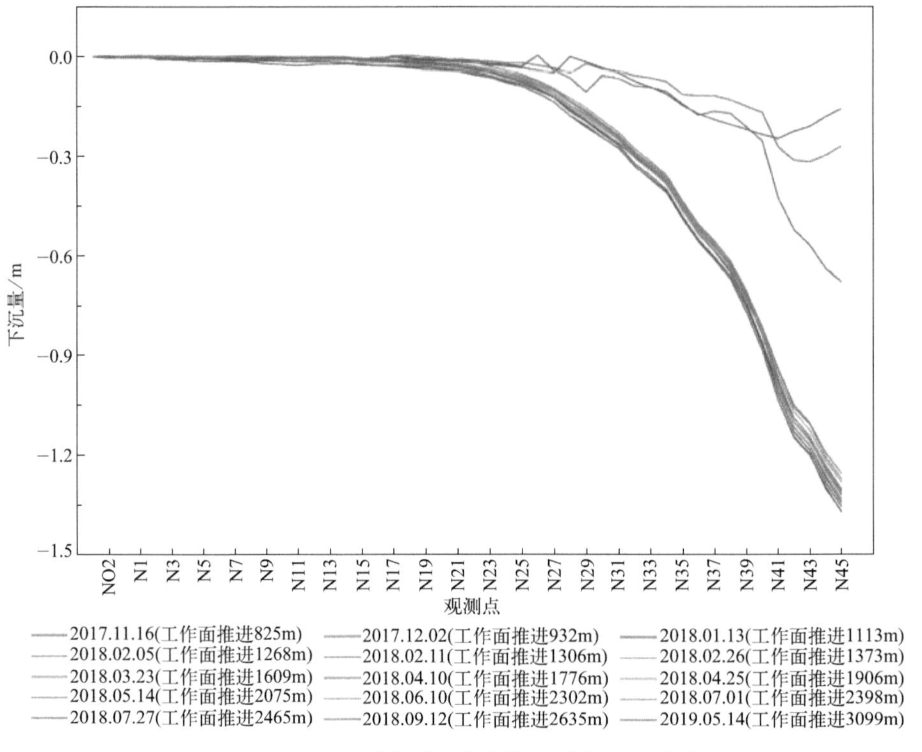

图 2.4　31102 工作面走向测线 N 动态下沉曲线

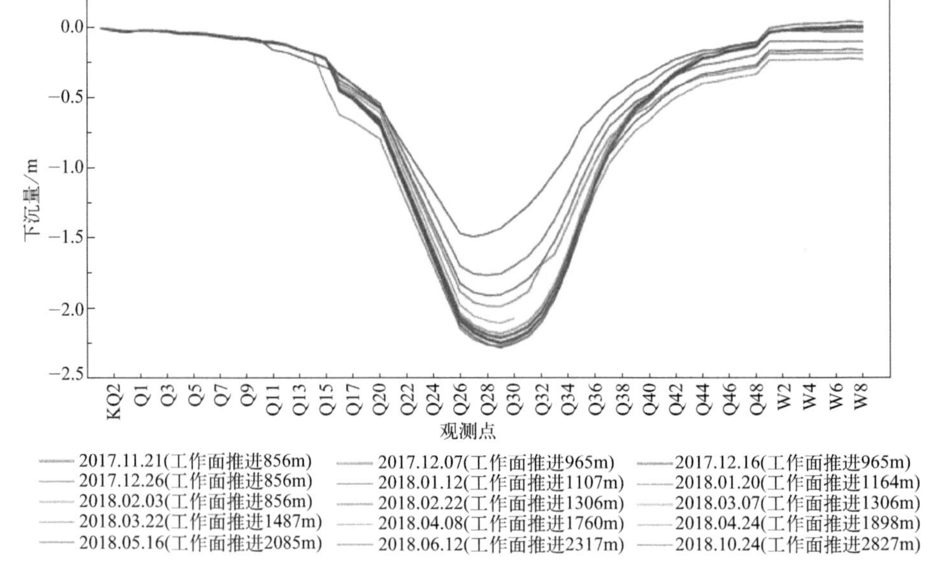

图 2.5　31102 工作面倾向测线 Q-W 动态下沉曲线

由图 2.5 动态下沉曲线形态可知，截至 2018 年 10 月 24 日，31102 工作面倾向下沉基本停止，最大下沉点为 Q29，最大下沉量为 2.27m。受采空区 31101 工作面的影响，31102 工作面倾向测线 Q-W 的最大沉降点不是位于 31102 工作面中间位置的 Q33 或 Q34，而是位于 31101 和 31102 工作面中间位置的 Q29，处于工作面间预留区段煤柱上方。该下沉曲线没有形成平底盘形特征，说明其未达到超充分采动。由地表下沉实测数据可知，地表下沉量为 10mm 的点位于距 31102 巷道边缘 390m。因此可以得出，31102 工作面在倾向沉陷影响范围边界为距工作面 390m 处，下沉曲线形态没有呈现出多个工作面开采后常见的波浪形，反映了两个工作面之间设置的宽度为 20m 的区段煤柱可能被压碎，对上覆岩层没有起到有效的支撑作用。

2.1.2.2　31103 工作面开采地表下沉动态特征

走向测线 A 从 2019 年 7 月 27 日到 2020 年 7 月 5 日动态下沉曲线如图 2.6 所示。

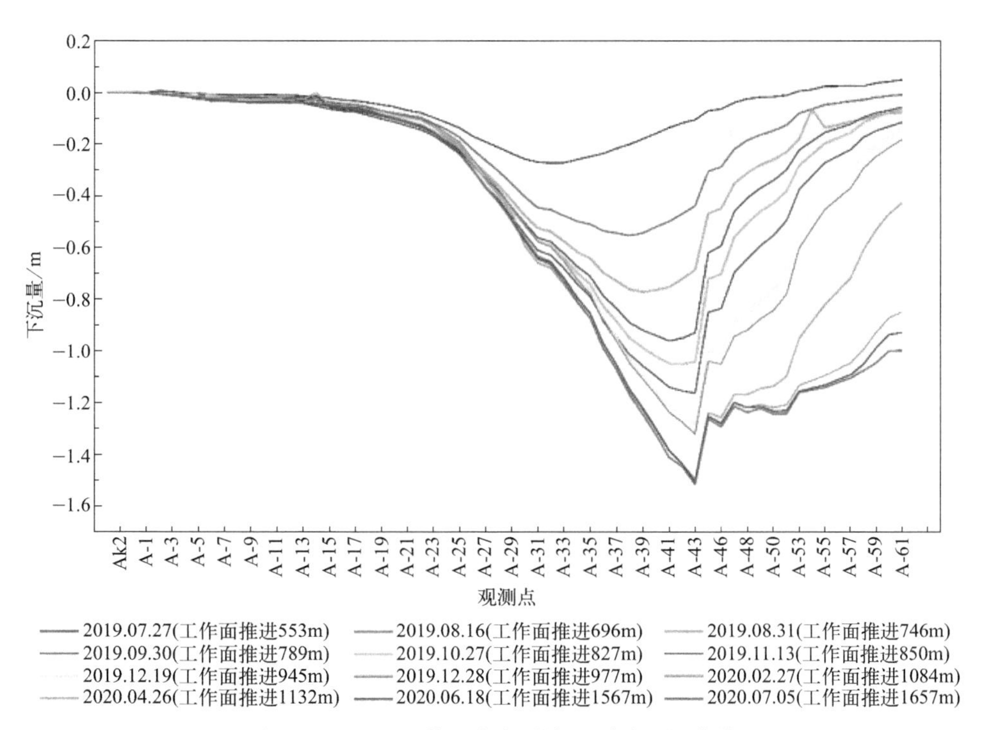

图 2.6　31103 工作面走向测线 A 动态下沉曲线

由图2.6动态下沉曲线形态可知，截至2020年7月5日，31103工作面推进1657m，走向测线A最大下沉点为A43，最大下沉量为1.52m，此后地表下沉逐渐停止。2019年7月27日，工作面推进至553m，开切眼一侧下沉盆地边缘坡度较缓，尚未出现剧烈下沉。2019年8月16日，工作面推进至696m，开切眼一侧出现剧烈下沉。此后的地表沉降趋势基本一致，随着工作面的推进，地表累积下沉量逐渐增大，但下沉形态基本保持一致。2020年4月26日再次出现剧烈沉降后下沉速率大幅降低，大部分下沉曲线重合。A43在187天的累积下沉量为29mm，表明下沉进入衰退期。2020年7月5日，A43最大下沉量为1.52m，下沉曲线已呈现平底盘形特征，走向上达到超充分采动。由地表实测数据可知，地表下沉量为10mm的点距开切眼450m。因此可以得出，31103工作面在走向沉陷影响范围边界约为距开切眼450m处。

倾向测线Q-W从2019年7月27日开始，到2020年7月3日动态下沉曲线如图2.7所示。

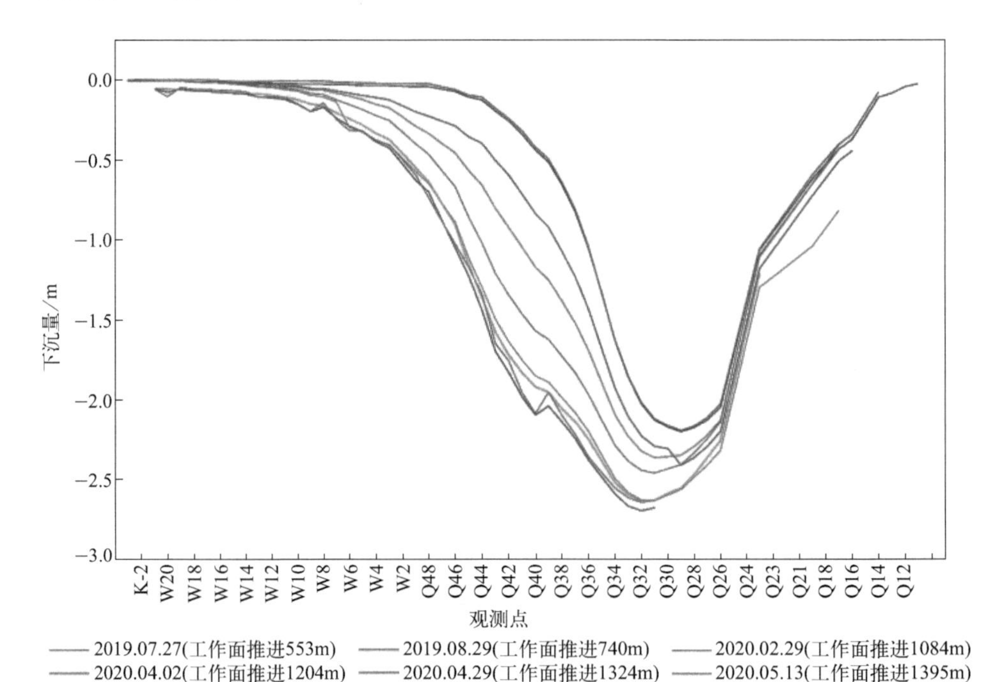

图2.7　31103工作面倾向测线Q-W动态下沉曲线

由图2.7动态下沉曲线形态可知，截至2020年7月3日，倾向测线Q-W最大下沉点为Q32，最大下沉量为2.72m。受31101和31102工作面采空区的影响，采空区一侧剧烈下沉且曲线基本重合，表明该侧地表快速下沉达到稳定状态。另外一侧随着工作面的推进，各点累积下沉量逐渐增大。最大下沉点Q32位于31102工作面正上方，说明31102和31103工作面间的区段煤柱对地表沉陷没有起到支撑作用，该区段煤柱可能已被压碎。Q32在180天内下沉值大于30mm（图2.8），表明下沉仍处于活跃阶段。2020年7月3日，下沉曲线已出现平底盘形特征，地表下沉正处于活跃阶段向衰退阶段的过渡期，可能会在一段时间后达到超充分采动。由地表下沉实测数据可知，下沉量为10mm的点距31103巷道边缘450m。因此可以得出，31103工作面在倾向上的沉陷影响范围边界为距工作面450m区域，三个工作面的组合宽度可能已经超过了充分采动临界宽度。

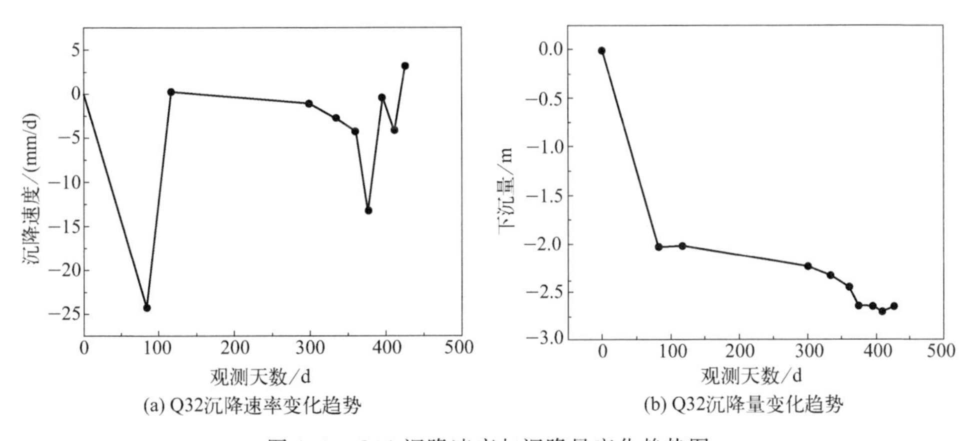

图 2.8　Q32沉降速率与沉降量变化趋势图

综上所述，通过分析走向测线N、测线A和倾向测线Q-W在2017—2020年的观测结果，并结合31101工作面早期观测记录，可以得出，31101、31102和31103三个工作面形成地表沉陷范围边界约为采空区外扩450m，如图2.9所示。沉陷范围边界距采空区逐步扩大可能是因为相邻工作面开采的重复扰动，使得经受初次开采破坏的岩体进一步破碎，岩层和地表的破坏程度加剧，破坏范围增大[5]。由于工作面间区段煤柱对上覆岩层没有起到有效的支撑作用，三个工作面采空区形成整体的下沉盆地，最大下沉点位于31102工作面中段区域，这与徐乃忠等[6]得出的深部开采地表移动规律一致。三个工作面开采后在倾向和走向上都将达到超充分采动，因此可以推断出沿采空区中心会形成一定范围的平底区。

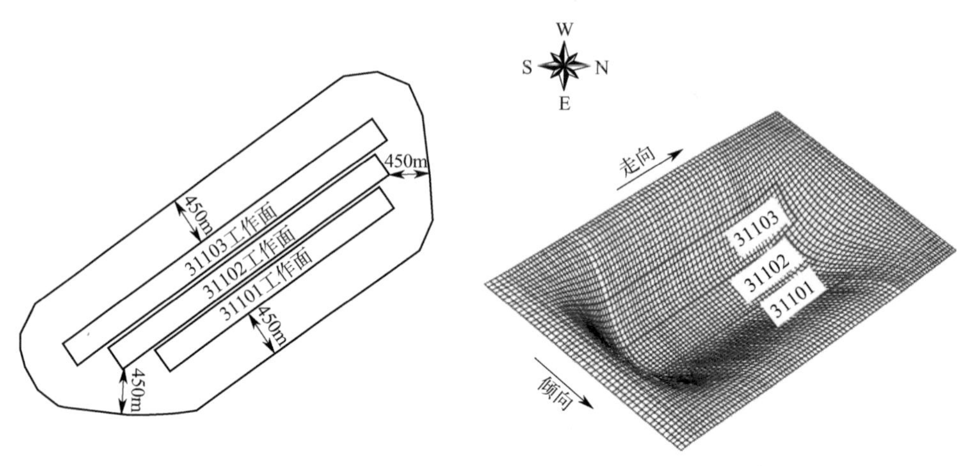

图 2.9　地表沉陷形态与边界范围示意图

2.2　煤炭开采地表沉陷模拟预测

2.2.1　FLAC^{3D} 数值模拟分析方法

连续介质快速拉格朗日差分分析法（fast Lagrangian analysis of continua，FLAC）是由 Itasca 公司开发的连续体力学三维分析软件，最早由 Willkins 用于固体力学，后来被广泛用于流体质点随时间变化情况的研究。FLAC^{3D} 能够进行土质、岩石和其他材料的三维结构受力特性模拟和塑性流动分析，是世界上应用最广泛的岩土分析三维数值模拟软件之一。FLAC^{3D} 软件在解决实际工程问题的过程中一般有以下步骤：提出问题、初始几何模型的创建和网格划分、材料模型及参数的定义、确定边界条件、加载条件、求解、结果分析。数值模拟的关键在于合理地创建初始几何模型和网格划分，其作为后续分析的先决条件，在很大程度上影响了一个问题的解决进程。FLAC^{3D} 数值模拟软件的模拟计算步骤如图 2.10 所示。

FLAC^{3D} 的核心原理是有限差分法，有限差分法的基本思路是将求解场划分为由有限个离散点构成的网格，这些离散点即称为网格的节点。其次，将求解场的控制方程导数进行泰勒级数展开，并用离散成有限网格的节点值来替代，直接将这些有限网格的值组成代数方程求解，即将微分控制方程变成代数方程组来求解的近似解法[7]。此外 FLAC^{3D} 采用混合离散法来模拟材料的塑性破坏和塑性流动及采用显式拉格朗日算法求解微分方程，能够较好地模拟出

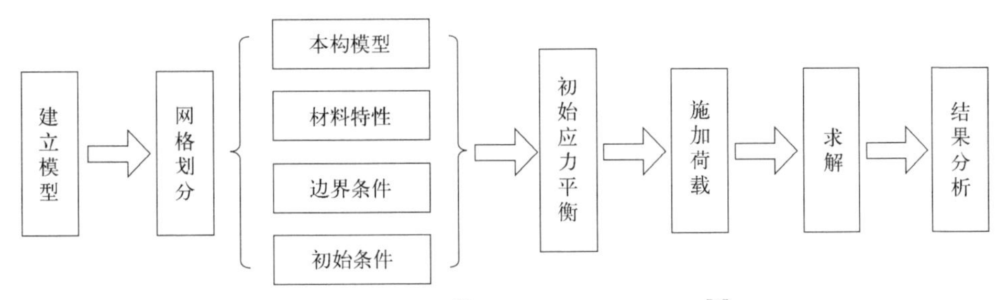

图 2.10 FLAC^{3D} 模拟计算步骤流程图[7]

材料在达到强度极限过程中或者在达到屈服极限过程中的破坏或塑性流动的力学特性[8]，使用动态松弛法求解每个节点的运动方程，通过设置非黏滞阻尼来平衡不平衡力，是系统震动逐渐衰减直至达到稳定状态的过程[9]。FLAC^{3D} 计算循环过程如图 2.11 所示。

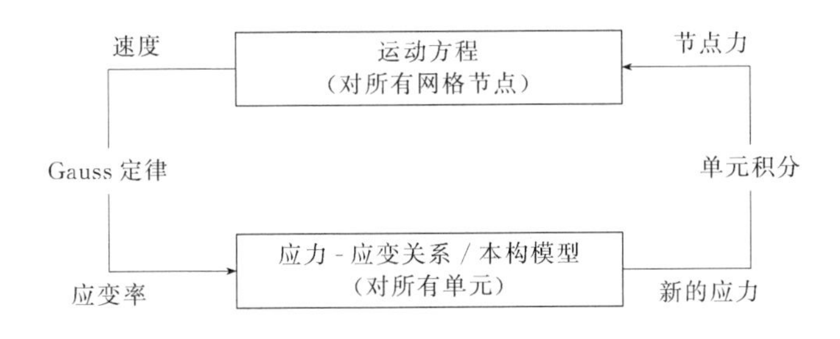

图 2.11 FLAC^{3D} 计算循环过程图

FLAC^{3D} 作为FLAC力学分析法在三维空间的拓展，具有求解速度快、规模大的特点，能够准确地模拟材料的塑性破坏和流动，广泛适用于边坡、地下洞室、地震/微震解译、深埋地下结构、矿山开采地表沉陷、覆岩应力分布等方面的研究[8]。其中，在矿山开采地表沉陷研究中，FLAC^{3D} 数值分析软件常用于预测矿区工作面开采所导致的地表垂直沉陷位移及研究沉陷过程中地表沉陷规律和地下岩土体移动变形规律。因此，本研究以现场试验区 31101、31102、31103 工作面基本地质情况和顶、底板基本力学性质为基础建立 FLAC^{3D} 数值模拟模型，模拟工作面开采过程中地表沉陷和采动应力演化特征。

2.2.2 地表下沉动态数值模拟预测

由于现场实测受到地表监测点数量、密度和观测时段限制，无法对地表移动情况进行全面的观测，因此，为弥补现场实测工作的不足，本研究利用 $FLAC^{3D}$ 方法进行数值模拟研究，预测三个工作面依次开采且地表稳定后的下沉曲线形态，分析开采后岩层应变动态特征。由于该区域地表下沉主要受控于倾向，因此数值模拟以31101、31102、31103三个工作面倾向建模，选取弹性模量、剪切模量、抗拉强度、黏聚力、摩擦角、密度为参数进行模型构建，同时结合矿区地表移动变形的实测数据对参数进行一定的修正。相关校正参数见表2.2，构建的模型如图2.12所示。

表2.2　上覆岩层校正参数

岩性	厚度/m	弹性模量/GPa	剪切模量/GPa	抗压强度/MPa	黏聚力/MPa	摩擦角/(°)	密度/(kg/m³)
冲积层	73.4	0.5	0.3	0.2	0.1	28.0	2500
细砂岩	9.6	11.5	6.8	35.0	3.5	38.0	2540
粉砂岩	40.3	9.0	5.8	27.0	3.0	37.0	2520
细砂岩	70.4	11.5	6.8	35.0	3.5	38.0	2540
砂质泥岩	29.6	8.0	5.5	15.5	2.5	35.5	2510
粉砂岩	51.1	9.0	5.8	27.0	3.0	37.0	2520
细砂岩	18.9	11.5	6.8	35.0	3.5	38.0	2540
砂质泥岩	49.7	8.0	5.5	15.5	2.5	35.5	2510
粉砂岩	25.3	9.0	5.8	27.0	3.0	37.0	2520
细砂岩	34.0	11.5	6.8	35.0	3.5	38.0	2540
砂质泥岩	31.0	8.0	5.5	15.5	2.5	35.5	2510
细砂岩	41.8	11.5	6.8	35.0	3.5	38.0	2540
砂质泥岩	48.2	8.0	5.5	15.5	2.5	35.5	2510
粉砂岩	40.3	9.0	5.8	27.0	3.0	37.0	2520
砂质泥岩	15.6	8.0	5.5	15.5	2.5	35.5	2510
细砂岩	13.6	11.5	6.8	35.0	3.5	38.0	2540
砂质泥岩	20.1	8.0	5.5	15.5	2.5	35.5	2510
煤层	5.5	4.9	3.1	8.5	1.2	29.2	1400
砂质泥岩	15.3	8.0	5.5	15.5	2.5	35.5	2510
细砂岩	6.6	11.5	6.8	35.0	3.5	38.0	2540

由图2.13可知，31101工作面模拟最大下沉量为0.21m，该工作面地表实测数据最大下沉量为0.15m，数值模拟结果与实测数据吻合较好，表明该区域地质条件下，用 $FLAC^{3D}$ 方法建模是可行的。

由图2.14可知，31101和31102工作面开采后地表最大下沉量为2.58m，地表实测数据下沉量为2.27m，二者吻合较好，两个工作面开采后倾向仍未达到充分采动。数值模拟下沉曲线形态与地表观测曲线形态一致，两个工作面

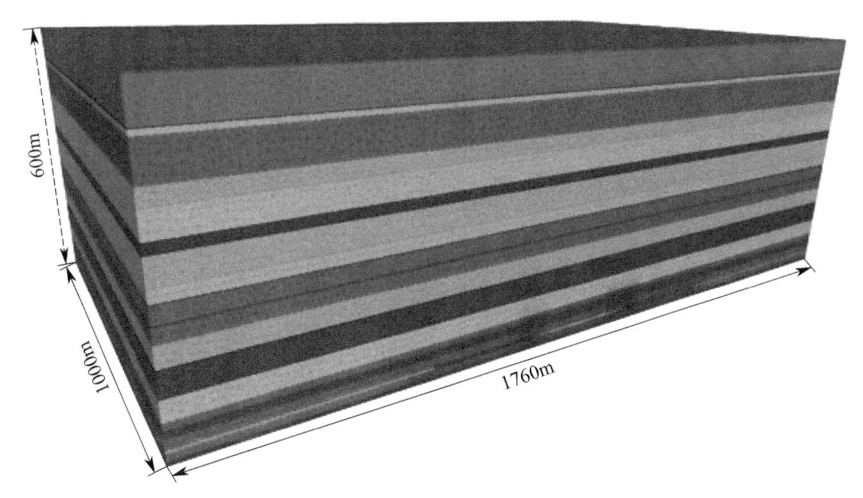

图2.12　构建FLAC3D模型

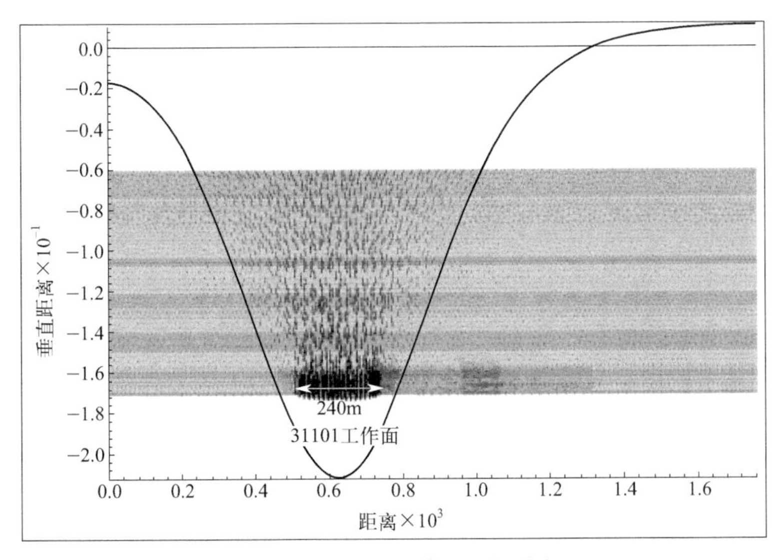

图2.13　31101工作面下沉形态

间的区段煤柱对地表下沉没有起到有效的支撑作用。数值模拟下沉曲线没有出现平底区。工作面宽度与开采深度之比（宽深比）是评价是否达到充分采动的依据。大量地表沉降数据表明，宽深比在1.2～1.4是充分采动的临界值[10]。当宽深比小于1.2时，不能达到充分采动。31101和31102两个工作面开采后，工作面组合宽度为500m（含20m区段煤柱宽度），开采深度约为600m，宽深比为0.83，此时不能达到充分采动。

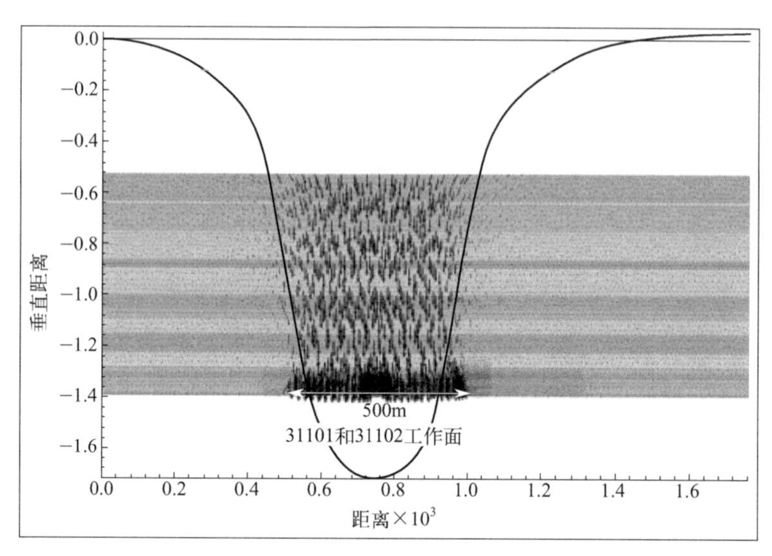

图 2.14　31101 和 31102 工作面下沉形态

由图 2.15 可知，三个工作面开采后地表最大下沉量为 3.92m，下沉曲线呈现平底盘形特征，已达到超充分采动。地表实测最大下沉量为 2.72m，虽然模拟结果与现场实测有较大差异，但数值模拟结果代表整个模型达到平衡状态时的下沉量，而现场实测也表明沉降仍将持续一段时间，因此数值模拟结果大于实测值是合理的。三个工作面组合宽度为 760m，此时宽深比为 1.27，超

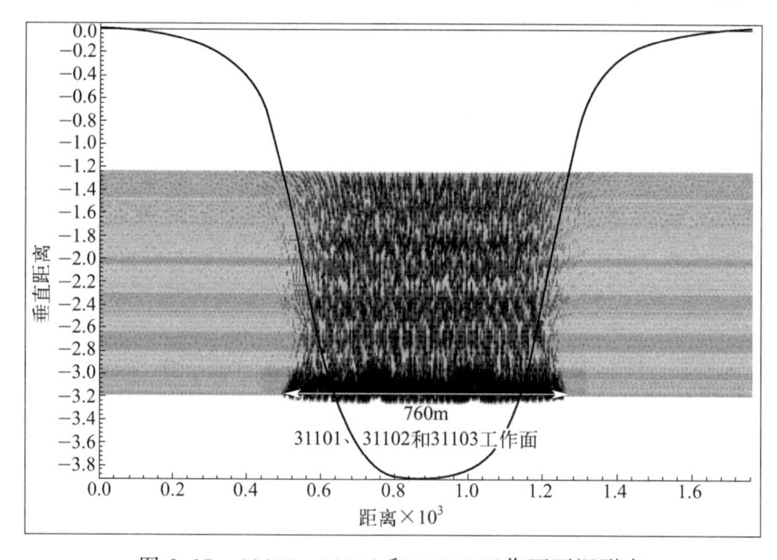

图 2.15　31101、31102 和 31103 工作面下沉形态

过了充分采动的临界条件，达到超充分采动。将模拟下沉曲线与三个工作面空间位置叠加，如图2.16所示。平底区主要位于31102工作面上方，下沉量为10mm的点距离31101和31103工作面约为450m，模拟结果与地表实测结果一致。

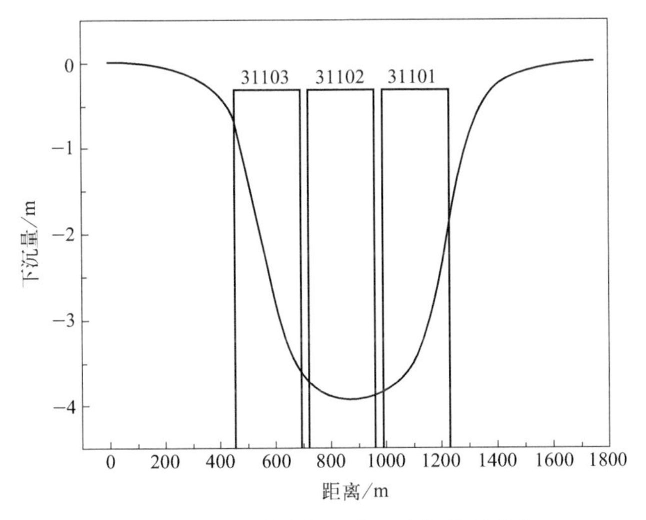

图2.16 下沉曲线与工作面空间位置叠加

2.2.3 岩层应变动态模拟

图2.17是对工作面31101开采后的应变增量的数值模拟图，31101工作面开采对地表下沉没有显著影响。岩层破坏从31101工作面边缘发展并向上传播，呈喇叭花状（两个椭圆）。但在煤层上方约245m处，破坏延伸停止。

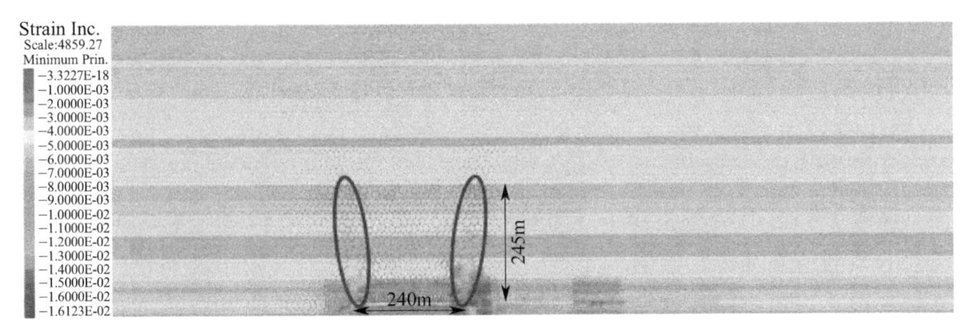

图2.17 31101工作面开采后岩层应变增量

图 2.18 是对工作面 31101 及 31102 开采后的应变增量的数值模拟图，31101 和 31102 工作面开采后，应变增量区在岩层内部从采空区边缘开始，在竖向和横向上均有延伸，垂直应变增量一直延伸到地表。这一发现与现场观测到的采空区边缘处出现的裂缝相一致。

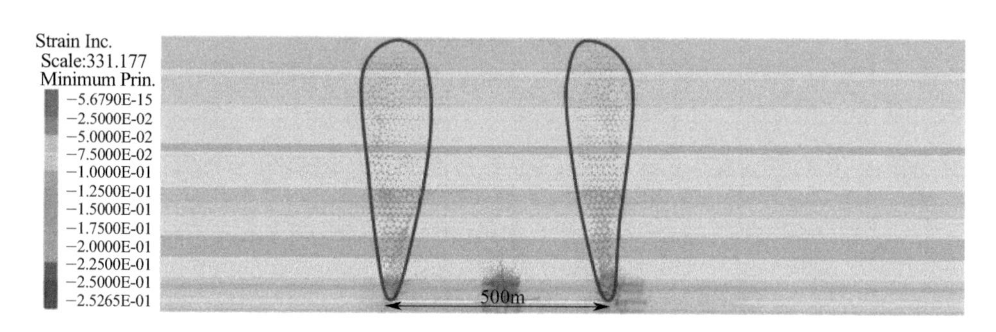

图 2.18　31101 和 31102 工作面开采后岩层应变增量

图 2.19 是对三个工作面的应变增量的数值模拟图，三个工作面开采后，封闭倒三角形中突出显示的两个应变增量区域的面积较两个工作面开采后的面积有大幅的扩大，煤炭开采对地表沉陷影响加剧，地表沉陷影响范围扩大，这与实测结果相一致。

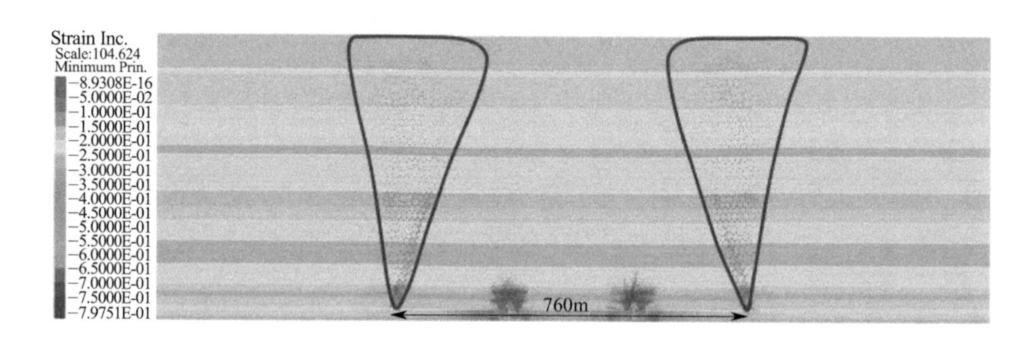

图 2.19　31101、31102 和 31103 工作面开采后岩层应变增量

地表沉陷模拟预测的研究表明，FLAC^{3D} 数值模拟方法对地表沉陷范围与程度的预测结果基本符合实测情况，弥补了现场实测中可能出现的地表监测点数量不足、观测时长不够导致的问题。同时，在相邻工作面开采沉陷的预测研究中，FLAC^{3D} 数值模拟方法预测精度高于概率积分法[11]。这是由于 FLAC^{3D} 数值模拟方法充分考虑了地质条件因素，结合了相邻工作面开采后的相互影响

特性，而概率积分法则无法考虑上述因素。因此，针对观测数据缺失、复杂地质条件和相邻工作面开采情况，FLAC^{3D} 数值模拟方法可提供更加准确的沉陷预测结果。

2.2.4 地表沉陷分区

当井下煤层被开采后，采空区直接顶板岩层在自重力及其上覆岩层的作用下，产生向下的移动和弯曲。当其内部拉应力超过岩层的抗拉强度极限时，直接顶板首先断裂、破碎，相继冒落，而老顶岩层则以梁或者悬臂梁弯曲的形式沿层理面法线方向移动、弯曲，进而产生断裂、离层。上覆岩层按其破坏程度，在垂直方向上大致分为“三带”，分别是冒落带、断裂带和弯曲下沉带[5]，冒落带又称垮落带，是指完全断裂、连续性丧失、掉落在采空区的不规则岩块或类似于煤层状岩块，具有不规则性、碎胀性和密实度差、连通性强等特征；断裂带是指冒落带上方的岩层产生断裂或裂隙，但仍保留其原有层状的岩层带，具有一定的连通性、导水性、透气性；弯曲下沉带是指断裂带顶部到地表的岩层，以弯曲下沉为基本特征，岩层仍保持原有层状，虽然在弯曲下沉带内可能出现少量竖向和离层裂缝，但这些裂缝一般不互通，不具备连通性、导水性和透气性。冒落带位于覆岩最下部，煤层采空后，采空区直接顶板岩层在重力和上覆岩层压力作用下破碎下沉，随着冒落带岩层垮落松碎，老顶受矿压作用而产生大量裂隙，在冒落带上方形成断裂带，老顶在产生裂隙和下沉后，其上部部分岩层受上覆岩层压力产生弯曲下沉，从而形成弯曲下沉带。“三带”之间没有明显的分界线，其界面是逐渐过渡的，且三者的分布受采高、工作面长度、覆岩类型、采厚、煤层赋存及地质构造因素、开切眼距离、关键层等因素影响，如冒落带高度随着采高及工作面长度的增大而呈指数增大。导水裂隙带发育受到工作面宽度和煤层采高的影响较大，如面宽较小时，即使采高较大，导水裂隙带发育也较低。煤层倾角不同，工作面上方的岩体发育程度、发展过程、破损区域范围都会有所变化，在工作面推进后，后方采空区冒落岩块堆积情况也会产生较大差别，因此煤层上覆岩层垮落情况也有一定的差异，从而影响“三带”分布[12-13]，随着工作面推进而不断变化。在“三带”形成过程中，由于岩层断裂导通上方含水层，地下水随裂隙涌入采空区，形成大量矿井水。随着工作面的向前推进，受采动影响的岩层范围不断扩大。当开采范围足够大时，岩层移动发展到地表，在地表形成范围远大于采空区的下沉盆地。

由数值模拟预测和地表实测数据可知，3个工作面地表下沉形态不同。31101和31103工作面地表位于下沉盆地边缘，地表下沉不均匀，地表移动向盆地中心方向倾斜，使得地表下沉盆地逐渐增大，除盆地平面范围扩大外，地表下沉量也逐渐增大，剖面曲线变陡，非均匀沉陷不断向均匀沉陷演替，其间产生压缩变形和拉伸变形，并且在拉伸变形区域产生裂缝。31102工作面中段区域位于下沉盆地平底区，虽然处于下沉量最大的区域，但由于地表下沉量接近且动态最大下沉值不再增加，均匀沉降，地表下沉值达到该地质采矿条件下应有的最大值，其他移动和变形值近似于零，一般不出现明显裂缝。因此，在水平方向上可以将下沉盆地平底区划分为均匀沉陷区和非均匀沉陷区（其余部分）。地表沉陷分区如图2.20所示。地下开采所引起的地表沉陷变形是一个随时间和空间变化的复杂四维问题，上述地表沉陷动态变化仅是31101、31102、31103工作面在观测时间下（2017—2020年）所呈现的特征，而地表沉陷变形是一个连续的过程，采宽、采深、采高、松散层厚度、留宽等均会对地表沉陷变形产生影响，如在其他条件不变的情况下，采宽增加意味着采出率增加，地表沉陷值与地表水平移动值随之增大；随着开采深度的逐渐增大，地表沉陷的

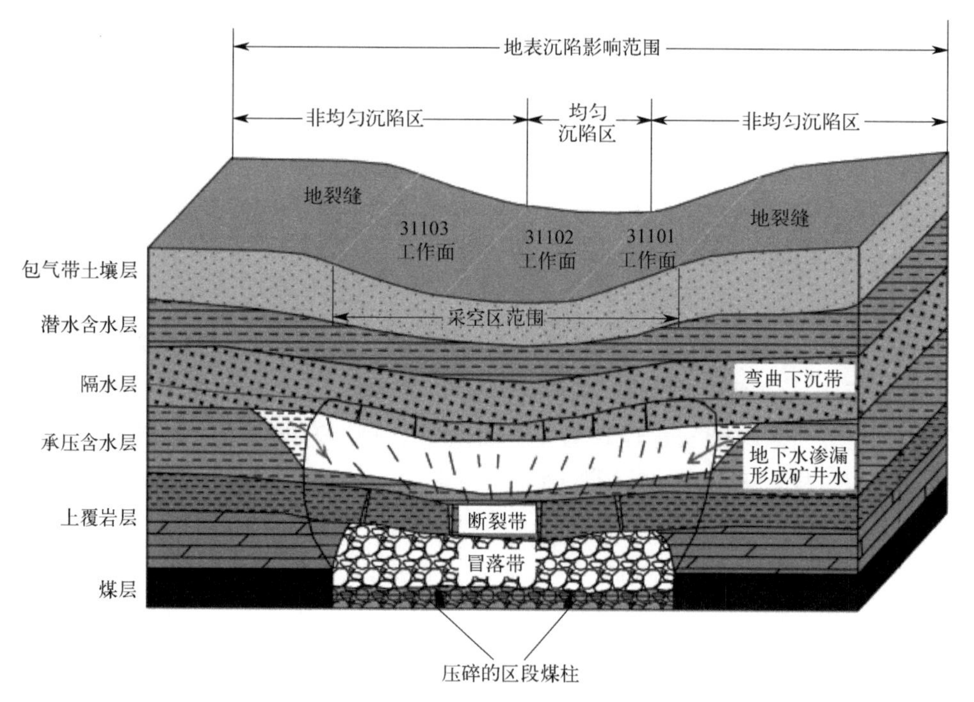

图2.20 地表沉陷分区

盆地区域面积逐渐增大，但地表沉陷值和水平移动变形值随着开采深度的增大而逐渐减小；随着采高的增加，地表的最大沉陷值呈小幅度增加的趋势，地表沉陷值和水平移动变形值逐渐增大；在其他因素保持不变的条件下，随着松散层厚度的增大，地表沉陷值和水平移动值减小，但沉陷盆地的范围增大[14-15]。因此随着开采的进行，地表下沉形态也会随之发生一定的变化。研究表明，采动过程中的地表沉陷变形可以划分为下沉发展阶段、下沉充分阶段、下沉衰减阶段。当回采工作面由开切眼开始推进到一定距离后，覆岩弯曲沉降波及至地面，地表开始下沉，下沉盆地形成并随着工作面不断推进而逐渐扩大，当工作面推进到一定距离后，动态最大下沉值不再增加，此前称为地表下沉发展阶段；此后下沉盆地出现平底，称为动态下沉充分阶段；当工作面停采后，最大下沉速度开始快速衰减，此为地表下沉衰减阶段[16]。此外，相邻工作面开采产生的扰动作用也会对老采空区地表沉陷产生影响[17]。

2.3　小结

本章基于西部风沙区三个相邻工作面地表下沉实测数据和 FLAC^{3D} 数值模拟方法，预测了三个工作面依次开采且地表稳定后的下沉曲线形态，分析了开采后岩层应变动态特征，并基于此研究了深部煤层开采地表沉陷动态特征和沉陷影响范围，在该区特定地质采矿条件下可以得到以下结论。

① 利用全站仪对 31101、31102、31103 三个工作面下沉量进行测定，结果表明，地表沉陷主要受控于工作面倾向，地表实测倾向最大下沉量为 2.72m，走向最大下沉量为 1.52m。

② 相邻工作面间预留 20m 宽度区段煤柱对上覆岩层无法起到有效支撑作用，采空区上方整体形成下沉盆地，与浅埋煤层开采后出现的波浪式形态有所不同。

③ 数值模拟结果显示，单一工作面开采后地表下沉量为 0.21m，两个工作面开采后地表下沉量为 2.58m，三个工作面开采后，最大下沉量达到 3.92m。三个工作面开采后走向和倾向均达到超充分采动，下沉盆地出现平底区。

④ 由数值模拟预测和地表实测数据可知，三个工作面地表下沉形态不同，开采后地表沉陷影响范围为采空区外扩 450m，沉陷区可划分为均匀沉陷区和非均匀沉陷区。均匀沉陷区位于盆地平底区，主要位于 31102 工作面中段区

域；非均匀沉陷区位于盆地边缘，包括 31101 和 31103 工作面及其外扩 450m 区域。

参考文献

[1] 李静娴．厚松散层下开采地表移动变形规律与区域预测模型构建［D］．淮南：安徽理工大学，2021.

[2] 王志强，李鹏飞，王磊，等．再论采场“三带”的划分方法及工程应用［J］．煤炭学报，2013，38 (S2)：287-293.

[3] 张军，王建鹏．采动覆岩“三带”高度相似模拟及实证研究［J］．采矿与安全工程学报，2014，31 (02)：249-254.

[4] 徐祝贺，朱润生，何文瑞，等．厚松散层浅埋煤层大工作面开采沉陷模型研究［J］．采矿与安全工程学报，2020，37 (02)：264-271.

[5] 何国清．矿山开采沉陷学［M］．徐州：中国矿业大学出版社，1991.

[6] 徐乃忠，王斌，祁永川．深部开采的地表沉陷预测研究［J］．采矿与安全工程学报，2006 (01)：66-69.

[7] 蒋恺．城市道路下伏空洞致塌机理及快速探测方法研究［D］．湘潭：湖南科技大学，2020.

[8] 付成成，彭文斌．$FLAC^{3D}$ 实体建模方法研究［J］．矿业工程研究，2016，31 (03)：44-48.

[9] 邓洋．地震和地下水耦合作用下边坡动力响应规律研究［D］．成都：西南交通大学，2021.

[10] 闫伟涛，陈俊杰，孙奇．厚松散层条件下地表采动程度评定与分析［J］．煤矿开采，2016，21 (02)：37-40.

[11] 李一凡，刘成洲，崔腾飞，等．煤矿开采沉陷预计过程的 $FLAC^{3D}$ 数值模拟研究［J］．北京测绘，2018，32 (10)：1156-1160.

[12] 贾维鹏．东曲矿 8～#煤层顶板“三带”分布研究［J］．能源与节能，2019 (04)：26-27.

[13] 超峰．黄陇煤田综放采煤导水裂隙带高度经验公式［J］．煤炭技术，2021，40 (06)：119-122.

[14] 邓鹏江．条带开采下地表沉陷变形影响因素数值模拟分析研究［J］．佳木斯大学学报（自然科学版），2020，38 (05)：134-138.

[15] 戴露，谭海樵，胡戈．综放开采条件下导水裂隙带发育规律探测［J］．煤矿安全，2009，40 (03)：90-92.

[16] 黄乐亭，王金庄．地表动态沉陷变形的 3 个阶段与变形速度的研究［J］．煤炭学报，2006 (04)：420-424.

[17] 汤伏全，赵军仪．相邻工作面开采地表动态沉陷规律［J］．金属矿山，2019 (10)：8-13.

第3章

不同沉陷特征下土壤与植被特征研究

煤炭地下开采引起的生态环境问题涉及水、土、植被等多个要素。首先，沉陷区边缘形成的大量地表裂缝会破坏包气带土壤原有的物理结构，使得土壤颗粒均一性变差，裂隙发育，造成包气带土壤水分的蒸发和流失；其次，土壤养分会在裂缝发育期间流失，造成土壤质量下降；最后，井下形成的导水裂隙带发育至含水层，部分地下水转化为矿井水，造成地下水位下降和水资源的浪费。总体来看，采煤沉陷引起水土环境变化并对植被造成直接或间接的影响，沉陷区各生态环境要素间相互影响，相互制约。

鉴于采煤沉陷区生态环境的系统性和复杂性，学者对此进行了大量研究。但前人多从单一环境要素的演变分析采煤引起的生态环境问题，对于沉陷区生态要素的协同变化规律认识仍相对薄弱，表现在开采沉陷对地表变形、土壤理化特性、包气带水分、植被等关键生态因子的影响研究，存在着动因识别不清、机理认识不明的问题。

在此研究背景下，本章在上一章的基础上，继续以纳林河二矿为研究区，聚焦地表生态环境水土植被要素在煤炭开采影响下的变化特征，解析要素间相互响应关系，主要集中在包气带土壤水分和表层土壤理化性质以及植被特征三方面开展采煤沉陷对生态环境影响的研究，以期为指导沉陷区生态修复治理与煤炭开采减损技术研发提供科学依据[1~3]。

3.1 包气带土壤水分空间变异性特征研究

土壤水分不仅影响土壤的物理性质，还关系着土壤中无机养分的溶解、转移和微生物活动，同时也是植物获取无机营养的重要渠道和生长发育的基本条件，成为制约西部矿区植被生长和恢复的关键因素。为了描述土壤水分空间分布状况，部分学者从统计学的角度分析了采煤对土壤水分的影响。然而，由于土壤本身是非均质连续体，即使土体受到相同的扰动影响，土壤特性参数也会因空间位置不同而不同。因此，仅从统计学的角度研究采煤对土壤水分的影响，容易忽视土壤水分空间变异性，为了精准描述沉陷区土壤水分空间分布状况，有必要对沉陷区土壤水分空间变异性开展研究。

随着地统计学的发展，大量学者利用克里金插值理论研究了水平方向上土壤特性空间变异性。而土壤作为连续的三维实体，其特性在三维空间上均具有相关性。目前三维空间变异性研究多采用空间降维的方法，将三维土壤特性数据投影到二维空间进行插值重建，缺乏真三维角度的空间变异研究，无法真正反映土壤水分的三维空间变异性[4]。

为了弥补上述不足，本章基于包气带土壤（0～10m）土壤水分测试数据，分析包气带土壤水分变化规律；利用地统计学方法，在二维克里金插值模型的基础上使用三维经验贝叶斯克里金空间插值模型和插值精度预测法，研究沉陷区土壤水分三维空间变异性，揭示沉陷区包气带土壤水分空间变异机理。

3.1.1 研究与分析方法

本章采用三维经验贝叶斯克里金（3D empirical Bayesian-Kriging，3D EBK）方法构建空间插值模型，在与二维普通克里金（2D ordinary Kriging）和二维经验贝叶斯克里金（2D empirical Bayesian-Kriging，2D EBK）两种模型插值精度进行对比分析的基础上，分析沉陷区包气带（0～10m）土壤水分空间分布特征，并解析沉陷区包气带土壤水分三维空间变异性，基于优先流角度揭示沉陷区包气带土壤水分空间变异机理，进而为矿区生态修复提供科学指导。

3.1.1.1 样品采集与测定

在上一章对沉陷区分类的基础上进行样品采集，在均匀沉陷区选取 200m×600m 区域、非均匀沉陷区选取 200m×600m 区域、未受沉陷影响对照区选取 200m×300m 区域进行采样布点。采用棋盘布点法采样，网格设计为 50m×75m，每个采样点在网格的中心位置。3 个区域共布设 100 个采样点，其中对照区布设 20 个，均匀沉陷区和非均匀沉陷区分别布设 40 个，如图 3.1 所示。

使用土钻在每个采样点采集 0～10m 土壤样品，间隔为 1m，每个样点随机采集 3 个平行样本。样品自然风干后，过 2mm 的筛网筛分，用于土壤水分

(soil moisture，SM）的测定。采用重量分析法测定SM。测定过程中，将每个新鲜土样在105℃下烘干12h，通过计算土壤新鲜质量和干重的差值，再与干重相比，得出SM。取各样点3个平行样本测定值的算术平均值作为该点测定的结果。

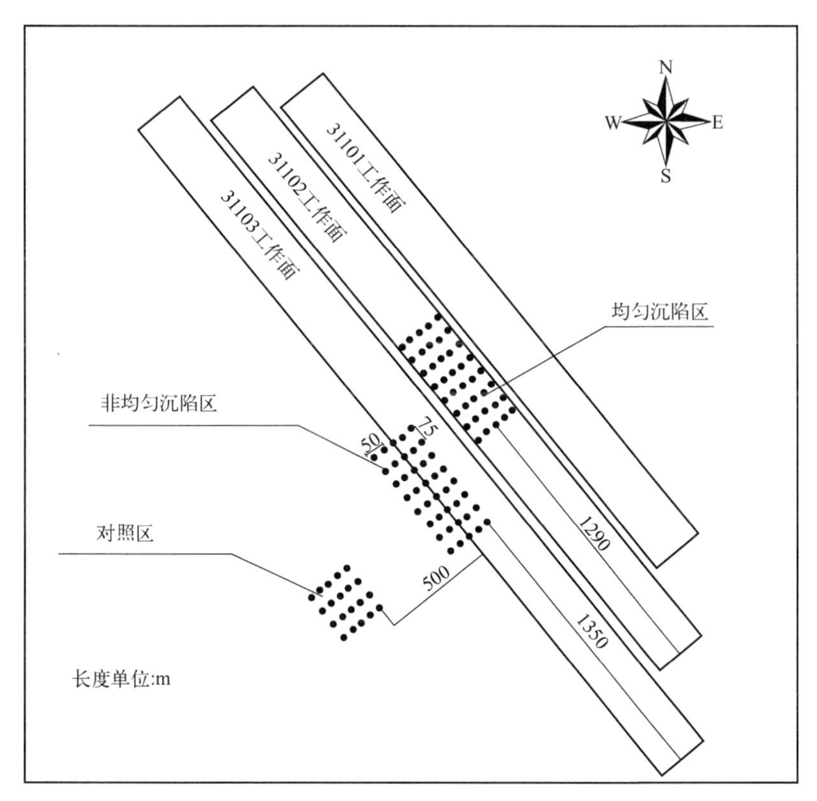

图3.1 采样点布设图

3.1.1.2 数据分析方法

(1) 经典描述统计学方法

利用SPSS 20.0数据分析工具对所有数据进行正态分布K-S检验（$p=0.05$），求取平均值、中位值、标准差、变异系数、最大值、最小值。平均值和中位值反映样本集中趋势；平均值与中位值的位置关系反映数据分布与异常值的关系；标准差、变异系数（coefficient of variation，CV）反映数据的变异特征，衡量数据的离散程度。一般认为CV≥40%为高度变异，10%<CV<40%为中度变异，CV≤10%为低度变异[5]。

(2) 地统计学方法

① 二维克里金插值法。

地统计学的克里金插值方法常用于土壤重金属、土壤养分和土壤水分的空间分布研究，其一般公式表示如下：

$$\omega(s)=\mu(s)+\varepsilon(s) \tag{3.1.1}$$

式中，s 表示预测点的位置，在 2D 模型中用 x（纬度）和 y（经度）坐标表示，在 3D 模型中用 x（纬度）、y（经度）和 z（高程）坐标表示。$\omega(s)$ 表示待估点的数值，可分解成确定性趋势 $\mu(s)$ 和随机的自相关误差形式 $\varepsilon(s)$。

克里金插值法以空间自相关性（即距离较近的事物比距离较远的事物更相似）为基础，利用已知样点数据，对未知样点数据进行无偏、最优估计。因此，克里金插值中存在两个关键任务：估算样点数据的空间自相关性和预测未知值。精准预测的前提是正确统计空间自相关性，而半变异函数则常用于量化空间自相关性如何随距离的增加而减少，其计算公式为：

$$\gamma(h)=\frac{1}{2N}\sum_{i=1}^{N(h)}\left[Z(x_i)-Z(x_i+h)\right]^2 \tag{3.1.2}$$

式中，$\gamma(h)$ 是变异函数，h 是两个变量间的空间距离，$N(h)$ 为样点对的个数，$Z(x_i)$ 是空间位置点 x_i 的观测值，$Z(x_i+h)$ 为与 x_i 相距 h 的点的观测值[$i=1,2,\cdots,N(h)$]。半变异函数不同会造成插值方法精度不同。

二维克里金插值法作为地统计学的主要内容之一，在长期的发展中，面对不同的应用条件产生了各种各样的分支，基本包括普通克里金、泛克里金、协同克里金、对数正态克里金、指示克里金、析取克里金、分形克里金等，具体方法介绍详见 3.1.2。

② 三维经验贝叶斯克里金模型（3D EBK）。

与使用半变异函数预测未知位置的普通克里金不同，EBK 的输入数据首先被分为多个特定大小的重叠子集。对每个子集分别按以下方式估计半变异函数：

a. 通过子集中的数据估计半变异函数；

b. 将此半变异函数用作模型，新数据会在子集的每个输入位置进行无条件模拟；

c. 通过已模拟的数据估计新的半变异函数；

d. 将步骤 b 和步骤 c 重复执行指定次数，在每次重复中，步骤 a 中估计的半变异函数用于模拟输入位置的一组新数据，已模拟的数据用于估计新的半变异函数。

子集中每一个半变异函数都是子集半变异函数的真实估计。每个预测值均由点邻域内各个半变异函数合并生成。例如，如果预测位置在三个不同的子集中均有邻域，则对三个子集的半变异函数进行加权，以获得最终的半变异曲线。与普通克里金（使用加权最小二乘）不同，EBK 使用限制最大似然法估计半变异函数参数。

EBK 常用的半变异函数有幂函数、线性函数、薄板样条函数：

$$\gamma(h)=C_0+b|h|^{\alpha} \tag{3.1.3}$$

$$\gamma(h)=C_0+b|h| \tag{3.1.4}$$

$$\gamma(h)=C_0+b|h^2|\times\ln(|h|) \tag{3.1.5}$$

式中，块金值 C_0 和坡度 b 必须为正值，而幂值 α 必须介于 0.25 和 1.75 之间。在这些限制下，使用最大似然法估计参数。由于函数没有上限，因此这些半变异函数模型没有变程或基台值。

3D EBK 使用 2D EBK 模型插值 3D 点，其子集构造、半变异函数模拟以及预测的过程均与 2D EBK 相同。与 2D EBK 的不同之处在于，3D EBK 观测点的坐标由 2D 平面扩展至 3D 立体空间。在利用 3D 模型预测点的数值时，具有空间自相关性的点搜索邻域从 2D 平面扩展至 3D 空间。近来的研究方法是将具有三维各向异性的土壤特性数值投影到二维空间进行插值重建，实现土壤特性三维空间变异的研究。但是这种方法本质上仍在二维空间内搜索与预测点相邻的已知点，并未考虑三维空间内预测点与已知点的相关性，无法真正反映土壤特性的三维空间变异性。

③ 插值精度预测法。

地统计学中还有一部分重要的插值精度预测法，一般是指 10 折交叉验证技术用于验证插值精度。在验证过程中，将数据平均分为 10 份，9 份用于拟合模型，剩余 1 份用于模型验证，如此重复 10 次，直到所有数据均被测试。均方根误差（root mean square error，RMSE）和回归拟合决定系数 R^2 用于克里金插值精度估计，其中 RMSE 越接近于 0，R^2 越接近于 1，则该模型模拟的精度越高[6-7]。

(3) 主成分分析方法

主成分分析法是将多个变量进行线性变换以选择出重要变量的一种多元统计分析方法。下面采用主成分分析法确定煤炭开采对土壤水分的主要影响因素，其数学模型为：

$$
\begin{aligned}
& m_1 = n_{11}X_1 + n_{12}X_2 + \cdots + n_{1p}X_p \\
& m_2 = n_{21}X_1 + n_{22}X_2 + \cdots + n_{2p}X_p \\
& \cdots\cdots \\
& m_p = n_{p1}X_1 + n_{p2}X_2 + \cdots + n_{pp}X_p
\end{aligned}
\tag{3.1.6}
$$

其中，$m_1, m_2, \cdots, m_p$ 代表 p 个主成分。运用主成分分析法要对数据进行标准化，计算出变量间的相关系数，得到特征值、特征向量、贡献率和累积贡献率。

3.1.2 克里金插值模型

(1) 普通克里金（ordinary Kriging）

普通克里金是最早被提出和系统研究的克里金法，随着地统计学的发展衍生出一系列变体和改进算法。普通克里金是一个线性估计系统，适用于任何满足各向同性假设的固有平稳随机场。同时，普通克里金也是使用最广泛的克里金法。

普通克里金模型可表示为：

$$
\omega(s) = \mu + \varepsilon(s) \tag{3.1.7}
$$

式中，$\omega(s)$ 表示预测点的数值，μ 是未知常量，$\varepsilon(s)$ 是测量误差。

普通克里金使用加权最小二乘法估计半变异函数参数，其常用的变异函数模型有高斯函数模型、球面函数模型和指数函数模型。

高斯函数模型：

$$
\gamma(h) = \begin{cases} 0 & h = 0 \\ C_0 + C\left(1 - \mathrm{e}^{-\frac{h^2}{\alpha^2}}\right) & h > 0 \end{cases} \tag{3.1.8}
$$

球面函数模型：

$$
\gamma(h) = \begin{cases} 0 & h = 0 \\ C_0 + C\left[\frac{3}{2}\left(\frac{h}{\alpha}\right) - \frac{1}{2}\left(\frac{h}{\alpha}\right)^3\right] & 0 < h \leqslant \alpha \\ C_0 + C & h > \alpha \end{cases} \tag{3.1.9}
$$

指数函数模型：

$$\gamma(h)=\begin{cases}0 & h=0 \\ C_0+C\left(1-e^{-\frac{h}{\alpha}}\right) & h>0\end{cases} \tag{3.1.10}$$

式中，α 是范围；C_0 是块金常数，代表随机因素引起的变异；C 是结构性方差，是系统因素引起的变异；C_0+C 是基台值，代表总变异，$C_0/(C_0+C)$是空间结构比。当 $C_0/(C_0+C)\leqslant 25\%$时，表示数据具有强烈的空间相关性；当 $25\%<C_0/(C_0+C)<75\%$时，表示数据具有中等的空间相关性；$C_0/(C_0+C)\geqslant 75\%$时，表示数据空间相关性较弱。

获得可靠预测结果的关键是选出与样点数据最为匹配的半变异函数，因此在预测过程中，需试验不同的半变异函数，以选出最佳的拟合模型。然而，由于普通克里金使用单一半变异函数对未知位置进行预测，未考虑半变异函数的不确定性，从而造成了预测标准误差的低估。

(2) 泛克里金 (universal Kriging)

普通克里金插值法要求区域化变量满足二阶平稳假设，但实际应用中这一假设往往无法满足，即存在漂移现象，这时需要采用泛克里金法插值。

对于非平稳变量，即确定性部分在空间上不是常量，必须假定其确定性部分随空间的分布，又称为漂移或倾向，对应于这一方法的最佳线性估值过程称为泛克里金法。泛克里金假设漂移量是一系列已知解析函数的线性组合：

$$Y(s)=\mu(s)+Z(s) \tag{3.1.11}$$

$$\mu(s)=\sum_{l=1}^{k} b_l f_l(s) \tag{3.1.12}$$

式中，$\mu(s)$ 是随机场的漂移，$Z(s)$ 是满足各向同性假设的固有平稳随机场。最常见的漂移是线性函数，对应具有线性趋势的随机场。泛克里金的问题表述和克里金方差与普通克里金相同，其无偏估计条件有如下表述：

$$\sum_{l=1}^{k} b_l\left[f_l(s_0)-\sum_{i=1}^{n}\alpha_i f_l(s_i)\right]=0 \tag{3.1.13}$$

当 $f_1=1$,且 $f_2,\cdots,f_k=0$ 时，泛克里金与普通克里金的无偏估计条件等价，因此普通克里金可以视为泛克里金的一个特例。将上式作为拉格朗日乘子可得泛克里金的求解系统：

$$\begin{cases}\sum_{j=1}^{n} b_j f_l(s_j)=f_l(s_0) \\ \sum_{j=1}^{n}\alpha_j C(s_i,s_j)-C(s_0,s_i)+\lambda_l f_l(s_i)=0(i=1,\cdots,n)\end{cases} \tag{3.1.14}$$

将求解所得的权重代入先前公式中可以得到泛克里金在 s_0 的估计值 $Y(s_0)$ 。在高斯随机场中，泛克里金和普通克里金以相同的方法估计置信区间。

（3）协同克里金（cokriging）

协同克里金是克里金法在处理多变量问题时的改进，其中需要建模的随机场称为主变量，参与建模的其他随机场称为协变量。协同克里金可以有任意个数的协变量，但主变量和协变量必须具有相关性（correlation）且均是满足各向同性假设的固有平稳随机场。协同克里金可以使用互变异函数（cross-covariogram）估计随机场间的互协方差函数（cross-covariance），但要求后者是对称的，即：

$$C_{k1k2}(h)=C_{k2k1}(h) \tag{3.1.15}$$

若主变量 $Y_{k0}(s)$ 拥有 M 个协变量 $Y_{k1}(s),\cdots,Y_{kM}(s)$，且每个变量拥有 $\{s_n,\cdots,s_{nk}\},k\in\{0,1,\cdots,M\}$ 个样本，则协同克里金的优化问题和克里金方差有如下表示：

$$\hat{Y}_{k0}(s_0)=\sum\nolimits_{k=1}^{M}\sum\nolimits_{i=1}^{n_k}\alpha_{k_i}Y_k(s_i) \tag{3.1.16}$$

$$\sigma_{k_0,s_0}^2=C_{k_0k_0}-\sum\nolimits_{k=1}^{M}\sum\nolimits_{i=1}^{n_k}-\alpha_{ki}C_{k_0k}(s_i,s_0) \tag{3.1.17}$$

式中，C_{k_0} 为主变量的协方差函数，C_{k_0k} 为主变量与协变量间的互协方差函数。协同克里金的无偏估计条件为主变量权重系数之和为 1，协变量权重系数之和为 0：

$$\mu_{k_0}\left(1-\sum\nolimits_{i=1}^{n_{k_0}}\alpha_i k_0\right)-\sum\nolimits_{k\neq k_0}^{K}\mu_k\sum\nolimits_{i=1}^{n_k}\alpha_{k_i}=0 \tag{3.1.18}$$

类似普通克里金法，使用拉格朗日乘数法可以构造协同克里金系统求解系数 a：

$$\begin{cases}\mu_{k_0}\left(1-\sum\nolimits_{i=1}^{n_{k_0}}\alpha_i k_0\right)=\sum\nolimits_{k\neq k_0}^{K}\mu_k\sum\nolimits_{i=1}^{n_k}\alpha_{k_i}\\ \sum\nolimits_{k_1=1}^{K}\sum\nolimits_{i_1=1}^{n_k}\alpha_{k_1i_1}C_{k_1k_2}(s_{i_1},s_{i_2})-\lambda_{k_2}=C_{k_0k_2}(s_{i_2},s_0)\\ k_2=1,\cdots,M,i_2=1,\cdots,n_{k_2}\end{cases} \tag{3.1.19}$$

协同克里金的估计结果有如下分布的 α 置信区间：

$$[\hat{Y}_{k_0}(s_0)-\Phi_\alpha^{-1}\sigma_{k_0,s_0},\hat{Y}_{k_0}(s_0)+\Phi_\alpha^{-1}\sigma_{k_0,s_0}] \tag{3.1.20}$$

泛克里金也有对应的协同算法，被称为“泛协同克里金（universal co-Kriging）”。协同克里金和泛协同克里金通常要求协变量拥有充足的样本。若协变量的样本量不足以计算互变异函数，可计算伪互变异函数（pseudo crossvariogram）作为近似。

（4）对数正态克里金

用普通克里金法进行估值时只有当随机变量服从正态分布时，其估值结果才是无偏最优的。在工作中发现，有些煤质数据一般不服从正态分布而服从对数正态分布，对于服从对数正态分布而不服从正态分布的随机变量来说，再用普通克里金法估值精度会显著降低，而用泛克里金法或析取克里金法估值，精度虽可能提高，但计算时间会显著增加。经过研究发现通过正态转换可实现对数克里金法估值，既提高了估值精度，又节省了人工和时间。

设区域变量为 x，若：

① $y=\ln x$ 服从正态分布，则称 x 服从对数正态分布；

② $y=\ln(x+a)$（a 为常数）服从正态分布，则称 x 服从三参数对数分布。

可见，对数正态分布是三参数对数正态分布的特例。设 x 服从三参数对数正态分布，其均值为 Z，方差为 C^2，$\ln(x+a)$ 的均值为 Z_e，方差为 C_e^2，则经推理可得结果。对数正态分布与正态分布之间有如下关系式：

$$Z=\exp(Z_e+0.5C_e^2)-a^2 \tag{3.1.21}$$

$$C^2=Z^2(\exp C_e^2-2)+(Z-a)^2 \tag{3.1.22}$$

假设 $y(x)$ 为在点 x 上的正态化数据，$y(x+h)$ 为与点 x 相距 h 的点 $x+h$ 上的正态化数据。则在弱平稳假设或内蕴假设条件下，变异函数的计算公式定义为：

$$r(h)=E\{[y(x+h)-y(x)]^2\}/2 \tag{3.1.23}$$

单方向的实验变异函数 $r^*(h)$ 的计算公式为：

$$\gamma^*(h)=\frac{1}{2N(h)}\sum_{i=1}^{N(h)}[y(x_i+h)-y(x_i)]^2 \tag{3.1.24}$$

式中，$N(h)$ 为样点对的个数。

（5）指示克里金（indicator Kriging，IK）

指示克里金法假设模型为：

$$I(s)=\mu+\varepsilon(s) \tag{3.1.25}$$

式中，μ 是一个未知常量，$I(s)$ 是一个二进制变量。二进制数据的创建可利用连续数据的阈值实现，或者观测数据可以为0或1。例如，假设存在一个由某点是否为森林栖息地或非森林栖息地的相关信息组成的样本，则其中二进制变量用来指示这两种类别。使用二进制变量时，指示克里金法的处理过程与普通克里金法相同。指示克里金法可使用半变异函数或协方差，它们都是用于表达自相关的数学形式。

（6）析取克里金（disjunctive Kriging，DK）

普通克里金是随机场的 BLUP，但在随机场和指数集之间存在非线性关系时，线性估计结果往往不是最优的。析取克里金将普通克里金中的权重系数推广为函数，从而实现了对随机场的非线性估计。

$$\hat{Y}(s_0)=\sum_{i=1}^{n} f_i\left[Y(s_i)\right] \tag{3.1.26}$$

式中，函数 f 为预先给定的非线性函数。最常见地，给定指示函数时，析取克里金又被称为指示克里金。析取克里金求解给定函数，使 $\hat{Y}$ 成为真实值 Y 在由 $f[Y(s_i)]$构成的向量空间中的正交投影，由此其问题可表述为：

$$E\left[Y(s_0)\mid Y(s_j)\right]=\sum_{i=1}^{n} E\left[f_j(Y(s_i))\mid Y(s_j)\right], j=1,\cdots,n \tag{3.1.27}$$

析取克里金要求样本集是同因子的，但应用中通常直接假设样本集服从联合正态分布，此时使用 N 阶埃尔米特多项式（Hermite polynomial）对函数 f 进行展开，可将上式转化为：

$$\hat{Y}(s_0)=\sum_{i=1}^{n}\sum_{k=0}^{N}\eta_k\left[Y(s_i)\right] f_{ik} \tag{3.1.28}$$

式中，η_k 为 k 阶埃尔米特多项式，f_{ik} 为满足如下关系的待定参数：

$$\sum_{i=1}^{n}\rho_{ij}^{k} f_{ik}=b_k\rho_{0j}^{k}; k=1,\cdots,N; j=1,\cdots,n \tag{3.1.29}$$

ρ_{ij} 为 $Y(s_i)$ 和 $Y(s_j)$ 的相关系数，b_k 为 k 阶埃尔米特多项式展开系数：

$$b_k=\int_{-\infty}^{\infty}\frac{x}{\sqrt{2\pi}}\frac{\delta^k}{\delta y^k}\mathrm{e}^{-\frac{x^2}{2}} \tag{3.1.30}$$

由埃尔米特多项式展开后的析取克里金问题，可得其克里金方差为：

$$\sigma_0^2=\sum_{k=0}^{N} b_k\left(b_k-\sum_{i=1}^{n} f_{ik}\rho_{0i}^{k}\right) \tag{3.1.31}$$

析取克里金在每个埃尔米特多项式展开上使用普通克里金求解 b_k 和 f_{ik}，具体的求解过程依赖于数值计算，考虑计算的复杂程度，通常将埃尔米特多项式展开级数限制在 100 以内。

（7）分形克里金

多重分形克里金插值法的原理为利用多重分形的理论对待插值点小邻域内克里金插值结果进行奇异性校正，即用较大邻域内地磁异常场强度的均值去估计中心小邻域内的均值，作为待插值点的插值结果。分形克里金可以用来处理具有分形特征的、变异性较强的数据。

尺度为 $N\times\delta$ 邻域及尺度为 δ 邻域内的测度可表示为：

$$Z^{*}(N\times\delta)^{2}=b(N\times\delta)^{a} \tag{3.1.32}$$

$$Z_{\delta}\delta^{2}=b\delta^{a} \tag{3.1.33}$$

联立之后得：

$$Z_{\delta}=N^{2-a}\times Z^{*}=N^{2-a}\times\sum_{i=1}^{n}(\lambda_{i}\times Z_{i}) \tag{3.1.34}$$

式中，Z^{*} 为 $N\times\delta$ 邻域内地磁异常场强度的均值，也是克里金法对基准数据的估值结果；Z_{δ} 为 δ 邻域内地磁异常场强度的均值，也是待插值点的地磁异常场估计值；N 为最大尺度与最小尺度的比值；N^{2-a} 为校正系数。

3.1.3 土壤水分统计特征

表 3.1 为土壤水分描述性统计结果。由表 3.1 可知，从水平方向对比来看，对照区土壤水分整体上高于均匀沉陷区和非均匀沉陷区；但从垂直方向对比来看，三个区域土壤水分变化趋势基本一致。各深度土壤水分平均值与中位值基本接近，说明数据的集中分布不受异常值支配。土壤水分在 1～2m 达到最低值，在 3～10m 随着深度的增加逐渐上升。对照区、均匀沉陷区、非均匀沉陷区在垂向上的最低值分别为 4.49%、3.02%、3.07%；最高值分别为 10.77%、8.63%、8.49%。

表 3.1　土壤水分描述性统计结果

采样区	土层深度/m	平均值	中位值	标准差	最小值	最大值	变异系数	p 值
对照区	0～1	5.44	5.19	0.73	4.53	6.23	13.37	0.20
	1～2	4.49	4.47	0.95	3.58	5.83	21.21	0.20
	2～3	6.53	5.90	2.09	4.08	9.60	31.99	0.20
	3～4	4.81	4.32	0.87	4.00	6.10	18.17	0.13
	4～5	3.80	4.08	1.40	1.61	5.36	36.78	0.20
	5～6	5.89	5.09	2.05	4.07	9.33	34.83	0.20
	6～7	4.94	4.63	1.63	3.08	7.58	33.10	0.11
	7～8	8.71	9.59	2.13	6.37	11.10	24.43	0.20
	8～9	10.77	10.68	1.90	8.89	13.87	17.65	0.17
	9～10	10.19	11.25	2.57	7.01	12.50	25.22	0.20

续表

采样区	土层深度/m	平均值	中位值	标准差	最小值	最大值	变异系数	p 值
均匀沉陷区	0～1	4.83	4.48	1.14	3.45	7.10	23.60	0.09
	1～2	3.02	3.05	0.68	2.14	4.21	22.47	0.20
	2～3	4.12	4.18	0.84	2.68	5.42	20.32	0.20
	3～4	3.90	3.52	1.05	3.04	6.39	26.93	0.06
	4～5	4.13	3.69	1.03	3.02	6.00	25.02	0.13
	5～6	4.45	4.78	1.62	2.02	6.68	36.39	0.20
	6～7	7.58	8.33	2.46	2.94	10.80	32.50	0.05
	7～8	8.26	7.84	2.90	4.71	12.55	35.14	0.20
	8～9	7.12	6.26	2.26	5.50	12.40	31.68	0.06
	9～10	8.63	8.08	3.60	4.80	14.92	39.04	0.16
非均匀沉陷区	0～1	4.55	4.39	1.12	2.71	6.81	24.70	0.20
	1～2	3.07	2.72	1.50	1.41	6.95	48.71	0.20
	2～3	3.78	3.85	1.86	1.50	8.07	49.20	0.20
	3～4	4.35	3.63	2.57	2.14	11.56	59.05	0.12
	4～5	4.97	5.06	2.37	1.49	9.74	47.75	0.20
	5～6	5.45	5.40	2.05	1.93	8.80	37.60	0.20
	6～7	4.62	4.58	1.36	2.23	7.39	29.55	0.14
	7～8	6.79	7.12	2.45	2.29	9.86	36.15	0.20
	8～9	7.73	6.12	5.06	3.07	20.59	65.53	0.20
	9～10	8.49	8.86	3.21	3.36	12.65	37.80	0.20

由 K-S 检验可知，三个区域 0～10m 土壤水分数据服从正态分布，变异系数整体趋势为：非均匀沉陷区＞均匀沉陷区＞对照区。对照区、均匀沉陷区、非均匀沉陷区变异系数范围分别为 13.37%～36.78%、20.32%～39.04%和 24.7%～65.53%，平均变异系数分别为 25.68%、29.31%和 43.60%，即非均匀沉陷区土壤水分变异程度最高。

垂向对比不同区域土壤水分变异系数，结果表明，对照区和均匀沉陷区在各深度均属于中度变异，非均匀沉陷区在 1～5m 和 8～9m 达到高度变异。在 0～1m 和 5～10m，对照区变异系数明显低于均匀沉陷区和非均匀沉陷区，表明采煤等因素对沉陷区的土壤水分产生了一定影响。

综上，各个区域水平方向上对照区土壤水分整体高于均匀沉陷区和非均匀沉陷区，垂直方向上土壤水分变化趋势基本一致，但是由于采煤活动及其他因素对土壤水分影响程度不同，其变异程度存在一定的差别，非均匀沉陷区土壤水分变异程度最高，对照区变异程度最低，均匀沉陷区介于二者之间。

3.1.4 土壤水分空间结构变化

表3.2为土壤水分最优半方差函数模型及其拟合参数结果。表3.2显示了对照区、均匀沉陷区和非均匀沉陷区在0～10m各土层土壤水分最佳拟合模型。

表3.2 土壤水分最优半方差函数模型及其拟合参数结果

区域	土层深度/m	模型	C_0	C_0+C	变程/m	$C_0/(C_0+C)$
对照区	0～1	高斯	0.01	0.16	253.47	6.25
	1～2	高斯	0.01	0.33	238.97	3.03
	2～3	高斯	0.00	4.41	263.57	0.00
	3～4	高斯	0.06	0.14	450.00	42.86
	4～5	指数	0.55	1.11	213.44	49.55
	5～6	指数	0.45	0.71	450.00	63.38
	6～7	高斯	0.12	0.54	298.38	22.22
	7～8	高斯	0.03	0.30	450.00	10.00
	8～9	高斯	0.34	1.15	288.84	29.57
	9～10	球面	0.42	1.28	300.00	32.81
均匀沉陷区	0～1	高斯	0.27	0.90	452.76	30.00
	1～2	高斯	0.05	0.34	252.14	14.71
	2～3	高斯	0.00	0.69	299.76	0.00
	3～4	指数	0.00	0.50	195.88	0.00
	4～5	高斯	0.01	0.52	173.88	1.92
	5～6	指数	1.00	1.21	152.90	82.64
	6～7	高斯	2.25	3.88	679.74	57.99
	7～8	高斯	3.10	3.50	722.24	88.57
	8～9	高斯	1.21	1.72	183.91	70.35
	9～10	高斯	3.87	4.51	252.14	85.81

续表

区域	土层深度/m	模型	C_0	C_0+C	变程/m	$C_0/(C_0+C)$
非均匀沉陷区	0～1	高斯	0.34	0.68	266.50	50.00
	1～2	高斯	0.11	1.58	208.32	6.96
	2～3	高斯	0.00	2.88	200.26	0.00
	3～4	指数	0.44	4.03	294.07	10.92
	4～5	高斯	1.34	4.98	475.81	26.91
	5～6	高斯	1.68	2.39	252.14	70.29
	6～7	指数	0.90	0.90	797.14	100.00
	7～8	高斯	2.32	3.10	421.27	74.84
	8～9	高斯	8.23	15.34	797.14	53.65
	9～10	指数	4.08	4.08	797.14	100.00

从基台值 C_0+C 来看，对照区各土层土壤水分整体上低于沉陷区，表明在变程范围内，对照区土壤水分变异较小，但是结合三个区域 C 值的变化趋势可以看出，沉陷区在0～1m和5～10m的 C 值（结构方差，表示非随机原因形成的变异）大于对照区，表明结构性因素（气候、采煤沉陷、土壤质地等）引起的变异对沉陷区影响更大。

空间结构比 $C_0/(C_0+C)$ 代表系统变异占总变异的比例。根据Cambardel-lade的划分标准，对照区在0～3 m和6～8m表现出强烈的空间自相关性[$C_0/(C_0+C)<25\%$]，在3～6m和8～10m具有中等的空间自相关性[$25\%<C_0/(C_0+C)<75\%$]；均匀沉陷区仅在1～5m具有强烈的空间相关性，在其余深度具有中等或较弱的空间相关性；非均匀沉陷区仅在1～4m具有强烈的空间相关性，在其余深度具有中等或较弱的空间相关性；尤其在5～10m深度，均匀沉陷区和非均匀沉陷区的 $C_0/(C_0+C)$ 均大于50%，空间变异程度较高。综上，均匀沉陷区和非均匀沉陷区土壤水分在土壤表层（0～1m）和土壤深层（5～10m）均表现出较强或中度的空间变异性，与经典统计学结果中变异趋势一致。研究结果表明随机因素对土壤表层和深层空间变异的贡献较小，其空间变异主要由结构性因素引起。

综合以上结果可以看出，沉陷区整体变异程度高于对照区，且气候、采煤沉陷、土壤质地等结构性因素对沉陷区变异性影响更大，尤其在土壤表层和深层。

3.1.5　不同方法预测精度比较

为了说明 3D EBK 模型在表达土壤水分空间变异方面的适用性，同时选取 2D 克里金模型、2D EBK 模型对研究区域土壤水分进行插值，并对比三种插值方法的精度，见表 3.3 和图 3.2～图 3.4。

表 3.3　不同方法预测精度对比表

区域	2D 普通克里金		2D EBK		3D EBK	
	RMSE	R^2	RMSE	R^2	RMSE	R^2
对照区	1.15	0.76	1.08	0.77	0.95	0.82
均匀沉陷区	1.22	0.71	1.21	0.71	1.07	0.79
非均匀沉陷区	1.37	0.59	1.28	0.60	1.20	0.71

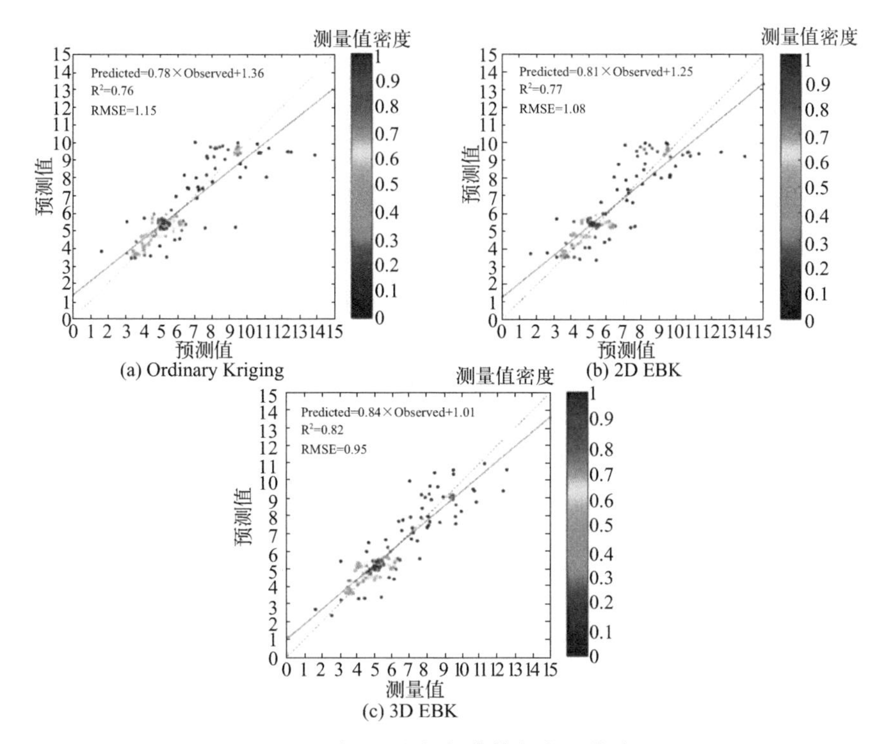

图 3.2　对照区空间插值模拟交叉检验图

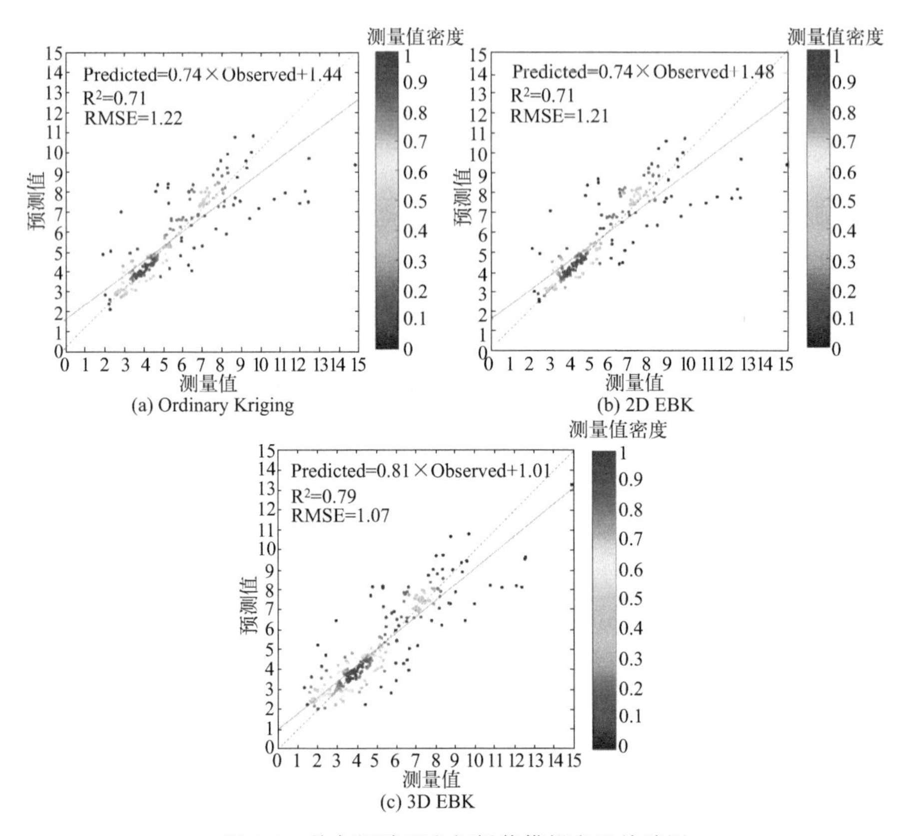

图 3.3　均匀沉陷区空间插值模拟交叉检验图

在对照区，3D EBK 模型交叉验证 RMSE 与普通克里金相比，降低了 17.39%；与 2D EBK 相比，降低了 12.04%。在均匀沉陷区，3D EBK 模型交叉验证 RMSE 与普通克里金相比，降低了 12.30%；与 2D EBK 相比，降低了 11.57%。在非均匀沉陷区，3D EBK 模型交叉验证 RMSE 与普通克里金相比，降低了 12.41%；与 2D EBK 相比，降低了 6.25%。对比对照区、均匀沉陷区和非均匀沉陷区三个区域的 R^2 可知，对照区的 R^2 为 0.76～0.82，预测值和实测值的线性拟合效果最好；其次是均匀沉陷区，R^2 为 0.71～0.79；非均匀沉陷区的 R^2 仅为 0.59～0.71。对比 3D EBK、2D EBK 和普通克里金三种插值方法在同一区域的 RMSE 和 R^2，RMSE 整体表现为：3D EBK＜2D EBK＜普通克里金；R^2 整体表现为：3D EBK＞2D EBK＞Ordinary Kriging。

对比两种 2D 模型性能可以看出，EBK 模型预测精度整体优于 Ordinary Kriging 模型，主要有两方面的原因：①普通克里金模型通过已知采样点的数

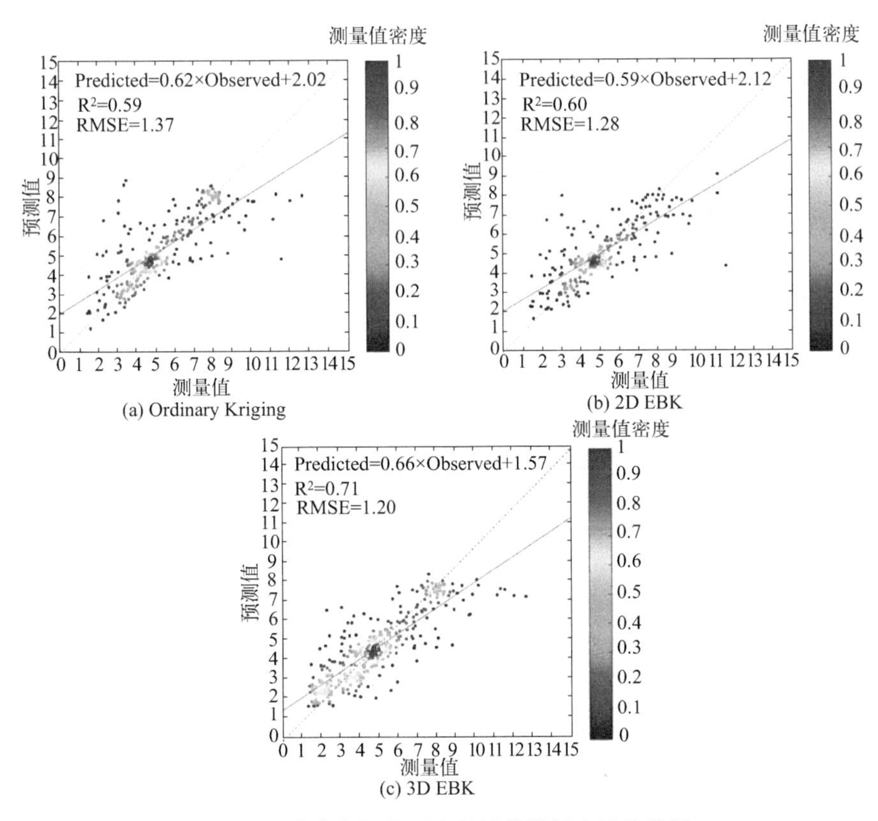

图 3.4　非均匀沉陷区空间插值模拟交叉检验图

据计算半变异函数，并利用此单一半变异函数在未知采样点进行预测。而EBK 模型则考虑了半变异函数估计的不确定性，通过模拟的方式自动计算模型参数，提高了预测精度；②Ordinary Kriging 模型插值具有明显的平滑效应，减少了数据的变异性，难以再现区域化变量的波动性，而 EBK 插值则避免了平滑效应，更能体现出数据分布的波动性，因此更适用于研究土壤水分的空间变异性。

对比 3D 和 2D 模型性能可以看出，3D 模型土壤水分空间插值总体精度高于 2D 模型，主要是由于 2D 模型仅从平面角度分层模拟了不同深度土壤水分的空间变异，忽略了垂直方向上各土层之间的相关性。而 3D 模型插值过程在 3D 空间搜索与预测点相邻的已知点，与 2D 模型相比，考虑了采样点在水平和垂直方向上的相关性，因此预测精度更高。Van 等采用 2D Ordinary Kriging 和 3D Ordinary Kriging 研究了土壤硝态氮含量的三维空间变异特征，结果表明 3D Ordinary Kriging 预测精度高于 2D Ordinary Kriging 模型。在本实验中，3D EBK 模型预测精度同样高于 2D EBK，表明 3D 模型在模拟土壤水分特性空间分布时具有更强的适用性。

3.1.6 土壤水分空间分布特征

为了进一步说明 3D EBK 模型在研究土壤水分空间分布特性方面的适用性，本研究利用 3D EBK，生成了对照区、均匀沉陷区、非均匀沉陷区（0～10m）土壤水分三维空间分布图（图 3.5）。

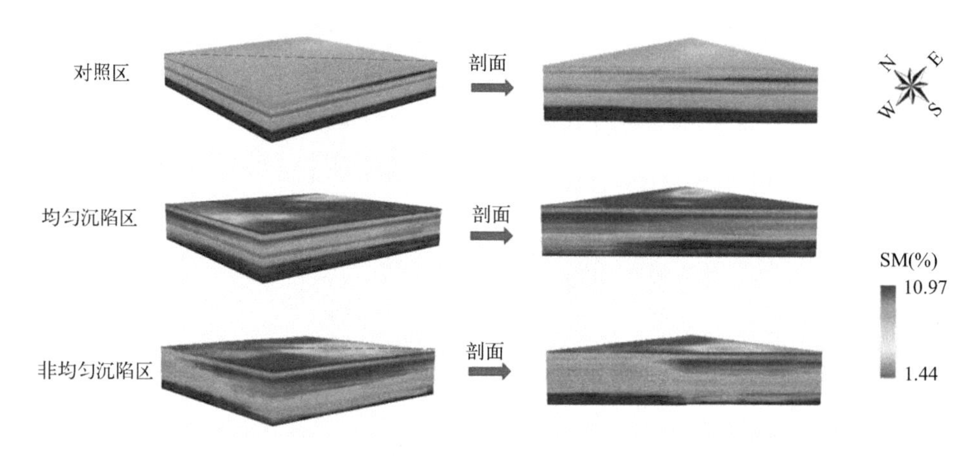

图 3.5　土壤水分三维空间分布图（分辨率 5 m×5 m×0.1 m）

对比对照区、均匀沉陷区和非均匀沉陷区的土壤水分插值结果发现：三个区域的土壤水分在垂直方向上皆呈先增大后减小再增大的波动趋势。在 0～3m 的土壤表层，对照区土壤水分整体高于均匀沉陷区和非均匀沉陷区，这与经典统计分析结果中水分变化趋势一致。同时可以看出，在对照区土壤水分具有较弱的空间变异性，水平方向上相同深度土壤水分分布差异性较小，垂直方向上土壤水分层状连续性较好，土壤水分分布主要与深度有关；在非均匀沉陷区，土壤水分分布具有较强的空间变异性，水平方向上相同深度土壤水分分布差异性较大，垂直方向上土壤水分层状分布连续性较差，土壤水分分布不仅与深度有关，还受地表塌陷、裂缝等因素的影响；均匀沉陷区土壤水分空间变异性介于对照区和非均匀沉陷区之间，这是由于均匀沉陷区处于下沉盆地平底区，除垂直方向外，其余方向几乎不发生变形，土壤水分受到扰动较小。

3.1.7　煤炭开采对包气带土壤水分的影响机理

由土壤水分三维空间分布特征可知，非均匀沉陷区土壤水分在水平方向和垂直方向均具有较强的空间变异性，因此需要进一步探讨煤炭开采对该区域包气带土壤水分空间分布的影响机理。

3.1.7.1　影响因子分析

非均匀沉陷区 0～10m 土壤水分做主成分分析，研究其主要影响因子，结果如表 3.4、表 3.5 所示。本研究共取得 3 个主成分因子 Y1、Y2、Y3，其对应的方差贡献率分别为 41.88%、19.39%、14.84%，总方差累计率为 76.10%。

表 3.4　土壤水分主成分分析

土层深度/m	初始特征值			提取载荷平方和			旋转载荷平方和		
	总计	方差百分比	累积%	总计	方差百分比	累积%	总计	方差百分比	累积%
0—1	4.19	41.88	41.88	4.19	41.88	41.88	3.11	31.12	31.12
1—2	1.94	19.39	61.27	1.94	19.39	61.27	2.96	29.60	60.71
2—3	1.48	14.84	76.10	1.48	14.84	76.10	1.54	15.39	76.10
3—4	0.96	9.61	85.71	—	—	—	—	—	—
4—5	0.58	5.83	91.54	—	—	—	—	—	—
5—6	0.38	3.76	95.30	—	—	—	—	—	—
6—7	0.27	2.67	97.97	—	—	—	—	—	—
7—8	0.16	1.64	99.61	—	—	—	—	—	—
8—9	0.04	0.37	99.98	—	—	—	—	—	—
9—10	0.00	0.03	100.00	—	—	—	—	—	—

表 3.5　土壤水分主成分分析旋转后矩阵

土层深度/m	旋转后因子负荷		
	Y1	Y2	Y3
0—1	0.35	0.21	−0.80
1—2	0.28	0.92	−0.20
2—3	0.34	0.91	−0.07
3—4	−0.05	0.92	0.06

续表

土层深度/m	旋转后因子负荷		
	Y1	Y2	Y3
4－5	0.25	0.76	0.00
5－6	0.69	0.20	0.14
6－7	0.82	－0.08	0.11
7－8	0.61	0.42	0.41
8－9	0.80	－0.03	－0.16
9－10	0.82	0.28	－0.24

由旋转后的成分矩阵可以得出非均匀沉陷区土壤水分垂向分布的主要影响因子：0～1m土壤水分垂向分布主要受因子Y3影响，其因子负荷为－0.80，该因子可能是采煤塌陷造成的土壤垂向裂缝及沉陷、蒸发以及植被覆盖等地表因素；5～10m土壤水分垂向分布主要受因子Y1影响，该因子可能是由于岩土体变形导致的土壤结构变化、包气带与饱水带间水力联系等因素，其因子负荷分别为0.69、0.82、0.61、0.80、0.82；因子Y1和Y3对1～5m土壤水分垂向分布的影响比较小，主要受因子Y2影响，该因子可能是土壤质地和孔隙结构变化引起的持水、入渗能力发生改变等，其因子负荷分别为0.92、0.91、0.92、0.76。综合考虑以上因素可以发现：采煤活动形成裂缝，并改变土壤孔隙度、质地和水力压力等性质，会形成水分运移优先通道，影响水分分布及其循环运移通道。

3.1.7.2 影响机理分析

井下开采造成上覆岩层移动变形，自下而上形成冒落带、断裂带和弯曲下沉带，在地表形成沉陷盆地。在此过程中上覆岩层应变不断累积并向上传导，对地表形成拉伸作用，使地表裂隙（缝）大量发育、土壤质地和孔隙结构发生改变，导致土壤水运移规律发生改变，包气带土壤水分变异性增大。

优先流作为一种比较常见的土壤水分运移形式，是土壤水运动机理研究由均质流转为非均质流的标志。优先流是水在土壤中的快速、非平衡渗透流，可使水和溶质通过优先路径快速到达深层土壤。而地裂缝作为采煤沉陷区常见现象，对优先流的产生与发展过程有较为复杂的影响。当没有裂缝时，降雨首先要补充上层土壤的水分亏损，然后以均匀流为主向下入渗；当地表出现裂缝，降水入渗方式由“活塞式”入渗转变为以“捷径式”入渗为主，使地表水直接沿大裂缝下渗，甚至可能与地下水发生直接联系，改变了原有土壤水分的循环运移路径。优先流产生后，裂缝会增大水分入渗表面积，因而会导致水分及溶质运移速度增加，同时会增加土壤水的蒸发面积和强度，致使土壤水分发生变化。苏宁对神东塌陷区土壤优先流特征的研究表明，采煤塌陷区土壤优先流主要以土壤大孔隙流为主，土壤水分入渗过程存在非平衡特性，发生优先流的土层入渗及出流的稳定速率均大于发生均匀流的土层。本研究在非均匀沉陷区选取裂缝开展了土壤水分入渗染色示踪试验，如图 3.6 所示。试验结果表明，煤炭开采形成的地裂缝会导致优先流的产生，使得土壤水和溶质通过裂缝快速向深部土层入渗。因此，可以推断煤炭开采引起的裂缝导致土壤水分入渗由以均匀流为主转变为以优先流为主，增大了土壤水分的空间变异性。

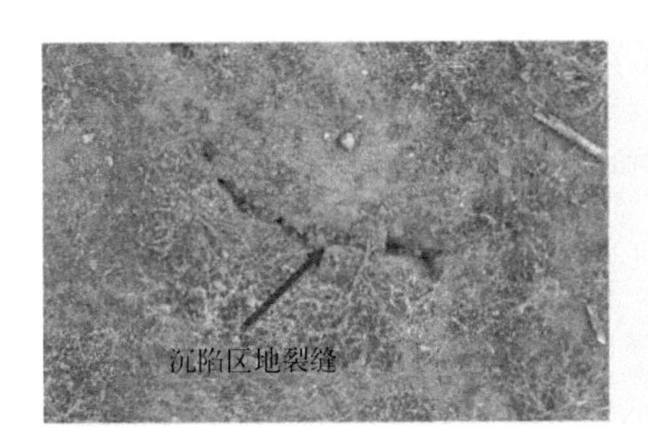

图 3.6　现场裂缝区土壤水分入渗染色示踪试验

此外，裂缝没有延伸到的深层包气带土壤同样受到非均匀沉降影响而产生优先流，如图 3.7 所示。随着土壤深度的增加，采煤塌陷区土壤优先流的空间分化变异程度不断增大，发生优先流的区域内的水流空间形态更加复杂。由于地下煤层被采出，采空区周围岩体应力平衡状态发生改变，不可避免地会引起岩层的变形、破坏和移动，造成地表的弯曲下沉，进而使包气带土壤孔隙微观结构发生变化，影响土壤水分的运移。这种土壤孔隙微观结构的改变往往与土壤的物理力学性质及水力性质有关，与土体在拉伸变形阶段的含水量有关。因此，岩土体变形导致的土壤孔隙微观结构变化，可能会加速局部区域包气带土壤水分的运移，形成优先流，导致土壤水分空间变异性的增大[8]。

综上，可以推断出：煤炭地下开采引起的地表裂缝，导致了非均匀沉陷区土壤水入渗由以均匀流为主转变为以优先流为主，增大了土壤水分的蒸发面积与蒸发强度。但由于裂缝影响范围有限，非均匀沉陷区土壤水分平均值虽有所降低，但在空间分布上不具备一致性变化规律，而表现出空间变异性的增加。此外，由于地表非均匀沉陷对土壤内部重力和水力的作用发生改变，可能会引

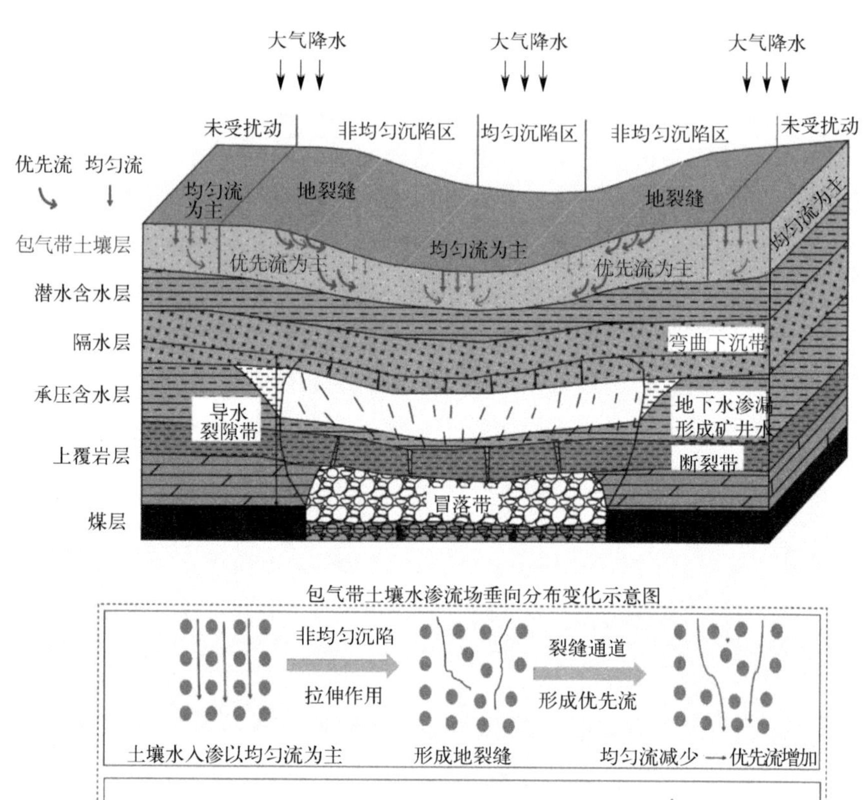

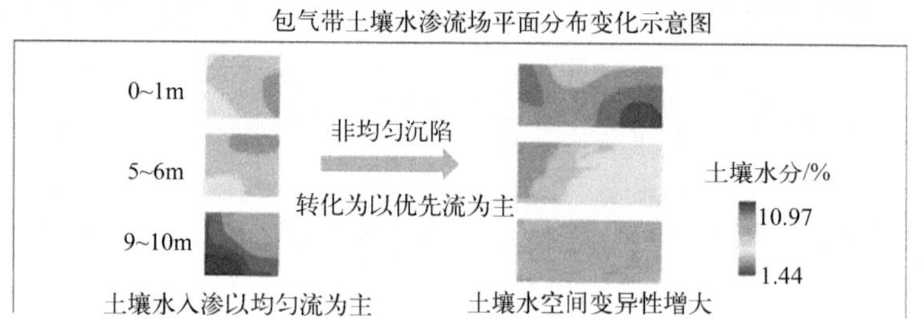

图 3.7 煤炭开采对包气带土壤水分的影响机理

起土壤质地和孔隙微观结构产生变化，进而造成包气带土壤水分空间变异性的增加。

3.2 沉陷区植被-土壤特征及响应关系研究

植被作为生态系统中联结土壤和自然环境要素的重要纽带，在生态系统中发挥着尤为重要的作用。土壤环境是植被生长的基础，其质量状况是植被演替及生态恢复的决定性因子。但由于土壤因子间本身具有复杂的关系，其作用于植被的耦合效应也更为复杂，不同植物功能群对土壤质量的响应也不同。沉陷区土壤水分、养分的缺失会导致植物生长受限，进而降低植被覆盖度和植物多样性。而植被覆盖度和植物多样性的降低反过来又会影响土壤微生物群落和土壤酶活性，进而影响土壤营养元素的代谢，导致土壤肥力质量进一步降低。由此可见，在采煤沉陷扰动下，土壤与植被相互作用，相互影响。

植被覆盖度作为反映植被生长状况的重要指标，可以用来定性和定量评价植被覆盖程度及其生长活力。煤炭地下开采造成的裂缝、沉降、地下水位下降会对地表植被产生直接或间接的影响。一方面，采煤沉陷会改变地形地貌、土壤径流流向和流速，而土壤水分入渗、蒸发条件的改变以及土壤养分的迁移转化等会对植被生长产生影响；另一方面，地表不均匀沉降造成植物根系拉伸损伤，阻断了植物吸收养分和水分的能力，植物生长也将受到扰动和影响。

目前针对采煤沉陷对植被或土壤特性影响的大量研究仅探讨了采煤沉陷对植被或土壤特性某一方面的影响，无法揭示沉陷扰动后植被-土壤因子的响应关系。为此，本实验首先利用高分遥感影像数据对研究区植被类型进行识别解译，并反演植被覆盖度；然后利用土壤理化性质测试数据，采用经典统计学-地统计学联用分析方法，分区研究表层土壤水分、pH值、碱解氮、有效磷、速效钾等理化性质变化规律，探讨土壤理化性质空间分布特征；在此基础上，采用Pearson相关性分析方法，利用相关系数（相关系数的取值区间在1到−1之间，1表示两个变量完全线性相关，−1表示两个变量完全负相关，0表示两个变量不相关，数据越趋近于0表示相关关系越弱）分析不同植被类型下土壤水分、养分、pH值、植被覆盖度等要素的相关性，进而揭示采煤扰动下植被-土壤变化响应关系[9~12]。

3.2.1 研究与分析方法

3.2.1.1 样品采集与测定

采样点布设同3.1.1。使用土钻在每个采样点采集20cm土壤样品，每个样点随机采集3个平行样本。样品通过自然风干后，过2mm的筛网筛分，用于土壤理化指标的测定。取各样点3个平行样本的算术平均值作为该点的测定结果。土壤水分的测定采用烘干法，土壤pH值的测定采用电位法，土壤碱解氮的测定采用碱解扩散法，土壤有效磷和速效钾的测定采用联合浸提-比色法，有机质的测定采用重铬酸钾容量法。

3.2.1.2 数据来源与预处理

本实验中所使用的高分二号卫星遥感影像数据来源于中国资源卫星应用中心，分辨率为全色1m，多光谱4m，时相为2020/08/02。运用ENVI软件，依次进行辐射定标、大气校正和影像裁剪，完成图像预处理。以土壤采样点为中心，提取其周边3×3个像元数据平均值作为该点数据，建立栅格数据与样点数据的对应关系。

3.2.1.3 数据分析方法

（1）植被覆盖度

采用像元二分模型法，对矿区植被覆盖度进行估算，公式如下：

$$FVC=\frac{NDVI-NDVI_{soil}}{NDVI_{veg}-NDVI_{soil}} \tag{3.2.1}$$

式中，FVC为植被覆盖度；NDVI为归一化植被指数；$NDVI_{soil}$为纯土壤覆盖或无植被覆盖区域的NDVI值；$NDVI_{veg}$为完全被植被所覆盖的像元NDVI值。本实验选择累积百分比5%至95%为置信区间，取累积百分比5%对应的NDVI值为纯土壤覆盖像元的$NDVI_{soil}$值，累积百分比95%对应的NDVI值为纯植被覆盖像元的$NDVI_{veg}$值。

（2）Pearson相关性

采用Pearson相关性检验，将植被覆盖度、土壤水分、碱解氮、有效磷、速效钾、有机质、pH值等指标因子做相关性分析，研究因子之间的相关程度，计算公式如下：

$$r=\frac{\sum_{i=1}^{n}(x_i-\overline{x})(y_i-\overline{y})}{\sqrt{\sum_{i=1}^{n}(x_i-\overline{x})^2(y_i-\overline{y})^2}} \tag{3.2.2}$$

式中，x_i、y_i分别为相关性分析的自变量和因变量样本元素，$\overline{x}$、$\overline{y}$是样本均值，r为两变量的相关系数[13-14]。

3.2.2 植被空间分布特征

3.2.2.1 植被类型空间分布

根据遥感解译与实地调查，采样区植被可以划分为乔木、灌木、草本三类，分布位置如图 3.8 所示。

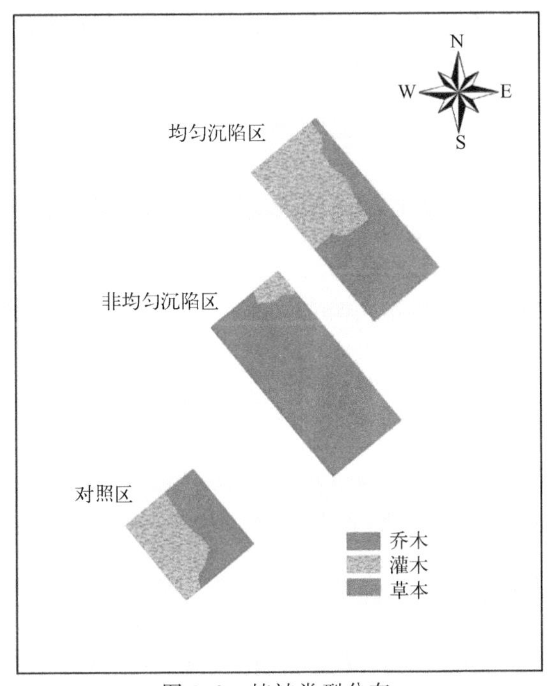

图 3.8　植被类型分布

不同植被类型面积占比统计如表 3.6 所示。由表 3.6 可知，在对照区，植被以灌木为主，所占面积比例为 52.12%，乔木和草本植物所占面积比例分别为 26.79%和 21.09%；在均匀沉陷区，灌、草比例接近，面积占比分别为 45.21%和 41.46%，乔木所占面积比例仅为 13.33%；在非均匀沉陷区，植被以乔、草为主，面积占比分别为 59.64%和 35.88% ，灌木所占面积比例仅为 4.48%。

表 3.6　不同植被类型面积占比统计

区域	乔木	灌木	草本
对照区	26.79%	52.12%	21.09%
均匀沉陷区	13.33%	45.21%	41.46%
非均匀沉陷区	59.64%	4.48%	35.88%

3.2.2.2 植被覆盖度空间分布

对研究区植被覆盖度进行反演，分别提取计算不同区域乔木、灌木和草本植物的平均植被覆盖度，见表3.7。均匀沉陷区和非均匀沉陷区与对照区相比，乔木平均覆盖度分别下降了11.89%和14.87%，表明煤炭开采对乔木生长影响显著，尤其在裂缝较多的非均匀沉陷区；灌木平均覆盖度分别下降了0.44%和1.96%，表明煤炭开采对灌木生长影响很小；草本植物平均覆盖度分别下降了0.17%和3.05%，表明煤炭开采对草地覆盖度有影响，覆盖度下降主要发生在非均匀沉陷区，对均匀沉陷区的草本植物几乎没有影响。

表3.7 植被覆盖度面积占比统计表

区域	平均值植被覆盖度		
	乔木	灌木	草本
对照区	56.72%	48.04%	48.60%
均匀沉陷区	44.83%	47.60%	48.43%
非均匀沉陷区	41.85%	46.08%	45.55%

3.2.3 表层土壤理化性质统计特征

3.2.3.1 土壤理化性质描述性统计

土壤理化性质描述性统计如表3.8所示。K-S正态检验结果表明，表层土壤水分、pH值、碱解氮、有效磷、速效钾、有机质服从正态分布。土壤水分变异系数最大；碱解氮、有效磷、速效钾、有机质的变异系数几乎相同，且低于土壤水分；pH值的变异系数最小。土壤水分、pH值、碱解氮、有效磷、速效钾、有机质平均值分别为3.10%、7.26、40.86 mg/kg、21.14 mg/kg、149.65 mg/kg、15.90 g/kg；变异系数分别为0.29、0.02、0.19、0.18、0.18、0.18。

表3.8 土壤理化性质描述性统计结果

理化指标	平均值	最小值	最大值	标准差	变异系数	p值
土壤水分/%	3.10	1.51	5.48	0.94	0.29	0.20
pH值	7.26	6.91	7.51	0.14	0.02	0.20

续表

理化指标	平均值	最小值	最大值	标准差	变异系数	p 值
碱解氮/(mg/kg)	40.86	23.33	55.01	7.59	0.19	0.20
有效磷/(mg/kg)	21.14	12.07	27.54	3.82	0.18	0.20
速效钾/(mg/kg)	149.65	94.83	202.55	26.97	0.18	0.20
有机质/(g/kg)	15.90	9.14	23.56	3.01	0.18	0.20

3.2.3.2　土壤理化性质主成分分析

为分析土壤理化性质指标的相关性，本实验对土壤水分、pH 值、碱解氮、有效磷、速效钾、有机质等指标做主成分分析。选取 3 个主成分 Y1、Y2、Y3，其对应方差贡献率分别为 72.28%、15.72%、8.03%，总方差累计率为 96.02%（表 3.9）。

表 3.9　总方差解译

因子	初始特征值			提取载荷平方和			旋转载荷平方和		
	总计	方差百分比/%	累积/%	总计	方差百分比/%	累积/%	总计	方差百分比/%	累积/%
土壤水分	4.34	72.28	72.28	4.34	72.28	72.28	4.34	59.08	59.08
pH 值	0.94	15.72	88.00	0.94	15.72	88.00	0.94	19.62	78.70
碱解氮	0.48	8.03	96.02	0.48	8.03	96.02	0.48	17.32	96.02
有效磷	0.15	2.56	98.58	—	—	—	—	—	—
速效钾	0.07	1.15	99.73	—	—	—	—	—	—
有机质	0.02	0.27	100.00	—	—	—	—	—	—

表 3.10 为成分得分系数矩阵，表 3.11 为旋转后的成分矩阵。由表 3.11 可知，碱解氮、有效磷、速效钾和有机质在成分 1 中均有极大的表达值（>0.87），因此可以把因子归结为土壤养分；pH 值在成分 2 中表达值为−0.90，因此可以把因子归结为土壤酸碱度；水分在成分 3 中表达值为 0.99，因此可以把因子归结为土壤水分。

表 3.10　成分得分系数矩阵

因子	成分		
	Y1	Y2	Y3
土壤水分	−0.07	−0.15	1.04
pH 值	0.37	−1.25	0.11

续表

因子	成分		
	Y1	Y2	Y3
碱解氮	0.35	−0.22	0.00
有效磷	0.30	−0.09	−0.01
速效钾	0.38	−0.29	0.00
有机质	0.22	0.09	−0.07

表 3.11 旋转后的成分矩阵①

因子	成分		
	Y1	Y2	Y3
土壤水分	0.11	0.12	0.99
pH 值	−0.40	−0.90	−0.16
碱解氮	0.94	0.24	0.11
有效磷	0.93	0.32	0.12
速效钾	0.94	0.20	0.09
有机质	0.87	0.39	0.08

①旋转在 4 次迭代后已收敛。

3.2.3.3 土壤理化性质分区特征

(1) 表层土壤水分

三个区域采样点土壤水分统计结果见图 3.9。从图中可以看出，在对照区，土壤水分变化范围为 2.80%～5.48%，平均值为 3.91%；在均匀沉陷区，土壤水分变化范围为 1.78%～4.12%，平均值为 2.89%；在非均匀沉陷区，土壤水分变化范围为 1.51%～4.68%，平均值为 2.89%。沉陷区土壤水分平均值低于对照区，非均匀沉陷区与均匀沉陷区土壤含水量平均值相等，但非均匀沉陷区数据离散性较大。

(2) 表层土壤 pH 值

三个区域采样点土壤 pH 值统计结果见图 3.10。从图中可以看出，三个区域土壤 pH 值整体在中性范围内，变化波动较小，对照区 pH 值平均值低于均匀沉陷区和非均匀沉陷区。在对照区，pH 值变化范围为 7.05～7.44，平均值为 7.22；在均匀沉陷区，pH 值变化范围为 6.91～7.51，平均值为 7.28；在非均匀沉陷区，pH 值变化范围为 6.93～7.49，平均值为 7.27。沉陷区 pH 值比对照区略有升高，这与其他研究者的结果相似，采煤沉陷后土壤 pH 值增大，土质偏碱。这可能是由于沉陷引起土壤含水量减少，导致土壤中游离态的

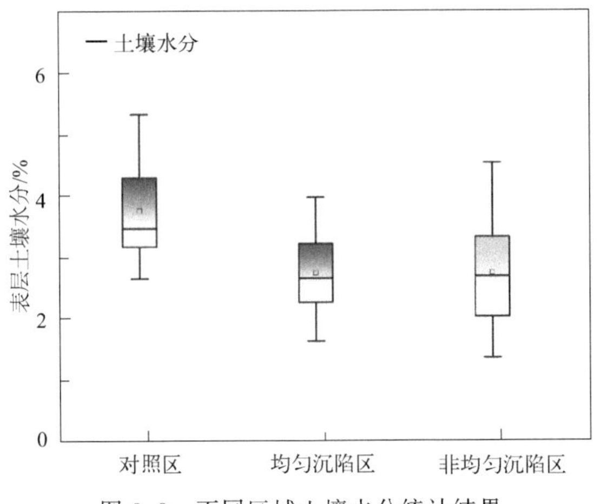

图3.9　不同区域土壤水分统计结果

H^+含量减少，致使土壤pH值增大。

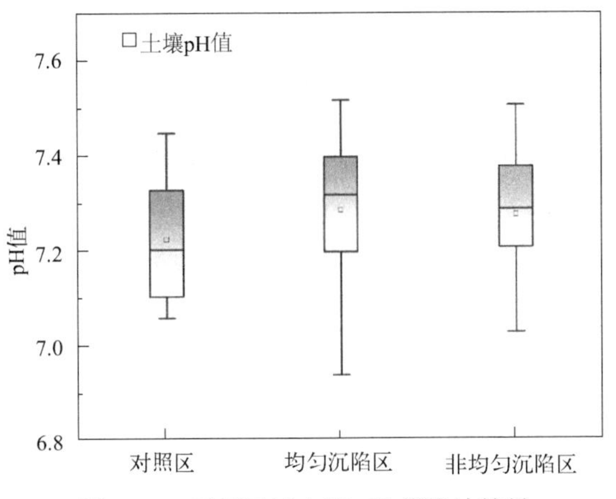

图3.10　不同区域土壤pH值统计结果

（3）表层土壤养分

三个区域土壤碱解氮、有效磷、速效钾与有机质含量统计结果见图3.11。从图中可以看出，三个区域土壤碱解氮、有效磷、速效钾与有机质含量整体变化波动较小，呈现出均匀沉陷区＞对照区＞非均匀沉陷区的趋势。从碱解氮含量平均值来看，非均匀沉陷区与对照区相比减少了5.3%，而均匀沉陷区与对照区相比增加了3.3%；从有效磷含量平均值来看，非均匀沉陷区与对照区相比减少了5.5%，而均匀沉陷区与对照区相比增加了7.9%；从速效钾含量平均值来看，非均匀沉陷区与对照区相比减少了3.9%，而均匀沉陷区与对照区相比增加了7.5%；从有机质含量平均值来看，非均匀沉陷区与对照区相比减少了4.4%，均匀沉陷区与对照区相比增加了11.42%。

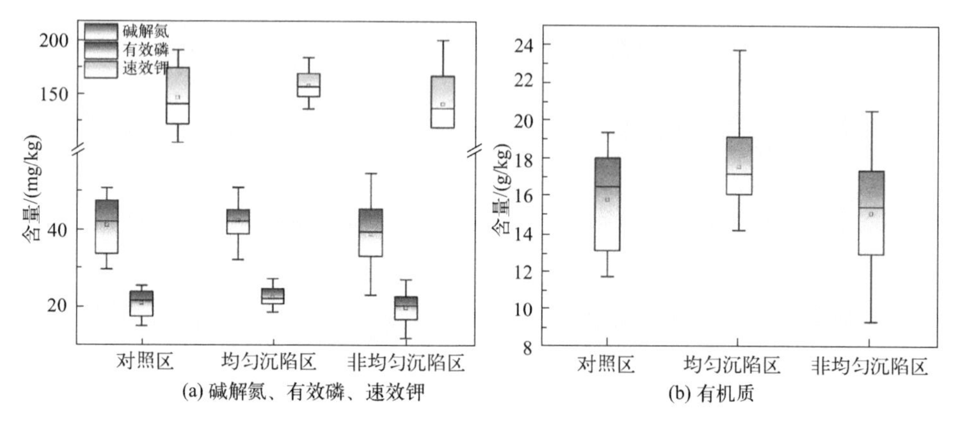

图3.11　不同区域土壤养分统计结果

部分学者认为，地表塌陷初期土壤碱解氮、有效磷、速效钾与有机质含量均显著减小，土壤理化性质总体表现出一定的退化趋势；塌陷区自然条件下恢复5年左右后呈现出改善的趋势，但部分地区土壤经历10年的自修复仍未完全恢复，表明采煤塌陷对土壤理化性质的损害具有一定延续性[15]。本实验结果表明，土壤理化性质的恢复与沉陷时间没有必然的联系，而与地表是否均匀沉陷有关。当地表下方属于下沉盆地平底区，地表均匀沉陷，土壤理化性质不会有明显下降，甚至存在高于未开采区的现象，这可能与沉陷区土壤养分由下沉盆地边缘（坡顶）向盆地中心（坡底）的迁移和地表植被类型及土质的差异性有关。

3.2.4　表层土壤理化性质空间分布特征

经典统计学原理假设研究变量为纯随机变量，样本间完全独立且服从已知概率分布，该方法忽略了样本在空间上的相关性。而地统计学原理假设研究变量不属于纯随机变量，而是在一定范围内存在空间上的相关性，这与土壤的连续性和气候带的渐变性是相符的。鉴于普通克里金插值模型可以较好地反映样本在平面空间的分布规律，且半变异函数的结构参数可以辅助研究样本的空间结构特性，因此本节采用普通克里金插值方法，研究表层土壤理化性质在空间的分布特征。

3.2.4.1 空间结构分析

(1) 表层土壤水分

土壤水分的半方差函数模型选择如表3.12所示。三种模型的块金值与基台值的比值均小于25%，说明表层土壤水分具有强烈的空间自相关性。三种模型的空间半变异函数拟合结果表明，高斯模型半变异函数拟合效果最优（图3.12）。

表3.12 土壤水分空间结构分析表

土壤	模型	块金值	偏基台值	基台值	$C_0/(C_0+C)$	变程	RMSE	R^2
水分	球面模型	0.03	0.56	0.59	0.05	1299.96	0.04	070
	指数模型	0	0.50	0.50	0	1299.96	0.04	0.66
	高斯模型	0.09	0.69	0.78	0.12	1299.96	0.03	0.77

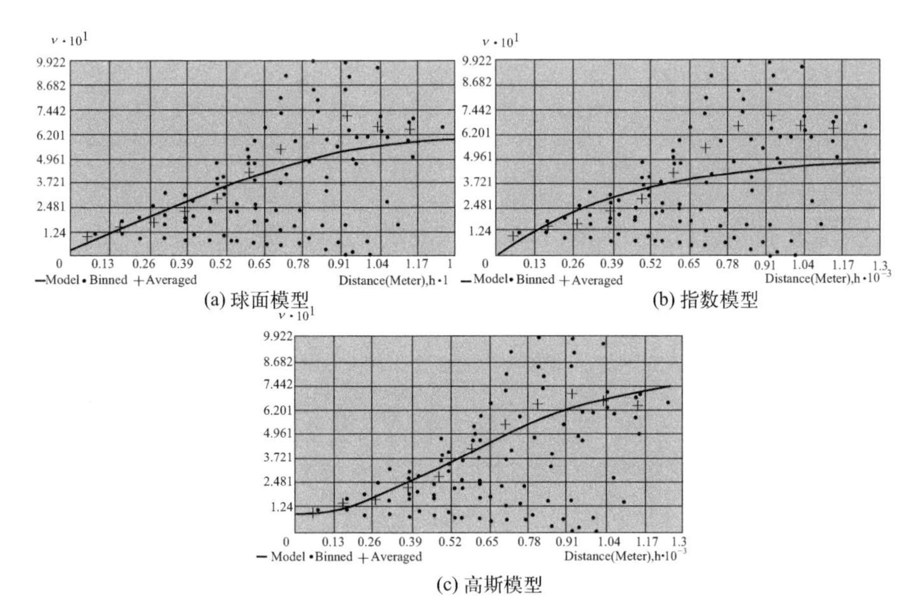

(a) 球面模型 (b) 指数模型 (c) 高斯模型

图3.12 土壤水分空间分布预测半变异函数

对三种模型进一步进行交叉验证可以得出高斯模型的RMSE为0.03，R^2为0.77，插值精度最高（图3.13）。因此选择高斯模型作为土壤水分的空间插值模型。

(2) 表层土壤pH值

土壤pH值的半变异函数模型选择如表3.13所示。三种模型的块金值与

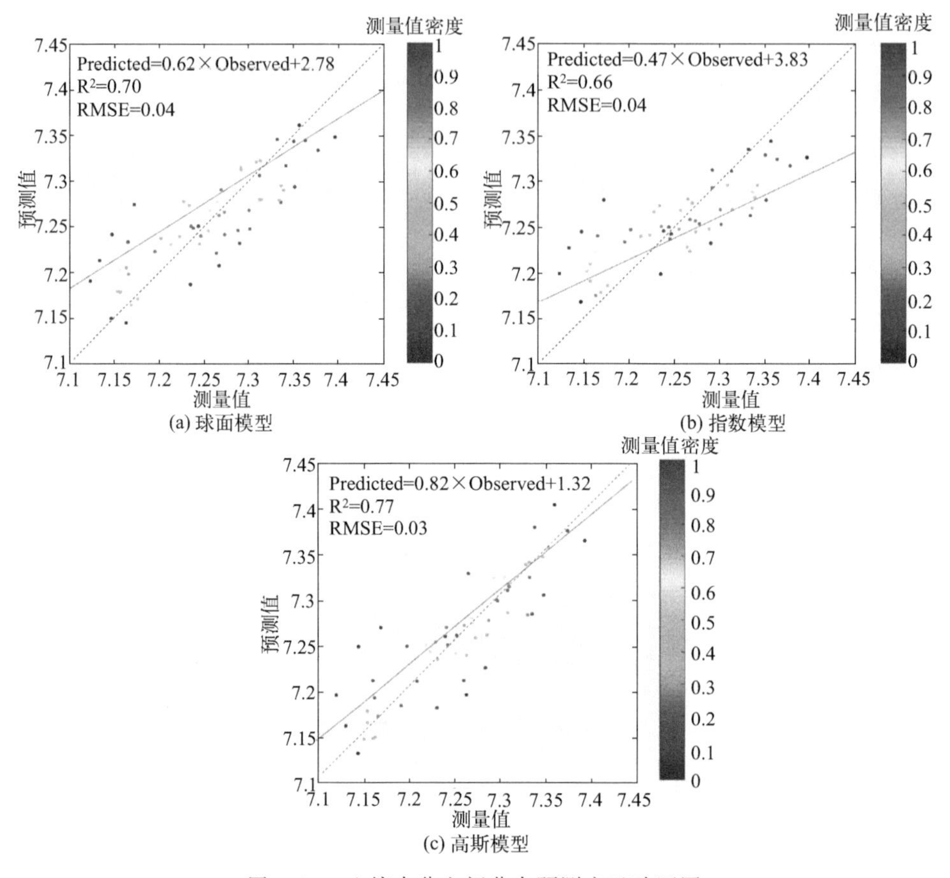

图 3.13　土壤水分空间分布预测交叉验证图

基台值的比值均小于 25%，说明表层土壤 pH 值具有强烈的空间自相关性。三种模型的空间半变异函数拟合结果表明，高斯模型半变异函数拟合效果最优（图 3.14）。

表 3.13　土壤 pH 值空间结构分析表

土壤	模型	块金值	偏基台值	基台值	$C_0/(C_0+C)$	变程	RMSE	R^2
pH 值	球面模型	0	0.01	0.01	0	291.91	0.32	0.67
	指数模型	0	0.01	0.01	0	291.91	0.33	0.64
	高斯模型	0	0.01	0.01	0	217.79	0.31	0.69

通过对三种模型进行交叉验证（图 3.15），得出高斯模型的 RMSE 为 0.31，R^2 为 0.69，插值精度最高。因此选择高斯模型作为表层土壤 pH 值的空间插值模型。

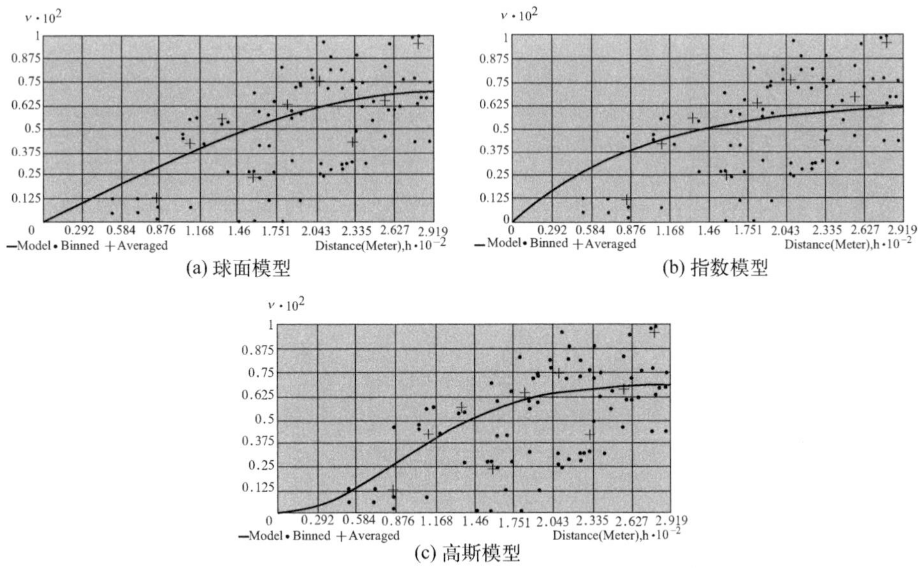

图 3.14 土壤 pH 值空间分布预测半变异函数

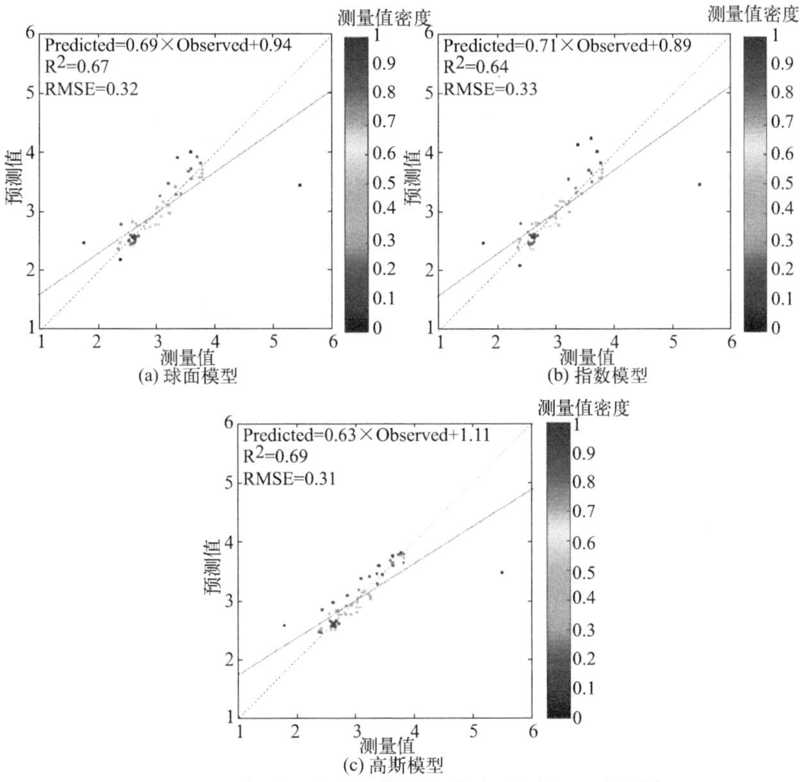

图 3.15 表层土壤 pH 值空间分布预测交叉验证图

(3) 表层土壤碱解氮

土壤碱解氮的半方差函数模型选择如表 3.14 所示。三种模型的块金值与基台值的比值均小于 25%，说明表层土壤碱解氮具有强烈的空间自相关性。三种模型中的空间半变异函数如图 3.16 所示，从半变异函数拟合效果不能得出最优的模型，因此需要通过精度验证来确定最优拟合模型。

表 3.14 土壤碱解氮空间结构分析表

土壤	模型	块金值	偏基台值	基台值	$C_0/(C_0+C)$	变程	RMSE	R^2
碱解氮	球面模型	0	13.57	13.57	0	344.98	1.82	0.70
	指数模型	0	15.22	15.22	0	544.54	1.88	0.69
	高斯模型	1.30	12.18	13.48	0.10	269.18	1.85	0.69

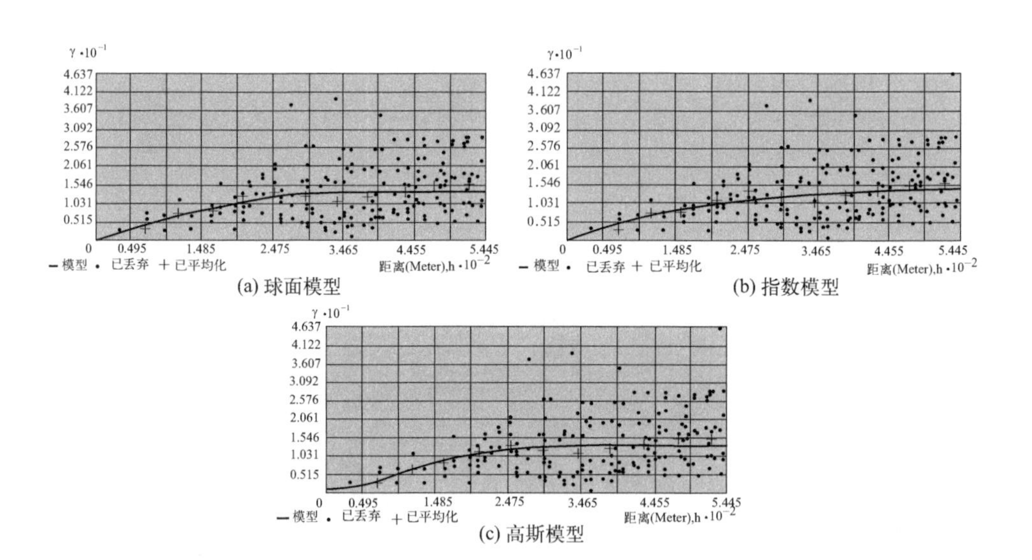

图 3.16 土壤解碱氮空间分布预测半变异函数

通过对三种模型进行交叉验证（图 3.17），球面模型的 RMSE 为 1.82，R^2 为 0.70，插值精度最高。因此选择球面模型作为碱解氮的空间插值模型。

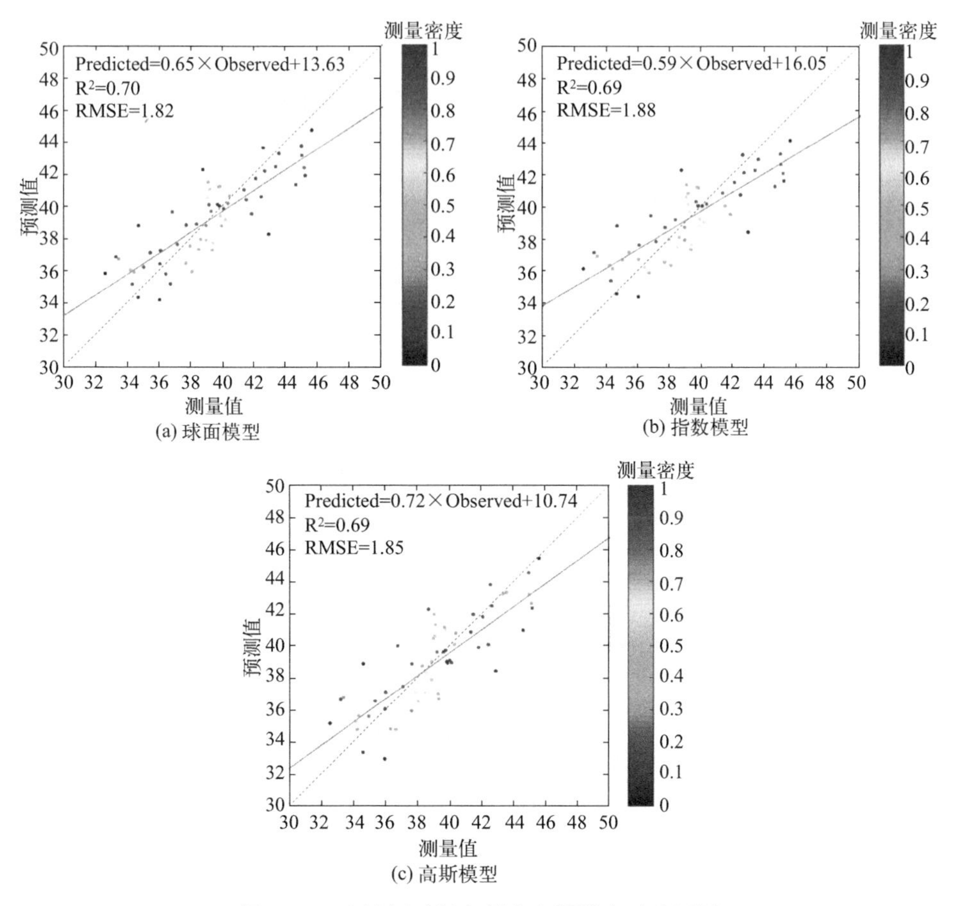

图 3.17　土壤解碱氮空间分布预测交叉验证图

（4）表层土壤有效磷

土壤有效磷的半方差函数模型选择如表 3.15 所示。三种模型的块金值与基台值的比值均小于 25%，说明表层土壤有效磷具有强烈的空间自相关性。三种模型中的空间半变异函数如图 3.18 所示。

表 3.15　土壤有效磷空间结构分析表

土壤	模型	块金值	偏基台值	基台值	$C_0/(C_0+C)$	变程	RMSE	R^2
有效磷	球面模型	0	3.19	3.19	0	305.79	1.04	0.59
	指数模型	0	3.67	3.67	0	523.15	1.06	0.58
	高斯模型	0.61	2.61	3.22	0.19	271.99	1.06	0.57

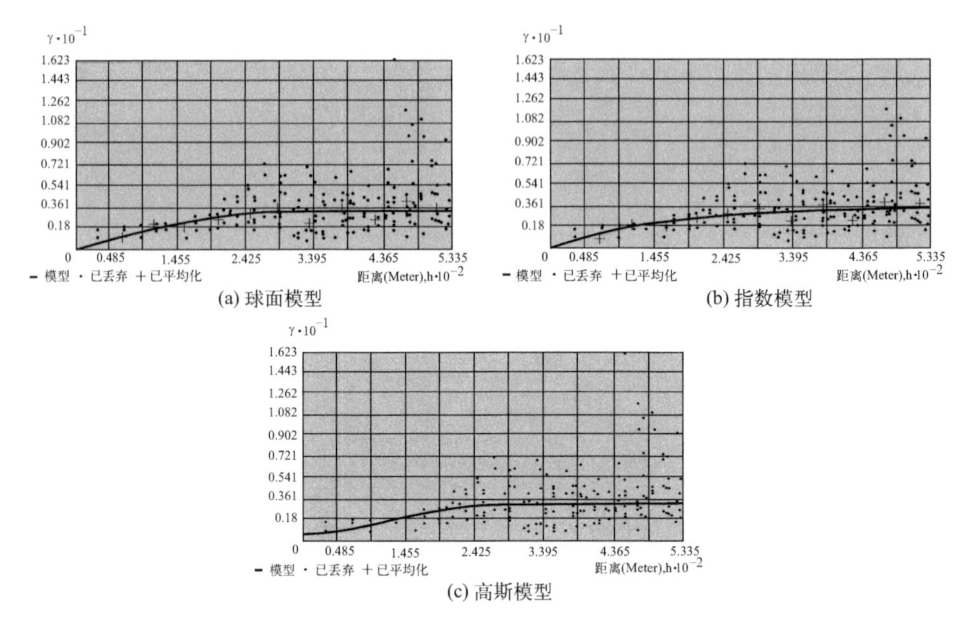

图 3.18　土壤有效磷空间分布预测半变异函数

通过对三种模型进行交叉验证（图 3.19）可以得出，球面模型的 RMSE 为 1.04，R^2 为 0.59，插值精度最高。因此选择球面模型作为有效磷的空间插值模型。

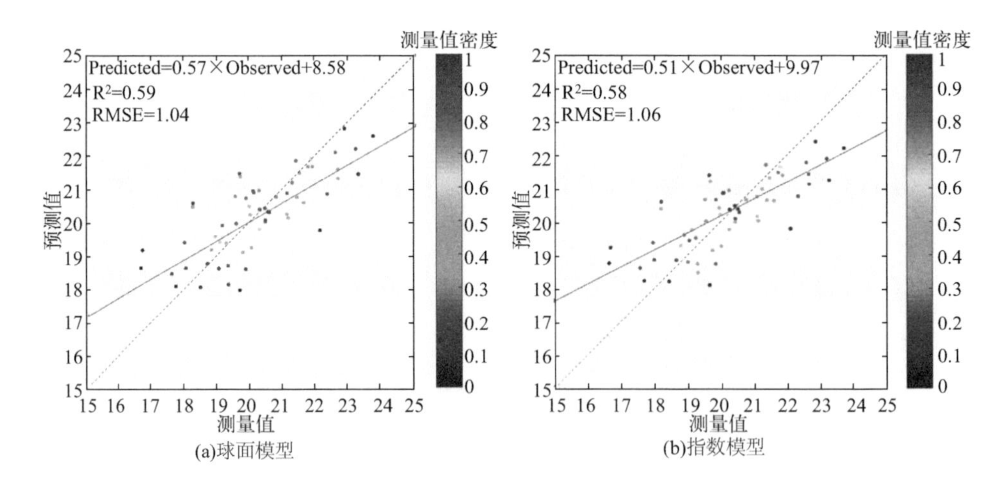

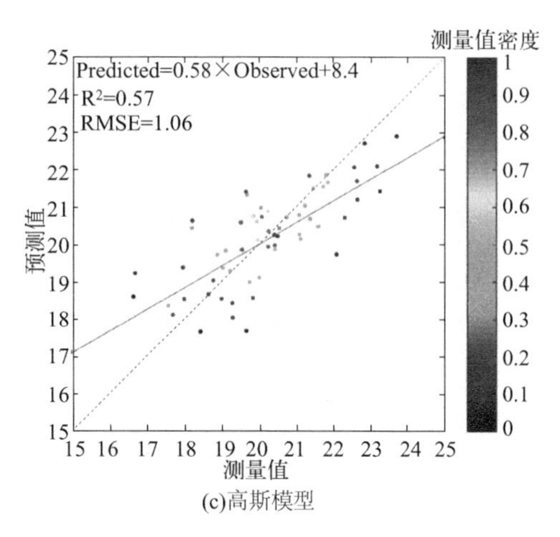

(c)高斯模型

图 3.19　土壤有效磷空间分布预测交叉验证图

(5) 表层土壤速效钾

土壤速效钾的半方差函数模型选择如表 3.16 所示。三种模型的块金值与基台值的比值均小于 25%，说明表层土壤速效钾具有强烈的空间自相关性。三种模型中的空间半变异函数如图 3.20 所示。

表 3.16　土壤速效钾空间结构分析表

土壤	模型	块金值	偏基台值	基台值	$C_0/(C_0+C)$	变程	RMSE	R^2
速效钾	球面模型	0	100.73	100.73	0	555.6	4.30	0.73
	指数模型	0	98.72	98.72	0	655.2	4.45	0.71
	高斯模型	8.30	97.56	105.86	0.0784	465.8	4.45	0.71

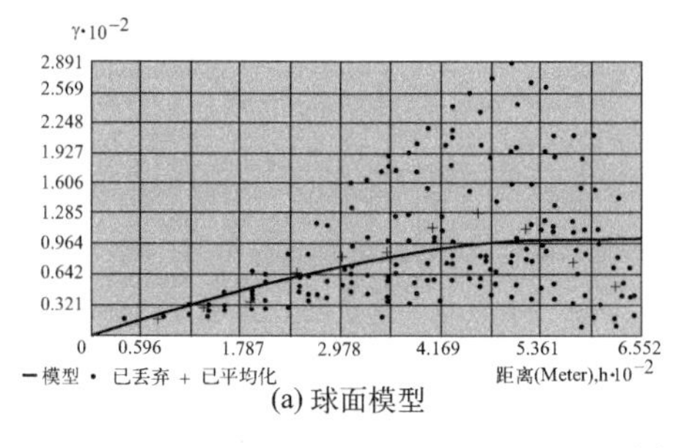

(a) 球面模型

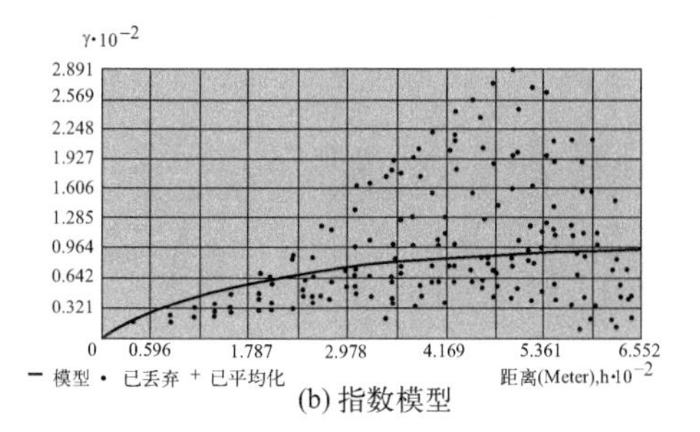

(b) 指数模型

图 3.20

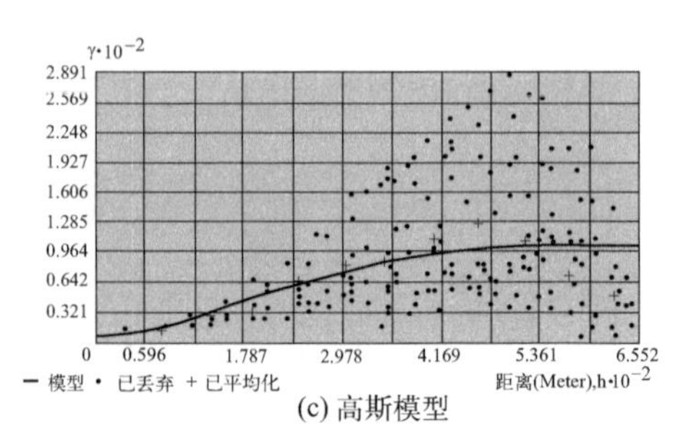

(c) 高斯模型

图 3.20 土壤速效钾空间分布预测半变异函数

通过对三种模型进行交叉验证（图 3.21），球面模型的 RMSE 为 4.30，R^2 为 0.73，插值精度最高。因此选择球面模型作为速效钾的空间插值模型。

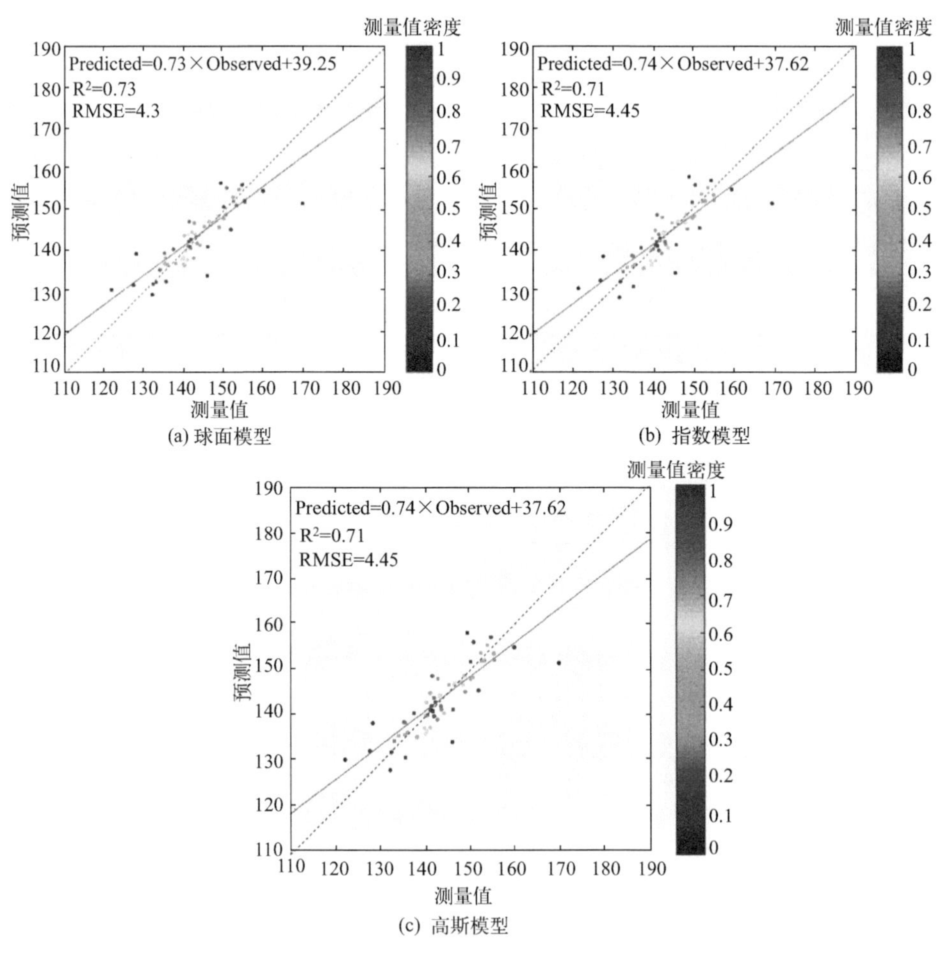

图 3.21 土壤速效钾空间分布预测交叉验证图

（6）表层土壤有机质

土壤有机质的半方差函数模型选择如表 3.17 所示。三种模型的块金值与基台值的比值均小于 25%，说明表层土壤有机质具有强烈的空间自相关性。三种模型中的空间半变异函数如图 3.22 所示。

表 3.17　土壤有机质空间结构分析表

土壤	模型	块金值	偏基台值	基台值	$C_0/(C_0+C)$	变程	RMSE	R^2
有机质	球面模型	0.04	0.67	0.72	0.06	514.79	0.45	0.59
	指数模型	0	0.73	0.73	0	624.52	0.42	0.65
	高斯模型	0.16	0.58	0.74	0.22	467.38	0.46	0.56

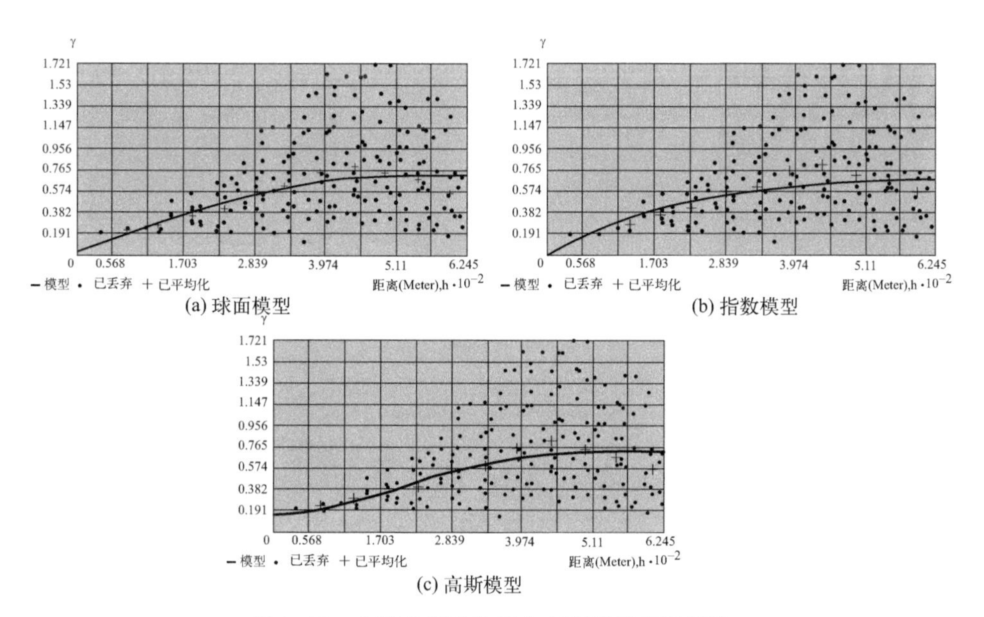

图 3.22　土壤有机质空间分布预测半变异函数

通过对三种模型进行交叉验证（图 3.23），指数模型的 RMSE 为 0.42，R^2 为 0.65，插值精度最高。因此选择指数模型作为有机质的空间插值模型。

3.2.4.2　空间分布特征

采用普通克里金最优半变异函数模型，分别对对照区、均匀沉陷区和非均匀沉陷区进行空间插值。经检验，各指标分布均无各向异性。土壤水分、pH 值、养分等指标的空间分布见图 3.24～3.26。

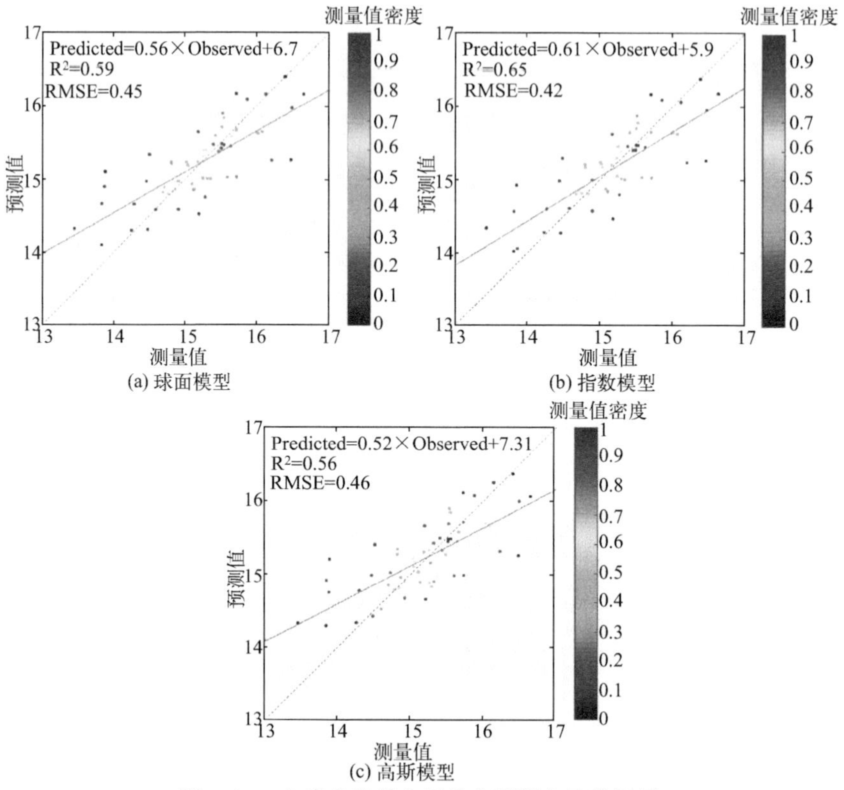

图 3.23　土壤有机质空间分布预测交叉验证图

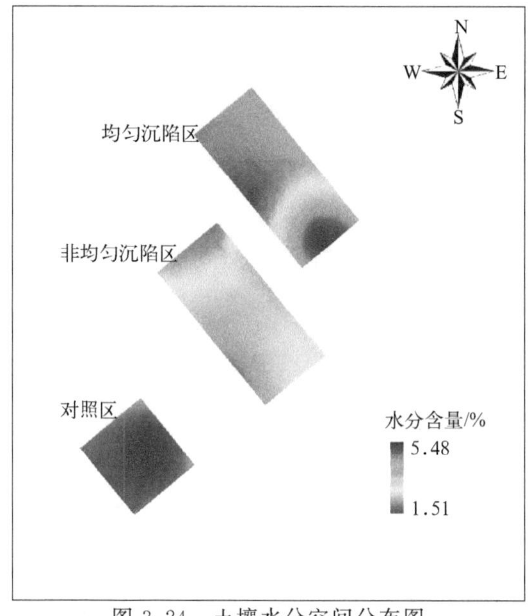

图 3.24　土壤水分空间分布图

（1）表层土壤水分

由图3.24可知，对照区土壤水分为高值区，沉陷区大部分区域土壤水分为低值区。均匀沉陷区从东南向西北方向逐渐降低，空间分布规律较为明显；非均匀沉陷区土壤水分含量的空间分布没有一致性规律，表现出较大的空间变异性。

沉陷区与对照区相比，土壤水分明显下降，表明煤炭开采沉陷对土壤水分有较为明显的影响。这主要是由于地表塌陷或者局部小的地裂缝的出现，改变了土壤的孔隙度等结构状态，地裂缝将土壤暴露在环境中，直接加速了土壤水分的蒸发。

（2）表层土壤pH值

由图3.25可知，三个区域土壤pH值整体在中性范围内波动。从空间分布来看，三个区域均存在高值区和低值区，均匀沉陷区pH值由东向西逐渐减小，对照区pH值由西向东逐渐增大，非均匀沉陷区pH值空间分布没有明显的规律。

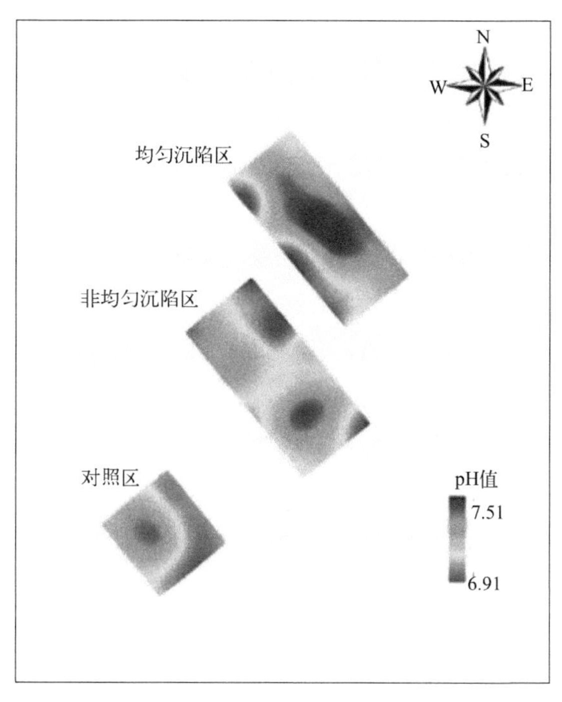

图3.25　土壤pH值空间分布图

（3）表层土壤养分

由图 3.26 可知，碱解氮、有效磷、速效钾、有机质的分布规律具有相似性。整体来看，对照区土壤养分处于中等偏高的水平，空间分布变异性较小；沉陷区土壤养分高值区和低值区并存，空间变异性较大。

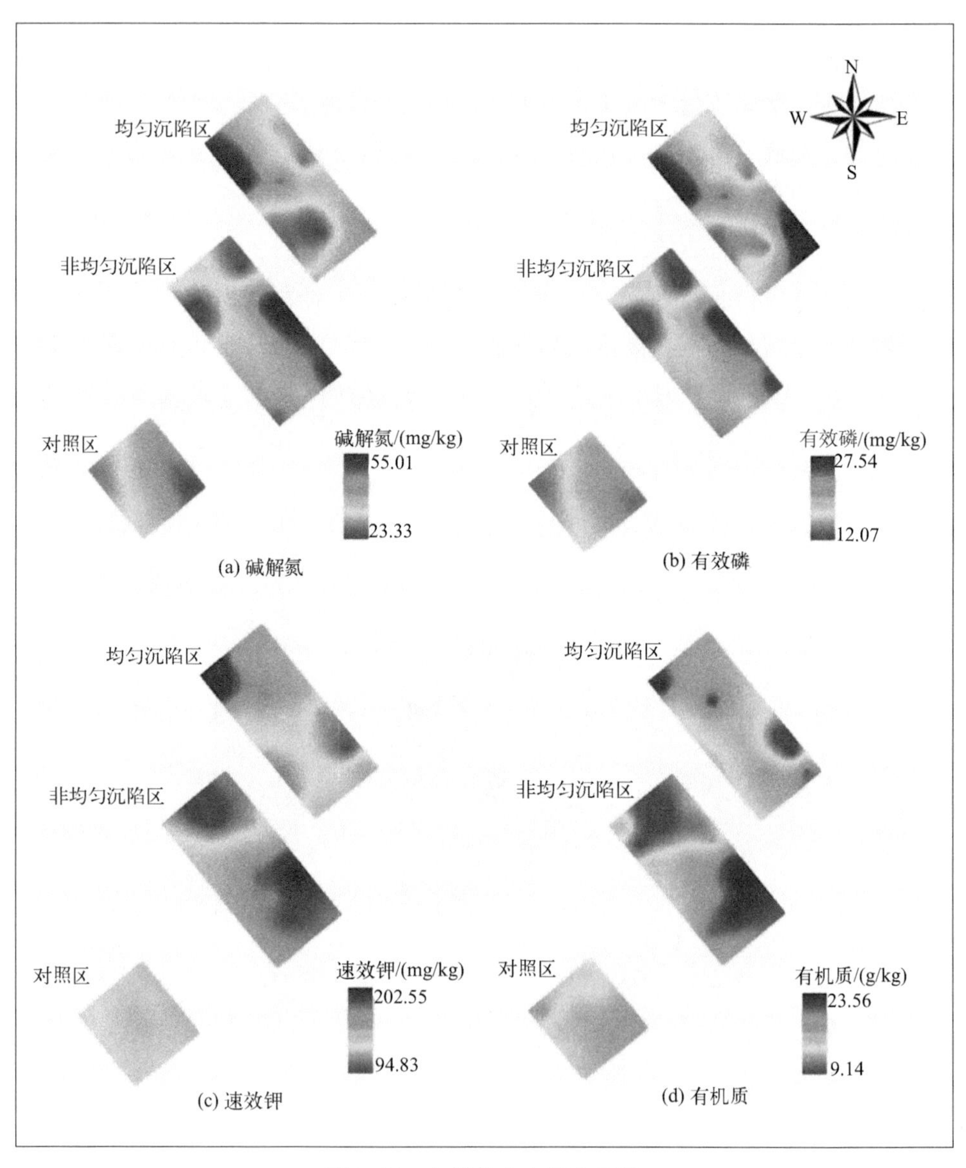

图 3.26　土壤养分空间分布图

土壤碱解氮、有效磷、速效钾、有机质等养分含量低值区位于均匀沉陷区的中部和非均匀沉陷区西北部，高值区位于均匀沉陷区西北部和非均匀沉陷区东南部，对照区的养分含量整体处于中间水平。对照区的养分含量空间分布变异性较小，均匀沉陷区和非均匀沉陷区养分含量空间变异性较大。因此，可以推断出煤炭开采引起的地表沉陷并未导致土壤养分含量的绝对下降，地表沉陷与地裂缝可能会导致土壤养分空间变异性增大。

3.2.5 植被-土壤响应关系

3.2.5.1 不同植被类型下土壤水分与植被覆盖度响应关系

按照研究区植被根系分布情况，将包气带土壤剖面划分为0～2m、2～6m、6～10m三个垂向梯度，并分析包气带土壤水分含量与不同植被平均覆盖度间的Pearson相关性，见表3.18。

表3.18 土壤水分与植被平均覆盖度相关性

区域	土壤水分	乔木林	灌木林	草地
		植被覆盖度		
对照区	0～2m	0.18	0.63*	0.60*
	2～6m	0.55*	0.45*	0.21
	6～10m	0.27	0.49	0.35
均匀沉陷区	0～2m	0.42	0.49	0.49*
	2～6m	0.51*	0.56*	0.34
	6～10m	0.44	0.15	0.32
非均匀沉陷区	0～2m	0.75*	0.64*	0.53*
	2～6m	0.78*	0.50*	0.02
	6～10m	0.64*	0.13	0.05

注：* 表示在0.05水平上显著相关；** 表示在0.01水平上显著相关。

从表3.18可以看出，在乔木林地，非均匀沉陷区三个剖面的土壤水分均与植被覆盖度显著相关，相关系数在0.6以上，表明在地表非均匀沉陷扰动下，乔木对土壤水分的波动非常敏感。而在对照区和均匀沉陷区，仅在2～6m剖面土壤水分与植被覆盖度显著相关，相关系数分别为0.55和0.51，而在0～2m和6～10m均不相关。因此，就采煤引起土壤水分变化而言，煤炭开采对乔木生长影响较大，而对灌木和草地影响较小，这与部分学者在神东矿区的研究结果一致。

3.2.5.2 不同植被类型下土壤养分与植被覆盖度响应关系

将表层土壤养分与不同植被类型植被覆盖度平均值进行 Pearson 相关性分析，结果如表 3.19 所示。在乔木林地，非均匀沉陷区的土壤解碱氮、有机质与植被覆盖度显著相关；在灌木林地，非均匀沉陷区仅有土壤解碱氮与植被覆盖度显著相关，其余均不相关；在草地，土壤养分指标与植被覆盖度均不相关。

整体来看，植被生长与土壤养分含量相关性不高，除在非均匀沉陷区解碱氮和有机质含量变化对植被有一定影响外，其余养分指标变化对植被生长影响较小。结合土壤水分与植被覆盖度相关性的分析可以推断出，在西部生态脆弱矿区，土壤水分是影响植被生长的关键因素，这与雷少刚在荒漠矿区的研究结果一致。

表 3.19 土壤养分与植被覆盖度相关性

区域	土壤养分	乔木林	灌木林	草地
		植被覆盖度		
对照区	碱解氮	0.39	0.12	0.23
	有效磷	0.37	0.08	0.21
	速效钾	0.37	0.08	0.08
	有机质	0.50	0.04	0.21
均匀沉陷区	碱解氮	0.39	0.13	0.38
	有效磷	0.37	0.24	0.37
	速效钾	0.31	0.10	0.35
	有机质	0.42	0.40	0.44
非均匀沉陷区	碱解氮	0.43*	0.51*	0.14
	有效磷	0.16	0.14	0.12
	速效钾	0.16	0.14	0.08
	有机质	0.58*	0.37	0.06

注：* 表示在 0.05 水平上显著相关；** 表示在 0.01 水平上显著相关。

3.2.5.3 不同植被类型下表层土壤理化特性响应关系

（1）表层土壤水分和 pH 值的关系

将不同植被影响下土壤水分和 pH 值相关性进行分析。如表 3.20 所示。

表 3.20 土壤水分与 pH 值的相关性

区域		乔木林	灌木林	草地
		表层土壤水分		
对照区	pH 值	−0.25	−0.36	−0.32
均匀沉陷区		−0.34*	−0.23	−0.22
非均匀沉陷区		−0.59*	−0.55*	−0.42*

注：* 表示在 0.05 水平上显著相关；** 表示在 0.01 水平上显著相关。

从表 3.20 可以看出，在非均匀沉陷区，草地表层土壤水分和 pH 值显著相关，相关系数为−0.42，呈现中度负相关；灌木林表层土壤水分和 pH 值显著相关，相关系数为−0.55，呈现中度负相关；乔木林表层土壤水分和 pH 值显著相关，相关系数为−0.59，呈现中度负相关。在对照区和均匀沉陷区，除去均匀沉陷区乔木林地土壤水分与 pH 值显著相关外，表层土壤水分与 pH 值的相关性均较小。

因此可以推断，矿区表层土壤水分的降低会导致土壤 pH 值的升高，乔木对这种波动更为敏感，而灌木和草地的稳定性更好。大量研究表明，土壤水分是干旱半干旱地区限制植物生长和微生物群落结构分布的关键环境因素，水分的变化不仅直接影响植物根系吸水，而且会引起土壤 pH 值的升高，对植被生长造成叠加的负效应。

(2) 表层土壤水分和养分的关系

表层土壤水分与土壤养分的相关性分析见表 3.21。从表 3.21 可以看出，在乔木林地，对照区表层土壤水分与有机质显著相关，相关系数为 0.51；非均匀沉陷区表层土壤水分与土壤养分指标均呈显著正相关，相关性高于对照区；均匀沉陷区表层土壤水分与碱解氮、有机质显著正相关。在灌木林地，仅非均匀沉陷区表层土壤水分与有机质显著相关，相关系数为 0.43。在草地，表层土壤水分与土壤养分均不相关。

表 3.21 土壤水分与土壤养分的相关性

区域	土壤养分	乔木林	灌木林	草地
		表层土壤水分		
对照区	碱解氮	0.37	0.20	0.26
	有效磷	0.34	0.19	0.19
	速效钾	0.33	0.17	0.13
	有机质	0.51*	0.19	0.12

续表

区域	土壤养分	乔木林	灌木林	草地
		表层土壤水分		
均匀沉陷区	碱解氮	0.50*	0.41	0.38
	有效磷	0.22	0.47	0.03
	速效钾	0.32	0.34	0.06
	有机质	0.43*	0.34	0.32
非均匀沉陷区	碱解氮	0.59*	0.40	0.27
	有效磷	0.49*	0.34	0.24
	速效钾	0.54*	0.34	0.19
	有机质	0.66*	0.43*	0.22

注：* 表示在 0.05 水平上显著相关；** 表示在 0.01 水平上显著相关。

上述研究表明，不同植被类型下，表层土壤水分与养分的相互影响差异较大，乔木林地土壤水分与养分存在显著的响应关系，由于采煤扰动下土壤水分的波动，养分也可能受到明显的影响；灌木林地土壤水分对氮、磷、钾等指标影响较小，对有机质有一定影响；草地土壤水分对养分几乎没有影响。

3.2.6 煤炭开采对地表生态环境的影响机理

土壤性质与水文因素是植被演变的主控因素。植物生长的水分来源于大气降水、地表水和地下水，而上述水源只有转化为土壤水才能被植被根系吸收利用，因此，土壤水分与植被生长密切相关。本实验研究得出，非均匀沉陷会影响土壤水分的迁移规律，进一步加剧优先流的发生和形态特征的变化。优先流的存在使水和溶质经过优先路径快速入渗，造成非均匀沉陷区土壤水分、养分流失和空间变异性的增大。区内草本、灌木以猪毛菜、沙蒿、沙柳为主，根系分布集中在 0～2m，在以优先流为主的裂缝区，裂缝深度一般在 2m 以内，水分和养分的运移仍集中在 2m 以内。因此，草本、灌木植被根系吸收水分和养分所受影响较小；而小叶杨等优势乔木植物，根系分布主要集中在 0～6m，受优先流的影响将导致局部区域水分入渗深度增加，而其它区域水分入渗深度减小，这种空间分布的不均衡性可能会使乔木深部根系吸水吸肥受到影响，且由于乔木植物对水分及养分需求量远大于灌木和草本植物，因此这种空间变异性的增加势必会对乔木生长造成较大影响。此外，以往研究表明，煤炭开采导致的地表沉陷会对植物根系造成损伤。由于乔木根系较长，更易受到拉伸应力的作用而被拉断，影响植物对水分和养分的吸收，造成植株枯梢甚至死亡[16]。

综上，可以推断得出：地表沉陷对植被生长造成的影响主要发生在非均匀沉陷区，而乔木生长更易受到采煤沉陷的影响：这可能有两方面的原因：一是乔木根系吸收水肥主要来源于深部土壤，非均匀沉陷增加了深部土壤水肥的空间变异性，因而对其生长造成了间接影响；二是乔木与灌、草相比，非均匀沉陷对其根系损伤更为严重，从而造成乔木吸收土壤水分与养分能力的下降（图 3.27）。

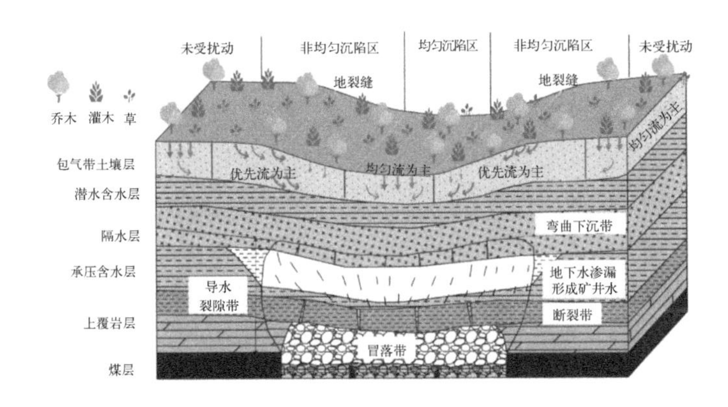

乔木生长与土壤理化特性响应关系示意图

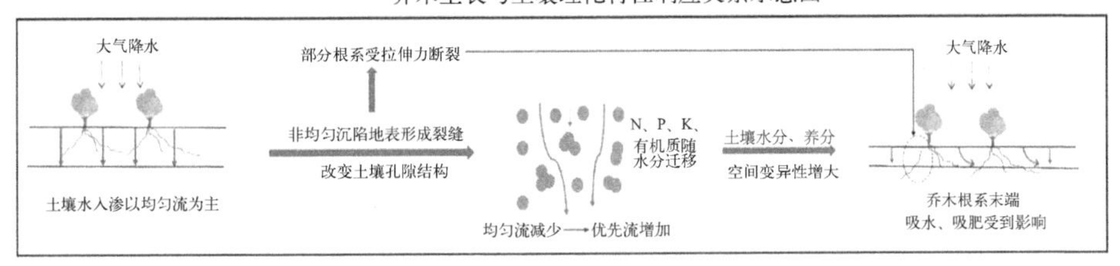

灌、草生长与土壤理化特性响应关系示意图

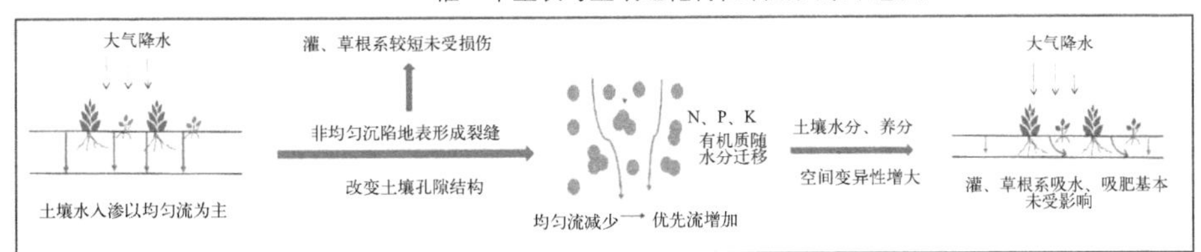

图 3.27　煤炭开采对地表生态环境的影响机理

3.3 小结

本章前半部分利用 3D EBK 空间插值模型，对均匀沉陷区、非均匀沉陷区、对照区 0～10m 土壤水分空间变异性进行了研究，并从优先流角度揭示了沉陷区包气带土壤水分空间变异机理。本章后半部分基于高分遥感影像和实测数据，探讨了植被与土壤理化性质变化规律和空间分布特征，对沉陷区植被-土壤响应关系进行了研究，结论如下。

① 三个区域的土壤水分在垂直方向上皆呈先增大后减小再增大的波动趋势。在0～3m的土壤表层，对照区土壤水分整体高于沉陷区。

② 在对照区土壤水分具有较弱的空间变异性，水平方向上相同深度土壤水分分布差异性较小，垂直方向上土壤水分层状连续性较好，土壤水分分布主要与深度有关；在非均匀沉陷区，土壤水分分布具有较强的空间变异性，水平方向上相同深度土壤水分分布差异性较大，垂直方向上土壤水分层状分布连续性较差，土壤水分分布不仅与深度有关，还受地表塌陷、裂缝等因素的影响；均匀沉陷区土壤水分空间变异性介于对照区和非均匀沉陷区之间。

③ 3D EBK 模型土壤水分插值精度高于 2D Ordinary Kriging 模型和 2D EBK 模型，尤其在变异性较大的非均匀沉陷区，3D EBK 模型与两种 2D 模型交叉验证结果相比，RMSE 分别从 1.37 和 1.28，降低至 1.20，R^2 分别从 0.59 和 0.60，提高至 0.71。

④ 煤炭开采引起的地表裂缝以及地表非均匀沉陷引起的土壤质地和孔隙微观结构的改变，均会导致土壤水入渗由以均匀流为主转变为以优先流为主，造成土壤水分空间变异性的增大。

⑤ 采煤沉陷区乔木林的植被覆盖度降幅明显，均匀沉陷区与非均匀沉陷区平均植被覆盖度分别下降了 11.89%和 14.87%；草地的植被覆盖度略有下降，均匀沉陷区与非均匀沉陷区平均植被覆盖度分别下降了 0.17%和 3.05%；而灌木林植被覆盖度几乎没有影响，均匀沉陷区与非均匀沉陷区平均植被覆盖度分别下降了 0.44%和 1.96%。整体来看非均匀沉陷区植被受到的影响大于均匀沉陷区，乔木受到的影响大于灌木和草本植物。

⑥ 采煤沉陷对土壤水分的影响最为显著，均匀沉陷区和非均匀沉陷区土壤水分平均值较对照区下降了 26.09%。从空间分布来看，对照区土壤水分整体为高值区；均匀沉陷区土壤水分从东南向西北方向逐渐降低，空间分布规律较为明显。非均匀沉陷区土壤水分空间分布没有一致性规律，空间变异性较大；采煤沉陷对土壤 pH 值的影响较小；采煤沉陷对土壤养分的影响呈现空间特异性。均匀沉陷区与对照区相比，碱解氮、有效磷、速效钾和有机质平均值分别上升了 3.3%、7.9%、7.5%和 11.42%。非均匀沉陷区与对照区相比，碱解氮、有效磷、速效钾和有机质平均值分别下降了 5.3%、5.5%、3.9%和

4.4%，非均匀沉陷导致了土壤养分空间变异性的增大。

⑦ 采煤沉陷区土壤水分波动对植被生长的影响较大，土壤养分波动对植被生长的影响较小，土壤水分的降低同时会导致土壤 pH 值的升高。土壤水分与养分的响应关系受到植被类型的影响。乔木林地土壤水分与养分存在显著正相关性；灌木林地土壤水分对氮、磷、钾等指标影响较小，对有机质有一定影响；草地土壤水分对养分几乎没有影响。

⑧ 地表沉陷对植被生长造成的影响主要发生在非均匀沉陷区，而乔木生长更易受到采煤沉陷的影响。这可能有两方面的原因：一是乔木根系吸收水肥主要来源于深部土壤，非均匀沉陷增加了深部土壤水肥的空间变异性，因而对其生长造成了间接影响；二是乔木与灌、草相比，非均匀沉陷对其根系损伤更为严重，从而造成乔木对土壤水分与养分吸收能力的下降。

参考文献

[1] 张帆,王剑秦,郑立华,等．基于克里金算法的土壤水分三维建模［J］．科技资讯，2013（09）：138-139.

[2] 赵国平,史社强,李军保,等．毛乌素沙地采煤塌陷区土壤水分空间变异研究［J］．水土保持学报，2017，31（06）：90-93.

[3] JING Z, WANG J, ZHU Y, et al. Effects of land subsidence resulted from coal mining on soil nutrient distributions in a loess area of China［J］. Journal of Cleaner Production, 2018，177：350-361.

[4] 张凯．典型煤化工厂区土壤中重金属污染时空分布及其风险评价［D］．北京：中国矿业大学（北京），2018.

[5] 潘成忠，上官周平．土壤空间变异性研究评述［J］．生态环境，2003（03）：371-375.

[6] 张会娟．采煤沉陷区土壤特性空间变异及土壤质量评价研究［D］．焦作：河南理工大学，2020.

[7] CAMBARDELLA C A, MOORMAN T B, NOVAK J M, et al. Field-scale variability of soil properties in central lowa soils［J］. Soil Science Society of America Journal, 1994，58（5）：1501-1511.

[8] 张凯,杨佳俊,白璐,等．中国西北某煤化工区土壤中重金属污染特征及其源解析［J］．矿业科学学报，2017，2（02）：191-198.

[9] ZUBER S M, BEHNKE G D, NAFZIGER E D, et al. Multivariate assessment of soil quality indicators for crop rotation and tillage in Illinois［J］. Soil and Tillage Research, 2017，174：147-155.

[10] 王强，张莉莉，马友华，等．微地形土壤养分空间变异特征及养分管理研究［J］．安徽农业大

学学报， 2016，43（06）：932-938.

［11］ 陈海生，金玮佳．基于经验贝叶斯克里金的微尺度植烟田土壤有机质空间变异性［J］．西南农业学报， 2020，33（02）：363-368.

［12］ 陈冲．土壤水分特征曲线的预测及土壤属性三维空间制图［D］．北京：中国农业大学， 2015.

［13］ GRIBOV A， KRIVORUCHKO K. Empirical Bayesian kriging implementation and usage［J］. Science of The Total Environment， 2020，722：137290.

［14］ MEIRVENNE M V， MAES K， HOFMAN G. Three-dimensional variability of soil nitrate-nitrogen in an agricultural field［J］. Biology & Fertility of Soils， 2003，37（3）：147-153.

［15］ 牛健植，余新晓，张志强．优先流研究现状及发展趋势［J］．生态学报， 2006，26（1）：231-243.

［16］ 郭巧玲，苏宁，丁斌，等．采煤塌陷区裂隙优先流特征［J］．中国水土保持科学， 2018，16（03）：112-120.

第4章

沉陷区表层土壤理化性质时空变化规律及成因解析

井工开采会改变矿山地质地貌原有的形态[1]，这种变化可能会对土壤理化性质[2] 和土壤的持水能力[3] 造成影响，从而导致土壤质量发生改变[4]。土壤指标和肥力的变化，会对该地区植被类型及植被生长状况造成影响[5]，从而使矿区生态环境平衡受到扰动。也有部分研究认为，煤炭开采对土壤指标的影响较小，并且随着开采时间的增加，由于生态系统的自修复能力，土壤肥力会恢复到未开采水平。

由于不同的开采进度对土壤产生的扰动不同以及土壤本身存在自修复能力[6]，不同开采时期的土壤理化性质会存在一定差异。煤炭开采首先会使地表发生移动变形，改变土壤的结构[7]，产生地裂缝[8]。有研究表明，在均匀沉陷区，地裂缝能够快速闭合，在采煤1年后趋于采前水平，但非均匀沉陷区由于边缘地裂缝的存在，没有观察到自然修复现象[9]。沉陷引起的土壤扰动导致土壤粒径变小，容重增加，从而使得开采初期土壤的持水能力上升[10]，而土壤裂缝的产生会导致开采后期土壤含水量的降低[11]。土壤 pH 值会受到含水率的影响[12]，在初期 pH 值会增大[13]，随沉陷年限的增加会逐渐降低[14]。以大柳塔矿为研究对象，相较未开采时，开采中有机质、有效率和全氮指标均下降，但在开采后又有回升，地表稳定后各指标趋于采前水平[15]，榆神府覆沙矿区表层土壤也有类似的规律[16]，随着塌陷时间的增大，各指标水平逐渐回升[17]

已有研究表明，采煤沉陷会对工作面上土壤理化性质产生一定影响[18-19]。此外，土壤理化性质还受气候、土壤生物、地形、研究周期等多方面的影响[20,8]，不同研究结果存在一定的分歧[13]。本章以布尔台矿为研究对象，通过研究在不同开采进度下浅层土壤物理化学性质的变化规律，明晰土壤理化指标空间分布影响因子，为预防或减缓采煤过程对土壤表层质量的影响。降低矿区生态环境的受损程度提供技术依据。

4.1 不同时期土壤理化性质统计特征

对研究区进行布点采样，采集样品于实验室内进行分析测定。依据试验结果，基于数理统计的方法，对采集土样的理化性质数据进行研究，分析不同开采进度下土壤理化性质的变化规律。

4.1.1 材料与方法

4.1.1.1 研究区概况

本章研究区（即研究对象）为布尔台矿，位于内蒙古自治区鄂尔多斯市伊金霍洛旗之东南，属布尔台乡管辖。地理位置图如图 4.1 所示，其地理坐标为：东经 109°49′49″～110°05′11″，北纬 39°21′43″～39°30′53″。

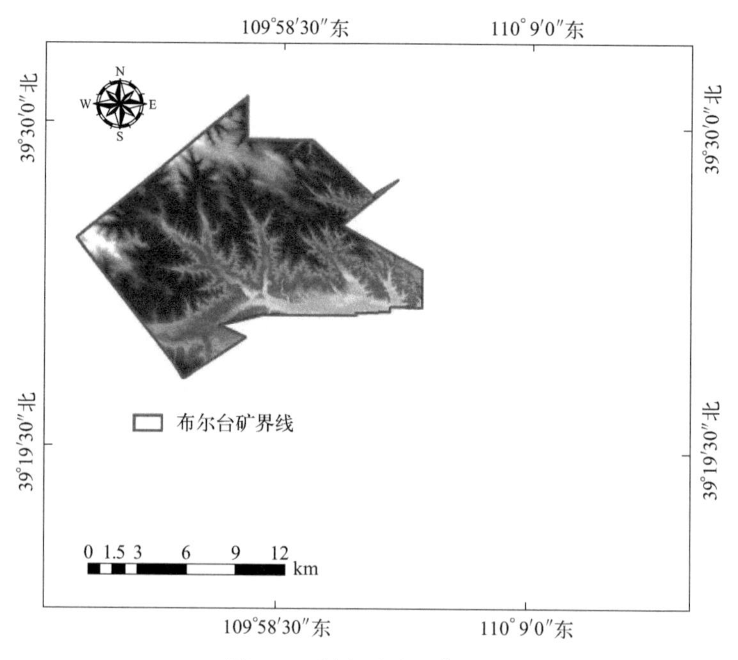

图 4.1 研究区地理位置图

布尔台矿位于鄂尔多斯高原东北部，属黄土高原地带。研究区内地形复杂，沟谷纵横，为典型的梁峁地形。全井田为侵蚀性丘陵地貌。由于受毛乌素沙漠的影响，井田东北部多被风积沙覆盖，风积沙呈新月形沙丘、垄岗状沙丘、沙堆等风成地貌。冬季寒冷时间长，夏季温热时间短，秋季凉爽多雨，春季风沙较大，蒸发量少，霜冰期比较长。属于干燥的半沙漠高原大陆性气候。布尔台矿地区降水量相对较少，地域分布很不均匀，干旱灾害时常发生。

4.1.1.2　布点采样

研究区选取煤矿 22207 工作面的一段，进行布点采样，如图 4.2 所示。布点的范围覆盖 22207 工作面两侧的巷道，在宽 370m，长 500m 的工作面上，平行设置五条测线。测线之间距离分别为 85m、100m、100m、85m，每条测

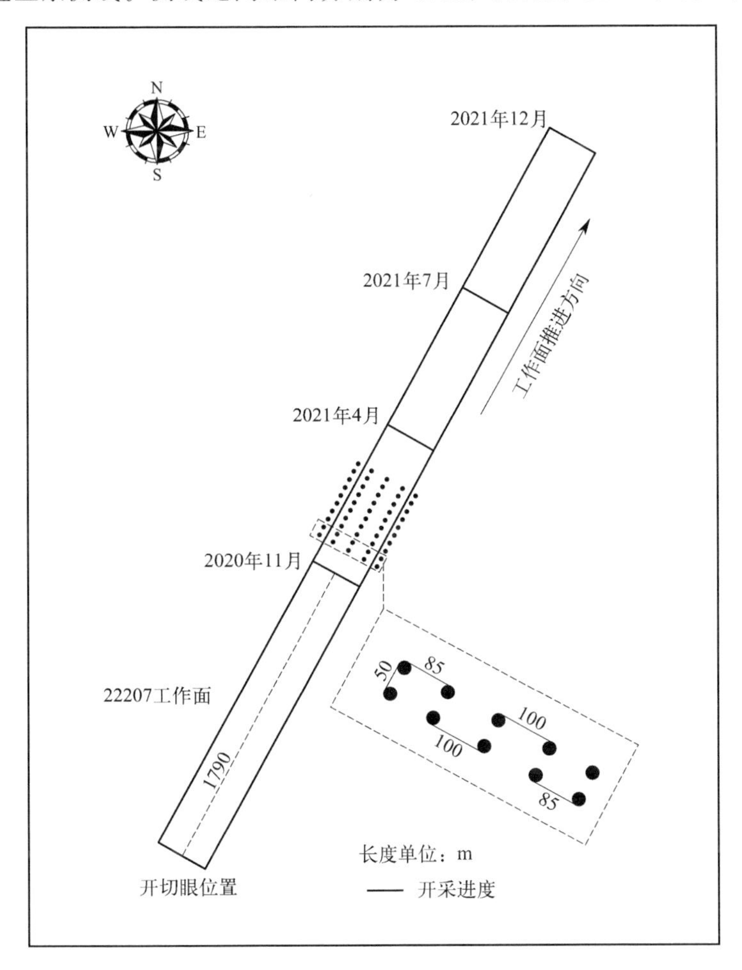

图 4.2　土样采集布点示意图

线以 50m 等距设置 10 个采样点，共计 50 个采样点。每个采样点设置 3 个表层土壤深度剖面（20cm、40cm、60cm），用标准环刀（$100cm^3$）取样，每个深度采集 3 份平行样品，共计 450 个表层土壤样品。

本研究共进行四次采样，采样时间分别为 2020.11.04—2020.11.13（煤炭未开采时期），2021.04.22—2021.04.27（煤炭采后 4 个月），2021.07.14—2021.07.20（煤炭采后 7 个月），2021.12.11—2021.12.14（煤炭采后 1 年）。

将现场采集的土壤样品用取样袋密封好，带回室内测试，测试指标包括土壤水分、粒度、电导率、pH 值、有机质、碱解氮、有效磷和速效钾。各指标测试方法见表 4.1。

表 4.1 各指标测试方法

测试指标	测试方法
土壤水分	《土壤水分测定法》(GB 7172—1987)
土壤电导率	《土壤 电导率的测定 电极法》(HJ 802—2016)
土壤 pH 值	《土壤 pH 的测定》(NY/T 1377—2007)
粒度分布	激光粒度仪法
有机质	《土壤有机质的测定》(NY/T 1121.6—2006)
碱解氮	《土壤碱解氮的测定》(DB51/T 1875—2014)
有效磷	《中性、石灰性土壤 铵态氮、有效磷、速效钾的测定 联合浸提-比色法》(NY/T 1848—2010)
速效钾	《中性、石灰性土壤 铵态氮、有效磷、速效钾的测定 联合浸提-比色法》(NY/T 1848—2010)

4.1.2 主成分分析

为了分析土壤各理化性质指标之间的相关性，对土壤 pH 值、电导率、含水率、有机质、碱解氮、有效磷、速效钾七个指标进行主成分分析。为了检验数据是否适合进行主成分分析，对七个土壤指标数据进行 KMO 检验和 Bartlett's 球形检验，结果如表 4.2 所示。KMO 为 0.640，大于 0.6，且 Bartlett's 球形检验的显著性为 0，即 Sig.＜0.05，说明各变量之间具有相关性，因子分析有效，可以进行主成分分析。

表 4.2 KMO 检验和 Bartlett's 球形检验

KMO	取样适切性量数	0.640
Bartlett's 球形检验	近似卡方	172.09
	自由度	21
	显著性	0.000

主成分分析结果见表 4.3。

表 4.3　主成分分析结果

项目	初始	提取
pH 值	1.000	0.817
电导率	1.000	0.862
有机质	1.000	0.837
碱解氮	1.000	0.713
有效磷	1.000	0.802
速效钾	1.000	0.813
含水率	1.000	0.888

注：提取方法为主成分分析法。

pH 值、电导率、有机质、碱解氮、有效磷、速效钾、含水率等指标提取公因子的方差大部分在 0.8 以上，公因子表达效果比较好。本研究根据特征值大于 0.9 的原则，提取 4 个公共因子，累积方差贡献率为 81.866%。取 4 个主成分 Y1、Y2、Y3、Y4，对应的方差贡献率分别为 36.486%、18.674%、13.811%、12.894%，累计可以反映 81.866%的方差，如表 4.4 所示。

表 4.4　总方差解释

成分	初始特征值			提取载荷平方和		
	总计	方差百分比/%	累计/%	总计	方差百分比/%	累计/%
pH 值	2.554	36.486	36.486	2.554	36.486	36.486
电导率	1.307	18.674	55.160	1.307	18.674	55.160
有机质	0.967	13.811	68.971	0.967	13.811	68.971
碱解氮	0.903	12.894	81.866	0.903	12.894	81.866
有效磷	0.695	9.926	91.792	—	—	—
速效钾	0.310	4.430	96.222	—	—	—
含水率	0.264	3.778	100.00	—	—	—

注：提取方法为主成分分析法。

由表 4.5 成分得分系数矩阵可知，有机质、碱解氮、有效磷、速效钾在成分 Y1 中的表达值较高，在 0.676 以上，因此认为影响成分 Y1 的主要指标为肥力。在成分 Y2 中，pH 值的表达值较高，达到 0.729；含水率在成分 Y3 中的表达值较高，为 0.742；Y4 成分受电导率因子的影响较大，表达值为 0.688。

表 4.5 成分得分系数矩阵

成分	Y1	Y2	Y3	Y4
pH 值	0.093	0.729	−0.428	−0.132
电导率	0.284	0.456	0.071	0.688
有机质	0.844	−0.154	0.011	−0.317
碱解氮	0.676	0.275	−0.124	−0.407
有效磷	0.728	−0.225	−0.030	0.468
速效钾	0.854	−0.271	−0.005	0.100
含水率	0.187	0.407	0.742	−0.211

4.1.3 土壤含水率统计变化特征

土壤含水率分布图如图 4.3 所示，其中箱体范围为数据的 25%～75%，虚线范围为 10%～90%，箱体中间横线为该组数据平均值。图 4.4～图 4.6 同上所述。

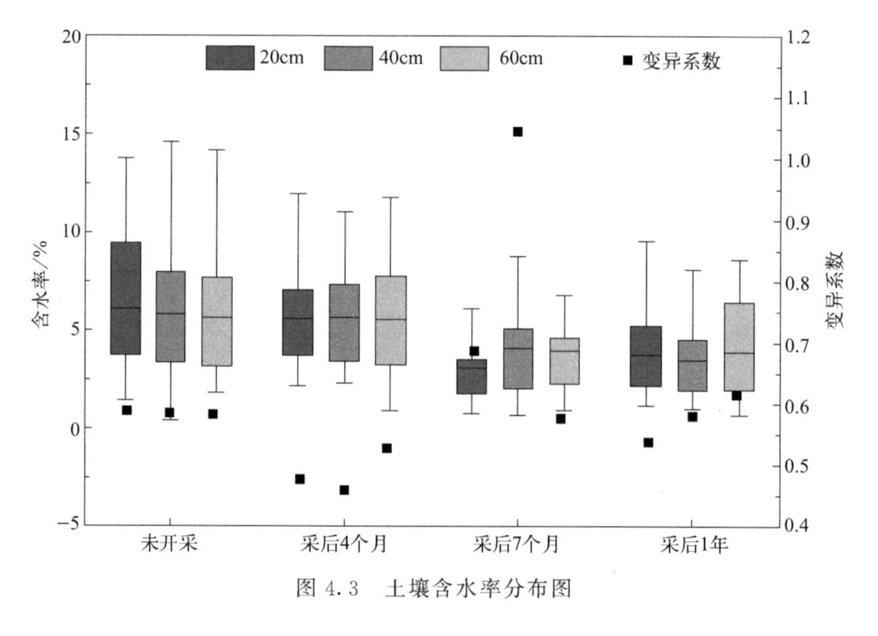

图 4.3 土壤含水率分布图

在未开采时，土壤含水率 20cm>40cm>60cm，研究区土壤含水率在深度 20cm 处含量最高，20cm 处平均含水率达到 6.14%。采后 4 个月，不同深度土壤含水率差异较小，土壤含水率整体上 60cm>40cm>20cm，研究区土壤含水率在深度 60cm 处含量最高，达到 5.67%。采后 7 个月时，不同深度的土壤含水率产生较大差异，整体上呈现 40cm>60cm>20cm，深度为 40cm 处含水率最高，达到 4.1%。深度 20cm 处相比 40cm、60cm 处，土壤含水率偏低，只有3.1%。煤炭采后1年时，土壤含水率60cm>20cm>40cm。

研究区内土壤含水率分布比较不均匀，整体含水率的范围为0.91%～18.72%。随着开采时间的增加，土壤含水率呈下降趋势，采后4个月至采后7个月内，土壤含水率呈现大幅度下降。这是由于采煤造成土壤裂隙增多[9]，蒸发面积变大，同时进入夏季后土壤含水率蒸发量骤增；采后1年时，土壤含水率较采后7个月略有上升，但仍比一年前降低约34.4%（未开采时三个深度处的平均含水率为5.66%，开采一年后三个深度处的平均含水率为3.71%）。在土壤深度为20cm时，采后1年较未开采时，含水率下降38.78%；土壤深度为40cm时，含水率下降39.82%；土壤深度为60cm，含水率下降31.29%。采煤沉陷增加了土壤水分垂向渗透的深度[21]，浅层水分向深层迁移[22]，同时表层水分蒸发量明显升高，使得20cm、40cm处含水率的降低量大于60cm处。

土壤含水率的变异系数基本小于1，属于中等强度的变异性。采后7个月时期，土壤深度为40cm处的变异系数大于1，属于强变异性，说明该深度相较其它深度的数据离散程度较大。

4.1.4　土壤pH值统计变化特征

土壤pH值分布图如图4.4所示。

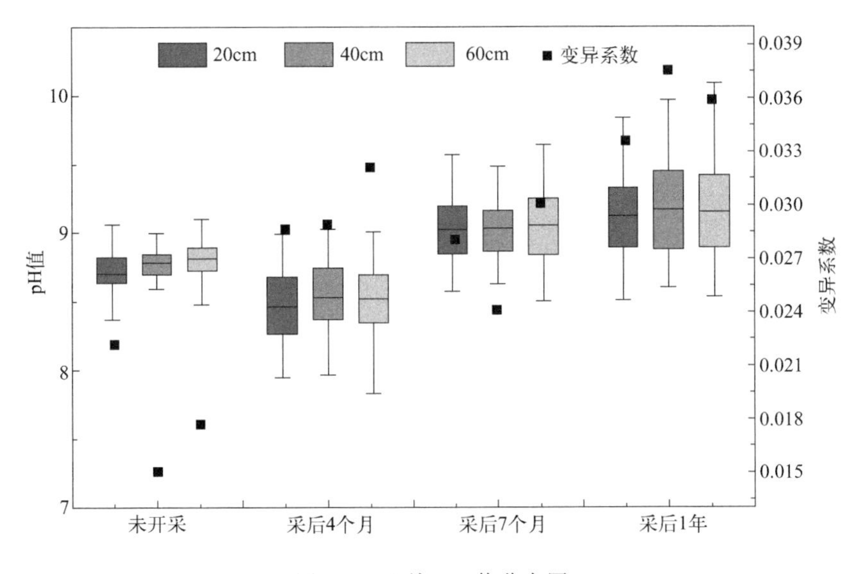

图4.4　土壤pH值分布图

研究区内土壤 pH 值整体呈现为 40cm＞60cm＞20cm 处，采后 7 个月时 40cm 深度处 pH 值较低，呈现 60cm＞20cm＞40cm 处。对比同一时期发现，不同深度的土壤 pH 值相近，未呈现明显的区别。

土壤 pH 值整体呈中性偏碱，所有的采样点 pH 值变化范围为 7.80～10.09。随着开采时间的增加，土壤 pH 值呈现先略微降低，然后大幅度增加的趋势。未开采与采后 4 个月之间为西北地区的冬季，受到气候条件的影响，采煤扰动对土壤 pH 值的影响较小。采后 1 年相较未开采时期，土壤 pH 值增大 7.43%。在土壤深度为 20cm 时，采后 1 年较未开采时，pH 值增大 7.67%；土壤深度为 40cm 时，pH 值增大 7.35%；土壤深度为 60cm，pH 值增大 7.28%。未开采时期，土壤 pH 值位于 7.8～9.02；采后 4 个月时，土壤 pH 值位于 7.79～9.01；采后 7 个月时，土壤 pH 值位于 8.5～9.65，含水率的降低导致 pH 值上升[23]，这与前人研究一致。煤炭采后 1 年时，土壤含水率有所上升，但 pH 值进一步增大，考虑是因为温度降低，有机质矿化速度变慢[24]，使 pH 值进一步增大，此时土壤 pH 值为 8.51～10.09。随着开采时间的增加，该地区的土壤盐碱化程度加剧。

土壤 pH 值的变异系数均小于 0.1，属于弱变异性。对比不同深度，土壤深度为 60cm 的 pH 值变化系数整体要高于土壤深度为 20cm、40cm，说明在 60cm 处土壤 pH 值以均数为准的变异程度要高于 20cm、40cm。

4.1.5 土壤电导率统计变化特征

土壤电导率分布图如图 4.5 所示。

研究区内土壤电导率整体呈现 20cm＞40cm＞60cm，未开采时期稍有不同，呈现 60cm＞40cm＞20cm。在未开采时期，土壤深度 60cm 处电导率最高，达到 97.02μS/cm；采后 4 个月时，土壤深度 20cm 处电导率最高，为 54.48μS/cm；采后 7 个月土壤深度 20cm 处电导率为 72.01μS/cm，最高；采后 1 年时，深度 20cm 处电导率最高，为 73.59μS/cm。不同时期电导率随深度的变化趋势不同，但不同深度土壤电导率相近，随深度变化的程度较小。

随着开采时间的增加，研究区内土壤电导率呈先下降后上升的趋势。煤炭采后 4 个月时，土壤电导率最低，为 53.53μS/cm，相较未开采时期电导率下降 43.95%（未开采时的平均电导率为 95.50μS/cm，开采 4 个月后的平均电导率为 53.53μS/cm），该时期植物进入生长季节，土壤中的矿物质被植物生长所吸收利用[25]，含量呈现下降趋势。煤炭采后 7 个月时，土壤电导率回升，

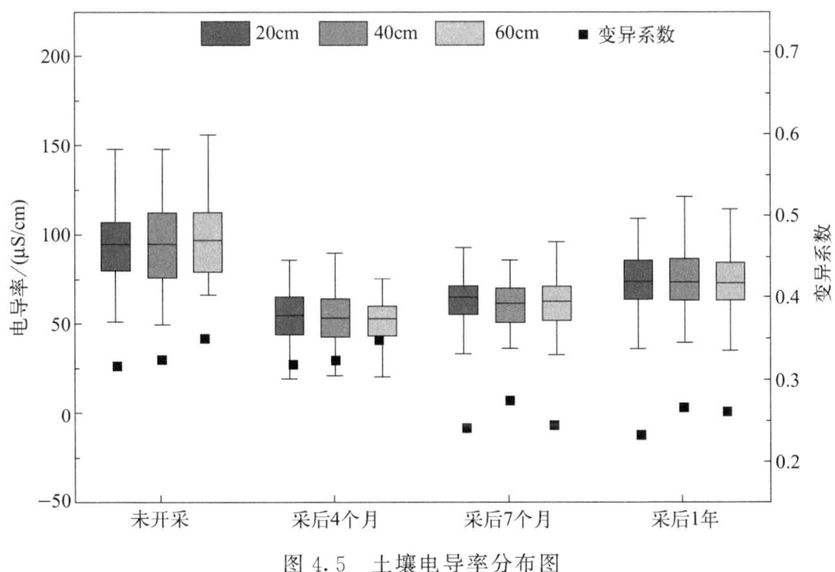

图4.5 土壤电导率分布图

土壤温度增高，土壤水温升高，水的黏度降低，离子的迁移速度加快，最后使土壤电导率升高[26]。采后7个月相较采后4个月增加11.64%，但是仍未恢复未开采时土壤电导率水平，相较未开采时土壤电导率仍下降34.06%。煤炭采后1年时，土壤电导率为73.09μS/cm，相较1年前土壤电导率下降23.46%。

研究区内土壤电导率变异系数位于0.2～0.7之间，属于中等水平变异性。未开采时期和采后4个月内，土壤深度60cm处变异系数最大，说明该深度土壤电导率以均数为准的变异程度要高于20cm和40cm。在采后7个月和采后1年时，变异系数20cm>40cm>60cm，在20cm处电导率以均数为准的变异程度最大，与前两个时期随深度变化趋势相反，整体上比前两个时期变异系数小。随着开采时间的增加，土壤电导率变异性降低。

4.1.6 土壤肥力统计变化特征

土壤有机质、碱解氮、有效磷和速效钾在四个时期的肥力分布图如图4.6所示。

随煤炭开采时间的增加，研究区土壤肥力指标整体呈现下降趋势，20cm深度处各指标含量较高，浅层土壤质量比深层要好。采后4个月较未开采时期，土壤肥力指标变化较小，植物在生长期会加快降解土壤中的有机物质，使土壤肥力升高，从而抵消了部分采煤对肥力造成的负面影响[27]。采后4个月

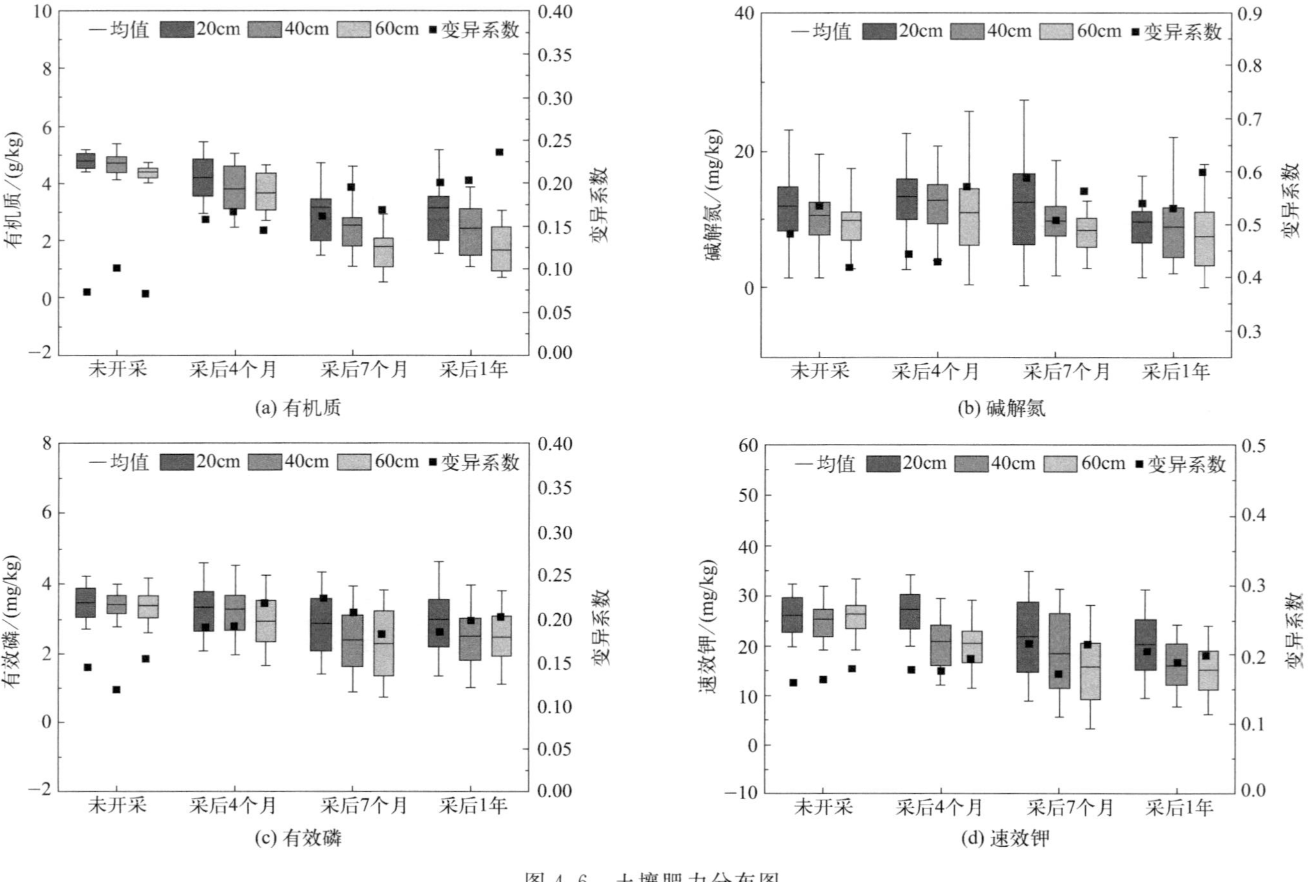

一均值
20cm
40cm
60cm
■ 变异系数
有机质/(g/kg)
变异系数
未开采
采后4个月
采后7个月
采后1年
(a) 有机质
碱解氮/(mg/kg)
(b) 碱解氮
有效磷/(mg/kg)
(c) 有效磷
速效钾/(mg/kg)
(d) 速效钾

图 4.6 土壤肥力分布图

至采后 7 个月期间，土壤肥力指标含量下降比较明显，说明这期间土壤肥力受采煤影响程度比较剧烈。在该研究期间，土壤肥力在深度 60cm 处的变化幅度要大于深度 20cm 处。

随煤炭开采时间的增加，土壤中有机质、碱解氮、有效磷和速效钾含量整体呈下降的趋势。采后 4 个月、采后 7 个月和采后 1 年相较未开采时，有机质含量水平分别下降 16.23%、47.39%、48.35%，有效磷含量水平分别下降 6.78%、26.28%、22.14%，速效钾含量水平分别下降 12.32%、27.90%、34.15%。碱解氮略有不同，相较未开采时期，采后 4 个月上升 14.36%，采后 7 个月与采后 1 年分别下降 5.88%和 19.64%。不同深度各指标下降水平也不相同。采后 1 年相较未开采时期，有机质指标在深度 20cm、40cm、60cm 处分别下降 36.85%、47.94%、61.35%，碱解氮分别下降 19.88%、16.15%、23.11%，有效磷分别下降 13.27%、26.86%、26.50%、速效钾分别下降 21.81%、37.73%、42.91%。土壤深度 60cm 处土壤肥力下降程度远大于 20cm 和 40cm 处，采煤对土壤肥力的影响有由表层至深处逐渐增大的趋势，这与前人的研究结果一致。如图 4.7 所示，研究区内植物以草本植物为主，根系较短，普遍为 0～30cm，在该深度植物微生物活跃度较高，能够较快地降解土壤中的有机物质，使得有机质、氮、磷、钾得到一定的补充。土壤较深处肥力指标的补充来源减少，在采煤影响下，随水分迁移，流失严重。

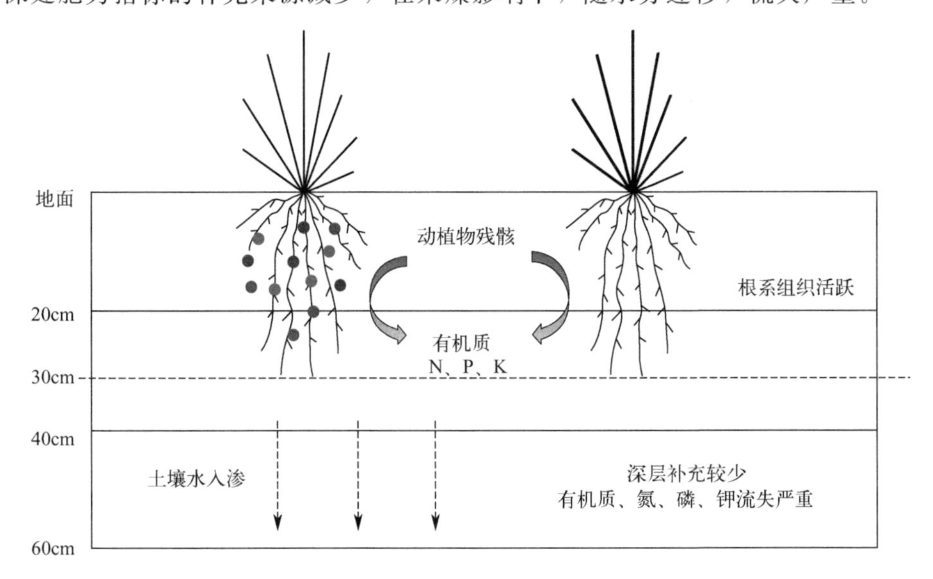

图 4.7　采煤影响下土壤肥力补充机理图

土壤有机质、碱解氮、有效磷和速效钾的含量水平在同一时期不同深度中的分布具有一定相似性，整体呈现为20cm＞40cm＞60cm，该工作面主要植被类型为草本植物，植物根系较短，在表层土壤中的保肥作用较好。土壤中有机质含量变化范围为1.26～5.03 g/kg，碱解氮含量的变化范围为5.11～18.14 mg/kg，有效磷含量的变化范围为1.81～4.24 mg/kg，速效钾含量的变化范围为10.98～29.19 mg/kg。

土壤肥力指标的变异系数大部分位于0.1～1之间，属于中等程度的变异性。在未开采时期，有机质变异系数为0.08，为弱变异性；碱解氮、有效磷和速效钾在该时期的变异系数分别为0.48、0.14、0.17，属于中等程度的变异。碱解氮在未开采时期的变异性明显高于其它三个指标，说明碱解氮以均数为准的变异程度较大。在采后4个月、采后7个月和采后1年三个时期，有机质的变异系数分别为0.16、0.17、0.21，碱解氮的变异系数分别为0.48、0.55、0.56，有效磷的变异系数分别为0.19、0.20、0.19，速效钾的变异系数分别为0.18、0.20、0.20。随沉陷时间的增加，肥力指标变异系数有增大趋势，说明受采煤沉陷影响，指标分布变异性增大。

4.2 不同时期土壤理化性质空间变异特征

使用地统计学的方法，对不同开采时期土壤理化指标空间分布状况进行研究，分析采煤影响下土壤指标的空间分布变化规律。

4.2.1 材料与方法

根据第3章所述方法，对土样理化指标进行克里金插值分析，算法模型为普通克里金。使用RMSE与交叉验证结果综合度量不同模型对数据预测的精确度，选取最优半方差函数模型并进行空间分布预测，以反映浅层土壤理化指标空间分布受采煤影响的变化。

4.2.2 空间变异结构分析

对土壤pH值、含水率、电导率、有机质、碱解氮、速效钾、有效磷七个理化性质指标进行S-W正态分布验证，除含水率外，其它指标显著性全部大于0.05，表示数据符合正态分布，可以进行克里金插值分析。对含水率进行对数处理，之后进行 S-W 验证，显著性大于 0.05，可以进行克里金插值分析。

4.2.2.1　未开采时期

对煤炭未开采时期土壤理化指标进行半方差函数模型的选取。本次选取的半方差函数模型有球面模型、指数模型和高斯模型。最佳模型的选取原则为：RMSE 值最接近于 0，交叉验证 R^2 最接近于 1。在此条件下，未开采时期不同深度、不同土壤理化指标的最佳模型选取见表 4.6。

表 4.6　煤炭未开采土壤理化指标最优半方差函数模型

土壤理化指标	深度/cm	模型	块金值 C_0	偏基台值 C	基台值 (C_0+C)	$C_0/(C_0+C)$	变程/m	RMSE	R^2	显著性
pH 值	20	高斯	0.002	0.016	0.018	0.122	51.99	0.05	0.76	0.96
	40	高斯	0.002	0.032	0.033	0.048	65.65	0.05	0.84	0.36
	60	高斯	0.001	0.020	0.021	0.066	59.19	0.05	0.79	0.15
电导率	20	高斯	17.79	513.64	531.42	0.033	65.65	5.17	0.84	0.22
	40	高斯	9.121	675.87	684.99	0.013	65.65	3.80	0.83	0.23
	60	高斯	13.340	534.21	547.55	0.024	65.65	4.53	0.87	0.13
含水率	20	高斯	0.001	0.037	0.038	0.022	65.65	0.03	0.91	0.21
	40	高斯	0.009	0.030	0.039	0.230	65.65	0.10	0.48	0.21
	60	高斯	0.004	0.021	0.025	0.154	65.65	0.07	0.63	0.11
有机质	20	高斯	0.002	0.105	0.107	0.021	65.65	0.06	0.89	0.24
	40	高斯	0.004	0.043	0.047	0.079	65.65	0.07	0.69	0.05
	60	高斯	0.001	0.032	0.033	0.033	65.65	0.04	0.81	0.06
碱解氮	20	高斯	0.434	4.892	5.326	0.082	65.65	0.89	0.74	0.05
	40	高斯	0.433	12.615	13.048	0.033	65.65	0.84	0.83	0.07
	60	高斯	0.291	2.828	3.118	0.093	65.65	0.58	0.75	0.05
有效磷	20	高斯	0.025	0.378	0.403	0.063	65.23	0.10	0.78	0.74
	40	高斯	0.020	0.352	0.372	0.053	65.65	0.09	0.87	0.71
	60	高斯	0.015	0.412	0.427	0.035	65.65	0.11	0.89	0.97
速效钾	20	高斯	0.347	1.690	2.037	0.170	54.06	0.70	0.65	0.10
	40	高斯	0.193	0.346	0.539	0.357	26.50	0.57	0.55	0.06
	60	高斯	0.564	1.291	1.856	0.304	65.65	0.81	0.59	0.05

由表 4.6 可知，在煤炭未开采时期，各深度土壤理化指标的块金值与基台值的比值基本小于 25%，具有比较强烈的空间自相关性。其中，40cm 深度与 60cm 深度的速效钾块金值与基台值的比值为 35.7%、30.4%，位于 25%～75%之间，认为这两个深度的土壤理化指标具有中等强度的空间自相关性。

4.2.2.2　开采后 4 个月

对煤炭采后 4 个月时期土壤理化指标 pH 值、含水率、电导率等进行半方差函数模型的选取。选取的模型有球面模型、指数模型和高斯模型，最佳模型选取的结果如表4.7所示。最佳模型选取原则为：RMSE值最接近于0，交叉验证 R^2 最接近于1。

在煤炭采后4个月时期，土壤深度40cm处的含水率和速效钾，其块金值与基台值的比值位于25%～75%，认为这两个指标具有中等强度的空间自相关性。其它深度各土壤理化指标块金值与基台值的比值小于25%，具有比较强烈的空间自相关性。

表4.7 煤炭采后4个月土壤理化指标最优半方差函数模型

土壤理化指标	深度/cm	模型	块金值 C_0	偏基台值 C	基台值 (C_0+C)	$C_0/(C_0+C)$	变程/m	RMSE	R^2	显著性
pH值	20	高斯	0.002	0.014	0.016	0.128	50.34	0.05	0.74	0.96
	40	高斯	0.001	0.040	0.041	0.026	65.65	0.04	0.89	0.36
	60	高斯	0.001	0.021	0.022	0.042	65.65	0.03	0.83	0.15
电导率	20	高斯	9.428	105.20	114.63	0.082	65.65	3.66	0.75	0.22
	40	高斯	6.197	81.907	88.104	0.070	48.10	3.43	0.79	0.23
	60	高斯	13.521	70.177	83.698	0.162	65.65	4.40	0.52	0.13
含水率	20	高斯	0.002	0.044	0.046	0.050	65.65	0.05	0.83	0.21
	40	高斯	0.004	0.009	0.013	0.291	65.65	0.06	0.54	0.21
	60	高斯	0.001	0.027	0.027	0.030	65.65	0.04	0.83	0.11
有机质	20	高斯	0.017	0.095	0.112	0.150	65.65	0.14	0.59	0.25
	40	高斯	0.020	0.084	0.104	0.191	65.65	0.15	0.56	0.14
	60	高斯	0.013	0.044	0.058	0.230	65.65	0.13	0.37	0.07
碱解氮	20	高斯	0.543	6.169	6.712	0.081	64.81	0.89	0.74	0.08
	40	高斯	0.515	19.370	19.885	0.026	65.65	0.98	0.84	0.06
	60	高斯	0.692	20.534	21.226	0.033	65.65	0.91	0.87	0.06
有效磷	20	高斯	0.025	0.378	0.403	0.063	65.23	0.19	0.81	0.07
	40	高斯	0.020	0.352	0.372	0.053	65.65	0.17	0.81	0.05
	60	高斯	0.015	0.412	0.427	0.035	65.65	0.16	0.85	0.05
速效钾	20	高斯	0.618	4.604	5.222	0.118	65.65	0.89	0.60	0.22
	40	高斯	0.627	1.102	1.729	0.363	30.56	0.94	0.51	0.21
	60	高斯	0.976	8.220	9.196	0.106	65.65	1.13	0.61	0.41

4.2.2.3 开采后7个月

对煤炭采后7个月时期的土壤理化指标进行半方差函数模型的选取。本次选取的半方差函数模型有球面模型、指数模型和高斯模型。最佳模型的选取原则为：RMSE 值最接近于 0，交叉验证 R^2 最接近于 1。在此条件下，煤炭采后 7 个月时期不同深度、不同土壤理化指标的最佳模型选取见表 4.8。

表 4.8 煤炭采后 7 个月土壤理化指标最优半方差函数模型

土壤理化指标	深度/cm	模型	块金值 C_0	偏基台值 C	基台值 (C_0+C)	$C_0/(C_0+C)$	变程/m	RMSE	R^2	显著性
pH 值	20	高斯	0.001	0.020	0.020	0.045	65.65	0.04	0.86	0.96
	40	高斯	0.002	0.020	0.021	0.078	65.65	0.03	0.74	0.36
	60	高斯	0.002	0.013	0.015	0.143	35.94	0.05	0.80	0.15
电导率	20	高斯	60.256	446.341	506.597	0.119	65.65	10.21	0.64	0.22
	40	高斯	3.447	41.891	45.338	0.076	65.65	2.16	0.69	0.23
	60	高斯	3.694	49.745	53.439	0.069	65.23	2.37	0.79	0.13
含水率	20	高斯	0.004	0.265	0.268	0.013	65.65	0.06	0.77	0.21
	40	高斯	0.001	0.013	0.014	0.071	65.65	0.04	0.72	0.21
	60	高斯	0.006	0.021	0.027	0.210	65.65	0.09	0.53	0.11
有机质	20	高斯	0.056	0.947	1.002	0.055	65.65	0.32	0.69	0.05
	40	高斯	0.025	0.463	0.488	0.051	65.65	0.20	0.75	0.20
	60	高斯	0.020	0.158	0.178	0.114	65.65	0.19	0.68	0.06
碱解氮	20	高斯	0.913	10.088	11.001	0.083	65.65	1.20	0.63	0.11
	40	高斯	0.438	4.476	4.914	0.089	65.65	0.79	0.63	0.08
	60	高斯	0.320	2.392	2.712	0.118	65.65	0.70	0.66	0.06
有效磷	20	高斯	0.040	0.112	0.152	0.266	32.19	0.23	0.58	0.20
	40	高斯	0.034	0.094	0.128	0.265	31.78	0.20	0.59	0.20
	60	高斯	0.021	0.059	0.080	0.263	30.17	0.16	0.59	0.06
速效钾	20	高斯	1.336	6.783	8.119	0.165	33.90	1.24	0.75	0.09
	40	球面	0.684	28.931	29.615	0.023	65.65	1.77	0.77	0.06
	60	高斯	4.987	56.070	61.057	0.082	65.65	1.98	0.83	0.05

煤炭采后 7 个月时期，三个深度土壤理化指标的块金值与基台值的比值基本（有效磷除外）位于 25%～75%，大部分具有比较强烈的空间自相关性。

4.2.2.4 开采后 1 年

对煤炭开采 12 个月时期的土壤理化指标进行半方差函数模型的选取。本次选取的半方差函数模型有球面模型、指数模型和高斯模型。最佳模型的选取原则为：RMSE 值最接近于 0，交叉验证 R^2 最接近于 1。在此条件下，煤炭开采 12 个月时期不同深度、不同土壤理化指标的最佳模型选取见表 4.9。

表 4.9　煤炭采后 1 年土壤理化指标最优半方差函数模型

土壤理化指标	深度/cm	模型	块金值 C_0	偏基台值 C	基台值 (C_0+C)	$C_0/(C_0+C)$	变程/m	RMSE	R^2	显著性
pH	20	高斯	0.001	0.036	0.037	0.029	65.65	0.04	0.88	0.96
	40	高斯	0.001	0.026	0.027	0.046	65.65	0.04	0.79	0.36
	60	高斯	0.001	0.039	0.040	0.016	65.65	0.03	0.92	0.15
电导率	20	高斯	3.001	191.76	194.77	0.015	65.65	2.16	0.92	0.22
	40	高斯	3.550	94.071	97.621	0.036	65.65	2.02	0.87	0.23
	60	高斯	4.115	81.135	85.251	0.048	65.65	2.27	0.84	0.13
含水率	20	高斯	0.003	0.218	0.221	0.012	65.65	0.06	0.66	0.21
	40	高斯	0.001	0.032	0.032	0.019	65.65	0.03	0.9	0.21
	60	高斯	0.001	0.024	0.026	0.049	65.65	0.42	0.79	0.11
有机质	20	高斯	0.075	1.527	1.603	0.047	65.65	0.41	0.69	0.06
	40	高斯	0.023	0.390	0.413	0.056	65.65	0.20	0.69	0.20
	60	高斯	0.016	0.081	0.097	0.169	65.65	0.15	0.52	0.20
碱解氮	20	高斯	0.461	9.511	9.973	0.046	65.65	0.95	0.73	0.20
	40	高斯	0.441	5.441	5.882	0.075	65.65	0.83	0.66	0.06
	60	高斯	0.523	4.972	5.495	0.095	65.65	0.83	0.64	0.24
有效磷	20	高斯	0.012	0.165	0.176	0.067	65.65	0.16	0.75	0.06
	40	高斯	0.011	0.061	0.072	0.156	42.53	0.13	0.65	0.84
	60	高斯	0.010	0.055	0.065	0.152	65.65	0.11	0.7	0.40
速效钾	20	高斯	1.388	7.147	8.535	0.163	31.57	1.32	0.73	0.61
	40	高斯	0.483	2.917	3.400	0.142	35.71	0.85	0.71	0.93
	60	高斯	1.182	5.963	7.144	0.165	64.57	1.17	0.75	0.61

煤炭开采一年时，三个深度土壤理化指标的块金值与基台值的比值均位于25％～75％，具有比较强烈的空间自相关性。

4.2.3　土壤含水率空间分布

如图 4.8 所示，根据克里金插值法，获得研究区土壤浅层含水率空间分布图。总体上，土壤含水率随深度的增加而减少。随着开采时间的增加，含水率整体呈下降的趋势。

土壤深度为 20cm 时，含水率呈现未开采＞采后 4 个月＞采后 1 年＞采后

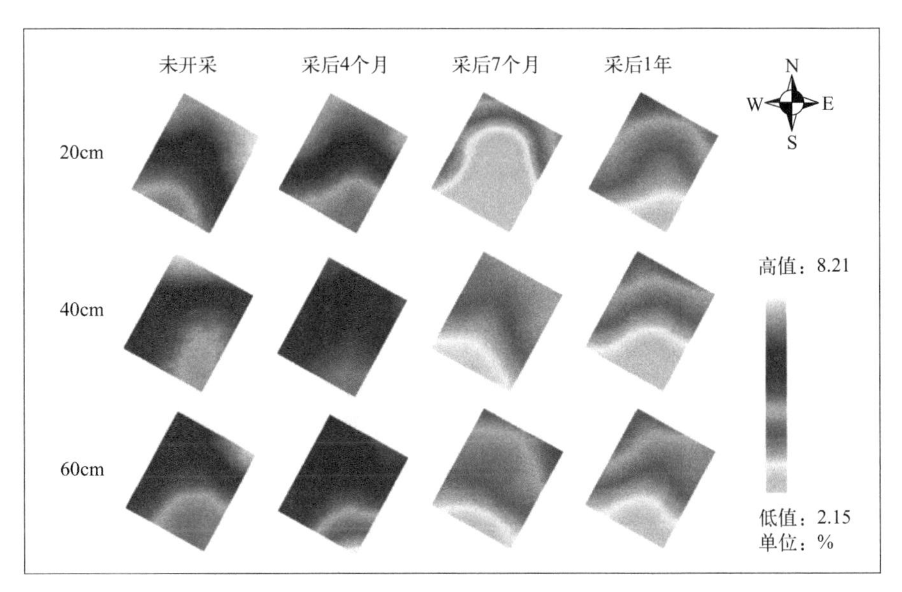

图 4.8　土壤含水率空间分布图

7 个月。采后 7 个月较未开采时期，含水率下降明显，且研究区内低值所占面积显著增大。这是由于采煤造成土壤裂隙增多[9]，蒸发面积变大，同时进入夏季后土壤含水率蒸发量骤增。土壤浅层含水率整体上呈现东北高西南低的分布。随着开采时间的增加，含水率低值区域呈现由西向东蔓延的趋势，与由西南向东北的工作面推进方向基本一致。含水率高值区主要位于北部和东部，靠近西部部分时期出现块状小面积高值区。

土壤深度为 40cm 时，含水率呈现未开采＞采后 4 个月＞采后 1 年＞采后 7 个月。采后 7 个月较前两个时期含水率有明显的下降，采后 1 年时含水率略有回升。未开采时期，含水率在北部有块状低值区，面积约为 1/10，中部偏南方向出现次低值区，面积占比较大，约 3/5。采后 4 个月，低值出现在南方向，面积占比 1/4；高值位于研究区西北、东北两个方向边缘地区，面积占比约为 1/4；高值与低值中间存在带状过渡区域。采后 7 个月，西南部出现低值区，面积占比约为 1/8；高值仍位于东北方向。采后 1 年时呈现北高南低趋势。

土壤深度为 60cm 时，含水率呈现未开采＞采后 4 个月＞采后 1 年＞采后 7 个月。未开采时，低值位于北部，面积约占 1/5；东部出现高值，面积占比较小。采后 4 个月时期，含水率高值所占面积较大，约 3/4；低值呈块状分布于北部，约占 1/8。煤炭采后 7 个月时期，含水率呈现西低东高的趋势。采后

1 年时，60cm 处含水率分布与 40cm 处相似。

4.2.4 土壤 pH 值空间分布

如图 4.9 所示，根据克里金插值法，获得研究区土壤浅层 pH 值空间分布图。未开采时期和采后 4 个月，pH 值时空分布状况基本一致。随着开采时间的增加，pH 值有明显的上升，土壤碱化趋势加剧。

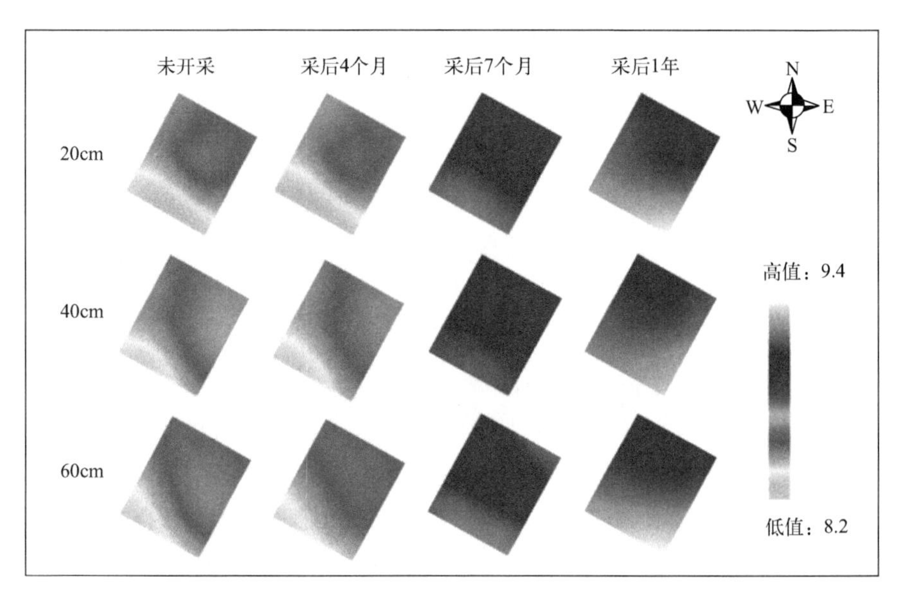

图 4.9 土壤 pH 值空间分布图

未开采和采后 4 个月时期，土壤 pH 值分布基本一致，但同一时期不同深度 pH 值空间分布存在差异。在深度 20cm 处，低值位于西南方向呈带状分布，约占 1/6；高值则位于东北方向，占大部分面积，约 3/5；与低值区中间存在带状过渡区域。土壤 pH 值在深度 40cm、60cm 处空间分布相似，相较 20cm 处，低值区更偏向于研究区西部一角，呈块状，面积约占 1/6；40cm 处的高值区偏向研究区东部，60cm 处位于东北方向，面积都远远大于低值区。

采后 7 个月时，土壤 pH 值有明显上升趋势。土壤深度 20cm 处呈现东北高西南低趋势，低值区域面积占比较大，约为高值区 2 倍。40cm 处的低值区较 20cm 处向南迁移，呈块状，面积约为 1/4，高值区则与 20cm 处相近。深度 60cm 处在东南方向出现次高值区，与另两个深度明显不同。整体上呈现东北高西南低的趋势，该时期含水率在西南方向边界线上存在较多低值区，由于含水率降低引起 pH 值在该区域的升高，这与前人的研究结果一致。

采后 1 年时，土壤 pH 值相较煤炭采后 7 个月时有进一步的升高。采后 1 年时研究区进入深冬，考虑是因为温度降低，有机质矿化速度变慢，导致 pH 值进一步增大。与采后 7 个月相比，该时期土壤 pH 值的高值区向南部迁移，由分布于西南方向的带状区域变为研究区南部的块状区域，面积略有降低。土壤 20cm 处的低值区面积有所降低，约占 1/3；40cm 处的低值区向北迁移，面积相近，约占 1/3；60cm 处低值区向东北方向迁移，面积约为 1/2。

4.2.5 土壤电导率空间分布

如图 4.10 所示，根据克里金插值法，获得研究区土壤浅层电导率空间分布图。总体上，土壤电导率随开采时间的增加呈先降低后增加的趋势，分布上呈现北高南低的趋势。同一时期不同深度土壤电导率的分布存在相似性。

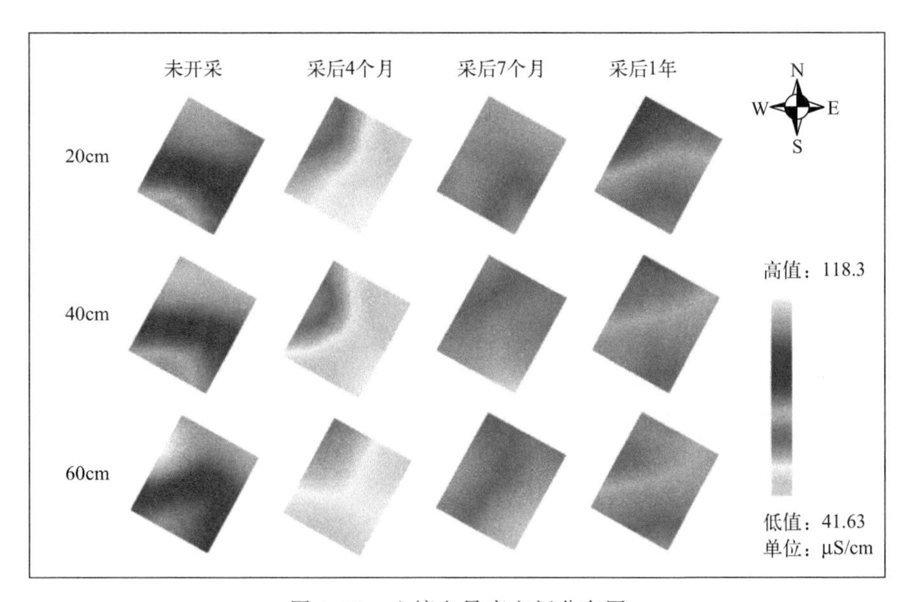

图 4.10　土壤电导率空间分布图

土壤深度 20cm 时，电导率呈现未开采＞采后 1 年＞采后 7 个月＞采后 4 个月。未开采时，高值区位于北部方向，约占面积的 1/3，整体呈现北高南低趋势。采后 4 个月，研究区西北部有块状低值区，约占面积的 1/5，低值区向东部移动。采后 7 个月时，在东北方向出现高值区，约占 1/4；低值区再次迁移至北部。开采一年时，电导率呈现北高南低趋势，与未开采时分布相似，推测电导率分布与季节有关。

土壤深度为 40cm 时，电导率呈现未开采＞采后 1 年＞采后 7 个月＞采后 4 个月。在深度 40cm 处，各时期电导率分布与 20cm 处相似。采后 7 个月时，电导率高值区相较该时期 20cm 深度有明显的变小，位于北部。采后 1 年时，分布与 20cm 处相似，但空间变异性较小。煤炭开采使研究区内电导率明显下降，并且高值区所占面积明显减少，但在采后 1 年时稍有回升。

土壤深度为 60cm 时，电导率呈现未开采＞采后 1 年＞采后 7 个月＞采后 4 个月。未开采时，电导率整体呈现北高南低趋势，低值区所占面积较大，约 1/3。煤炭开采后，电导率高值区面积减少。采后 4 个月时，低值区位于西南方向，呈带状分布；高值区位于北部，面积较小。采后 7 月时，低值区呈带状分布于东南、西北两端，和该时期另两个深度的空间分布区别较大。采后 1 年时，电导率分布与未开采时相似。

4.2.6 土壤肥力空间分布

根据克里金插值法，获得研究区土壤浅层有机质、碱解氮、速效钾、有效磷的空间分布图。随着开采时间的增加，各指标含量呈现降低的趋势，但在空间分布上各指标存在差异性。

4.2.6.1 有机质空间分布

如图 4.11 所示，土壤有机质的含量为 1.26～5.03 g/kg，随着开采时间的增加，土壤有机质呈现明显的下降趋势。

在未开采时期，不同深度的有机质都呈现北高南低的趋势，深度为 20cm 处含量整体高于另外两个深度。煤炭采后 4 个月时，研究区内有机质含量的高低值区较未开采时有明显区别，该时期高值区移动到研究区南部。土壤深度 20cm 处，相较未开采时期，北部有机质含量有明显下降，南部有机质变化不明显。在本次采样前一天有降水，考虑是由于雨水冲刷，表层土壤有机质由地形较高的北部随土壤水的流动汇集到海拔较低的南部，使得北部明显降低而南部变化不明显。土壤深度 40cm 与 60cm 处有机质含量较未开采时整体有明显下降，高值区向南部迁移但没有 20cm 处明显，受雨水冲刷影响较小。

采后 7 个月与采后 1 年相较前两个时期，有机质含量进一步降低，但采后 1 年较采后 7 个月变化不明显。土壤深度 20cm 处，采后 7 个月与采后 1 年空间分布相似，呈北高南低趋势，高低值区域约各占面积的 1/2，深度 40cm 处，

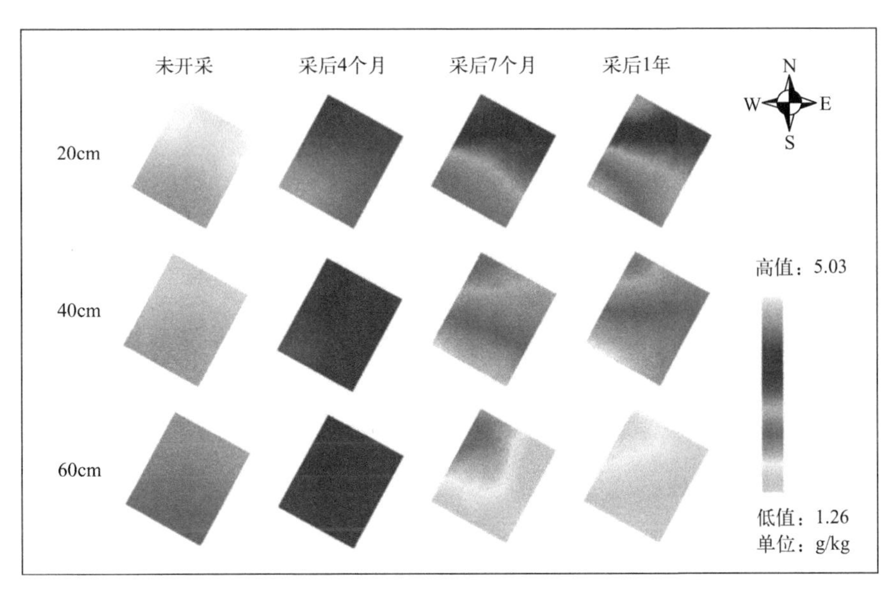

图 4.11　土壤有机质空间分布图

高值区相较 20cm 处有明显的降低，位于北部一角，面积约为 1/8。土壤深度 60cm 处，煤炭采后 7 个月与采后 1 年有机质空间分布有较大区别，采后 1 年低值区面积更大，含量较采后 7 个月有明显降低。

4.2.6.2　碱解氮空间分布

如图 4.12 所示，土壤中碱解氮含量为 5.11～18.14mg/kg，随煤炭开采时间的增加，碱解氮呈现先增大后降低的趋势。各时期不同深度碱解氮含量均呈现北高南低的趋势。

未开采时期，碱解氮含量呈现北高南低趋势，20cm 处含量明显高于 40cm 与 60cm 处。采后 4 个月相较未开采时期，碱解氮含量呈上升趋势，高值区面积增大，研究区北部区域碱解氮含量有明显上升。煤炭采后 7 个月时期，20cm 处高值区位于北部，面积约为 1/10，向南部碱解氮含量水平逐渐递减；40cm 处高值区较 20cm 处向西部迁移，面积约为 1/5；60cm 处高值区进一步向西迁移，呈条状，面积约为 1/4。煤炭采后 1 年时期，20cm 处空间分布与采后 7 个月 20cm 处相似，由北至南呈递减趋势，但含量水平整体低于采后 7 个月；深度 40cm 处碱解氮含量低于 20cm 处，高值区仍位于北部，面积较小；土壤深度 60cm 处，碱解氮高值区位于东部，面积约为 1/6，高值区位置与其它深度不同。

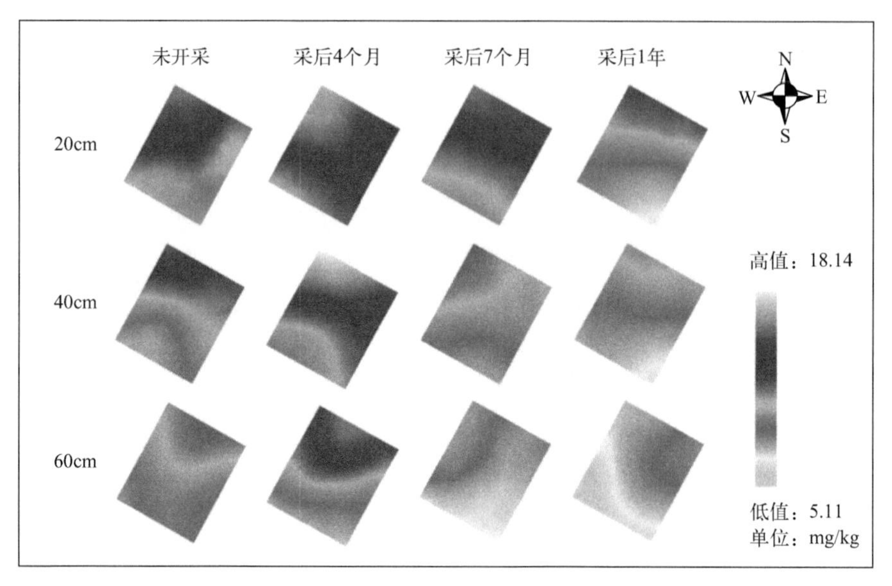

图 4.12 土壤碱解氮空间分布图

4.2.6.3 有效磷空间分布

如图 4.13 所示，土壤中有效磷的含量为 1.81～4.24mg/kg，随煤炭开采时间的增加，有效磷含量呈下降趋势，不同时期有效磷空间分布有明显差异。

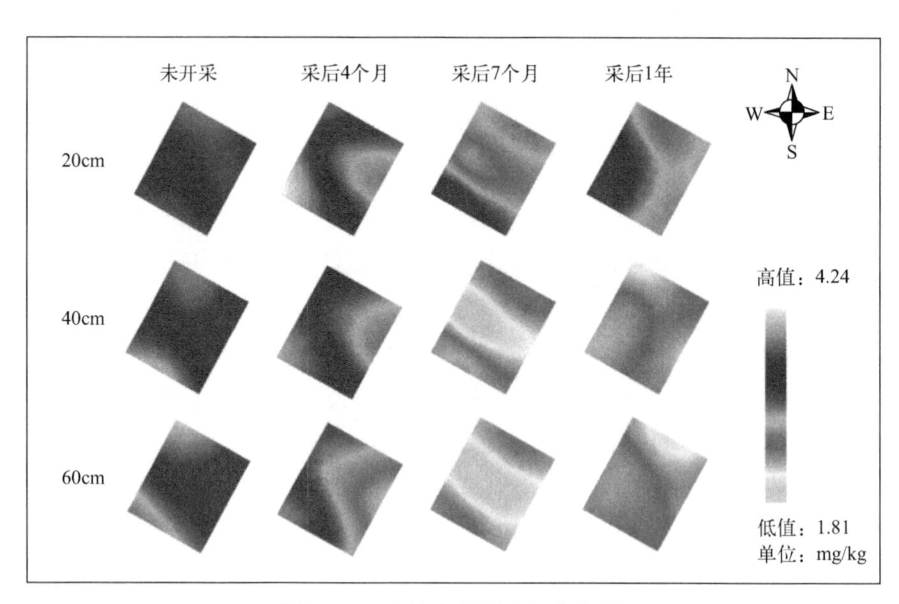

图 4.13 土壤有效磷空间分布图

在未开采时期，有效磷含量呈现北高南低的分布，含量水平 20cm＞40cm＞60cm。煤炭采后 4 个月，三个深度有效磷高值区皆位于南部，面积约为 1/10，低值区位于东部，与未开采时期有明显不同。煤炭采后 7 个月时期，高值区位于东北和西南两个方向，呈条状分布，低值区则位于中间，20cm 处有效磷的含量水平明显高于另两个深度。煤炭采后 1 年时期，有效磷高值区位于北部呈块状分布，面积约为 1/3，低值区位于东北方向，面积较小。有效磷随煤炭开采时间的增加，在含量水平上有明显的下降趋势，不同时期有效磷的空间分布存在显著差异性，同一时期不同深度的有效磷分布具有相似性。

4.2.6.4　速效钾空间分布

如图 4.14 所示，土壤中速效钾含量为 10.98～29.19 mg/kg，随着开采时间的增加，土壤速效钾含量呈下降趋势，不同时期速效钾的空间分布存在差异。

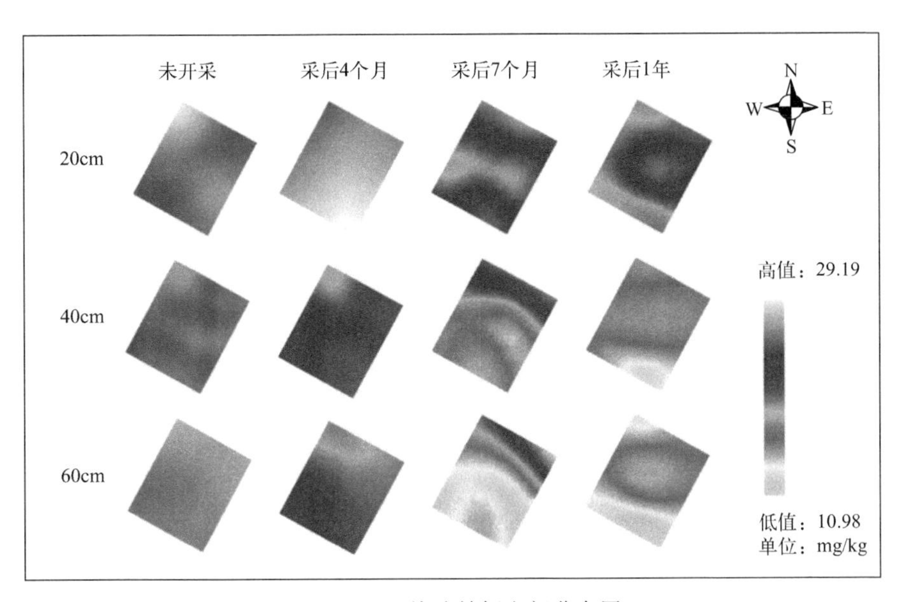

图 4.14　土壤速效钾空间分布图

在未开采时期，20cm 处速效钾高值区位于北部呈块状分布，面积约占 1/8，次高值区位于东南方向，面积约为 1/8；深度 40cm 处分布与 20cm 处相似，但在东部出现了块状次高值区，空间变异性更高；60cm 深度呈现东北高西南低的趋势，整体含量水平变化不明显，空间变异性较低。煤炭采后 4 个月时期，三个深度低值区均位于北部一角，呈块状分布，面积较小，约为 1/10，

20cm 处速效钾的含量水平整体高于 40cm 和 60cm 处。

煤炭开采后 7 个月，在 20cm 深度，高值区位于东北方向呈带状分布，面积较小，低值区位于研究区中间地带呈带状分布，面积约为 1/5；40cm 与 60cm 处空间分布与 20cm 处相似，但西北部分速效钾含量明显低于 20cm 处。煤炭采后 1 年时期，三个深度高值区均位于研究区中部，面积约为 1/3，和另外三个时期比呈现出明显差异。采后 1 年时期，20cm 处速效钾含量明显高于另外两个深度。

4.3 土壤理化性质空间分布成因解析

可能对土壤理化指标空间分布造成影响的因素有地形、植被生物量、土质类型、采煤影响等，本节研究不同因素与土壤理化指标间相互影响规律。

4.3.1 材料与方法

4.3.1.1 灰色关联度

采用灰色关联分析，探究不同地形因子与土壤理化指标空间分布的关联性，具体步骤如下：

① 确定参考数列和比较数列；

② 对参考数列和比较数列进行无量纲化处理；

③ 求灰色关联系数；

$$r(x_{0(k)},x_{i(k)})=\frac{(\mathrm{Min}_i\,\mathrm{Min}_k\,\Delta_{i(k)}+\mathrm{Max}_i\,\mathrm{Max}_k\,\Delta_{i(k)})}{(|x'_{0(k)}-x'_{i(k)}|+\varepsilon\,\mathrm{Max}_i\,\mathrm{Max}_k\,\Delta_{i(k)})}$$

式中，$x_{0(k)}$，$x_{i(k)}$ 分别为参考数列和比较数列；$x'_{0(k)}$，$x'_{i(k)}$ 分别为无量纲化处理后的参考数列和比较数列；ε 为分辨系数，常取 0.5；$k=1,2,\cdots,m$；$i=1,2,\cdots,n$。

④ 求关联度，公式如下。

$$r(x_0,x_i)=\frac{1}{m}\sum_{k=1}^{m}r(x_{0(k)},x_{i(k)}) \tag{4.3.1}$$

4.3.1.2 地统计分析

使用 ArcGIS 软件对研究区 DEM 图进行海拔、坡度、坡向的提取分析，并做分区处理。对含水率、pH 值、电导率、有机质、碱解氮、有效磷和速效钾等理化指标的空间分布图按照地形因子分区进行掩膜提取，并统计不同分区内理化指标的含量水平。

4.3.2　地形因子对土壤理化性质的影响

地形是土壤理化指标空间赋存状态的重要影响因素之一[28]，许多学者研究表明，各类土壤理化指标与坡度、坡向和海拔等地形因子之间存在相关关系[29]。本文选取海拔、坡度和坡向三个地形因子，探究其对研究区土壤理化指标空间分布的影响性，为采煤后的土地复垦工作提供依据。

为了探究不同地形因子与土壤理化指标之间的密切联系，了解土壤理化指标空间分布的主导因素，本研究使用灰色关联理论[30] 对研究区地形因子与土壤理化指标空间分布的关联性进行了分析，结果如表 4.10 所示。

表 4.10　土壤理化指标与地形因子的相关度

	pH 值				电导率			
	未开采	采后 4 个月	采后 7 个月	采后 1 年	未开采	采后 4 个月	采后 7 个月	采后 1 年
高度	0.62	0.64	0.6	0.54	0.69	0.61	0.66	0.67
坡度	0.08	0.08	0.09	0.09	0.39	0.33	0.27	0.36
坡向	0.38	0.39	0.37	0.34	0.54	0.5	0.49	0.55
	含水率				有机质			
	未开采	采后 4 个月	采后 7 个月	采后 1 年	未开采	采后 4 个月	采后 7 个月	采后 1 年
高度	0.51	0.58	0.6	0.52	0.61	0.6	0.76	0.73
坡度	0.29	0.3	0.39	0.32	0.23	0.28	0.51	0.52
坡向	0.49	0.48	0.58	0.5	0.43	0.43	0.65	0.64
	碱解氮				有效磷			
	未开采	采后 4 个月	采后 7 个月	采后 1 年	未开采	采后 4 个月	采后 7 个月	采后 1 年
高度	0.69	0.63	0.69	0.71	0.6	0.46	0.43	0.64
坡度	0.6	0.66	0.4	0.68	0.31	0.3	0.29	0.35
坡向	0.61	0.57	0.56	0.64	0.43	0.42	0.47	0.49
	速效钾							
	未开采	采后 4 个月	采后 7 个月	采后 1 年				
高度	0.71	0.63	0.64	0.55				
坡度	0.29	0.3	0.54	0.58				
坡向	0.5	0.47	0.57	0.49				

结果显示，研究区各指标空间赋存状态整体上与海拔的关系最为紧密，坡向次之，受坡度的影响比较弱。因此在对研究区进行植被修复时，将海拔认为是最主要的影响土壤理化性质的地形因子，可按照海拔为主、坡向坡度次之的原则对研究区区划，运用不同类型的土壤修复技术。为了明确不同地形因子对土壤理化指标的具体影响程度，对土壤理化指标与地形因子进行相关性分析。

4.3.2.1 高度对土壤理化性质的影响

如图 4.15 所示，研究区地形呈现北高南低趋势，整体海拔位于 1305～1344m 之间，地形的海拔波动相对较大。在北段海拔较高，最高达到 1344m；研究区的南端海拔较低，最低为 1305m。研究区靠近南北两端的地形起伏较大，而研究区内由东至西存在条状平缓地带，地形起伏较小。

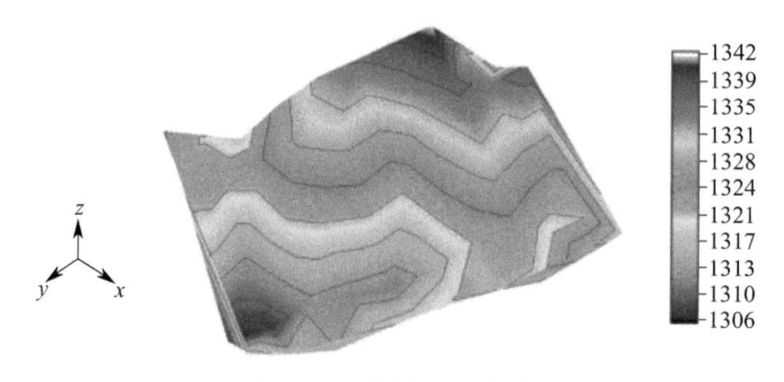

图 4.15 研究区地形图

将海拔分为 1305～1320m、1320～1330m、1330～1344m 三个区域，研究土壤理化性质受不同海拔的影响。使用 ArcGIS 软件和 SPSS 软件对不同海拔和不同区域的土壤理化性质进行统计并分析其相关性，结果如表 4.11、表 4.12 所示。

表 4.11 不同海拔变化下的土壤理化性质

时间	海拔/m	pH 值	电导率/(μS/cm)	含水率/%	有机质/(g/kg)
未开采	1305～1320	8.45±0.15	85.58±10.34	4.79±0.10	4.67±0.15
	1320～1330	8.49±0.12	95.31±13.11	5.13±0.11	4.79±0.14
	1330～1344	8.50±0.04	106.56±3.34	6.16±0.05	4.94±0.05
采后 4 个月	1305～1320	8.44±0.14	50.93±3.24	3.89±0.09	4.27±0.11
	1320～1330	8.47±0.12	53.06±5.73	5.25±0.10	4.25±0.18
	1330～1344	8.47±0.04	62.78±5.96	6.61±0.04	4.06±0.09

续表

时间	海拔/m	pH 值	电导率/(μS/cm)	含水率/%	有机质/(g/kg)
采后 7 个月	1305～1320	9.07±0.11	61.67±5.54	2.04±0.11	2.82±0.32
	1320～1330	9.03±0.09	64.90±6.91	2.51±0.12	3.04±0.46
	1330～1344	8.96±0.03	69.87±4.11	2.88±0.09	3.60±0.30
采后 1 年	1305～1320	9.19±0.12	66.27±5.12	2.69±0.09	2.73±0.33
	1320～1330	9.11±0.09	74.46±5.08	3.31±0.10	2.99±0.59
	1330～1344	9.09±0.04	81.73±2.33	3.89±0.09	3.75±0.44

时间	海拔/m	碱解氮/(mg/kg)	有效磷/(mg/kg)	速效钾/(mg/kg)
未开采	1305～1320	11.19±0.47	3.37±0.19	25.83±0.59
	1320～1330	12.23±1.21	3.45±0.18	25.39±0.75
	1330～1344	14.31±0.76	3.61±0.10	26.73±0.88
采后 4 个月	1305～1320	12.73±0.87	3.15±0.36	28.13±0.76
	1320～1330	13.50±1.38	3.34±0.42	26.97±063
	1330～1344	15.63±0.70	3.40±0.18	26.07±0.42
采后 7 个月	1305～1320	11.38±1.14	2.87±0.26	21.69±2.02
	1320～1330	12.52±1.51	2.84±0.31	21.46±2.21
	1330～1344	14.03±0.90	2.68±0.20	22.57±2.16
采后 1 年	1305～1320	8.33±1.09	2.87±0.16	21.14±2.76
	1320～1330	9.89±1.32	3.05±0.32	21.49±2.12
	1330～1344	11.23±0.77	2.94±0.30	21.12±1.18

表 4.12　不同时期海拔与土壤理化性质的 Pearson 相关系数

时间	pH 值	电导率	含水率	有机质	碱解氮	有效磷	速效钾
未开采	0.305*	0.683**	0.470*	0.684**	0.704**	0.544**	0.399**
采后 4 个月	0.260	0.628**	0.793**	−0.353*	0.696**	0.156	−0.581**
采后 7 个月	−0.496**	0.305*	0.579**	0.728**	0.788**	−0.228	0.375**
采后 1 年	−0.494**	0.438**	0.782**	0.688**	0.590**	0.081	0.178

注：** 在 0.01 级别（双尾），相关性显著；* 在 0.05 级别（双尾），相关性明显。

（1）土壤 pH 值

在未开采时土壤 pH 值与海拔的相关系数为 0.305，为弱相关；采后 4 个月时相关系数为 0.260，均随海拔的增加而增加；在采后 7 个月和采后 1 年时期，与海拔呈明显负相关，相关系数为−0.496、−0.494。这是由于受煤炭开采的影响，低海拔区域的土壤碱度明显升高，导致后两期相关性与前两期呈相反状态。在高海拔区域，pH 值的标准差要低于低海拔地区，变异性相较低海拔地区要小。

(2) 土壤含水率和电导率

土壤含水率和电导率在不同采样时期均与海拔呈明显正相关。在海拔较高的地方，温度低，蒸发量会降低，含水率会偏高。有研究表明，电导率与土壤湿度呈正相关，随海拔变化呈现相同的变化趋势。除采后 4 个月的电导率，其它时期的电导率和含水率均在高海拔区域有较低的标准差，说明高海拔地区的理化指标空间分布的变异性要低，受环境的影响较小。

(3) 土壤肥力指标

有机质在煤炭未开采时期、采后 7 个月、采后 1 年时与海拔的相关系数分别为 0.684、0.728、0.688，与海拔呈现明显的正相关。在采后 4 个月时相关系数为－0.353，呈负相关，与其它三个时期不同，可能是因为本次采样前一天研究区有降雨，高海拔地区的有机质随水分流动至低海拔地区，使得与海拔的相关关系出现反常的负相关。碱解氮在四个时期与海拔的相关系数分别为 0.704、0.696、0.788、0.590，均呈现明显的正相关。在未开采时期有效磷与海拔的相关系数为 0.544，呈现明显正相关，随着煤炭开采时间的增加，相关系数为 0.156、－0.228、0.081，与海拔的相关系数变弱，并且在采后 7 个月时呈现反常的负相关，这可能与煤炭开采造成的土层扰动有关。速效钾在四个时期与海拔的相关系数分别为 0.399、－0.581、0.374、0.178，相关系数的变化趋势与有机质相似。

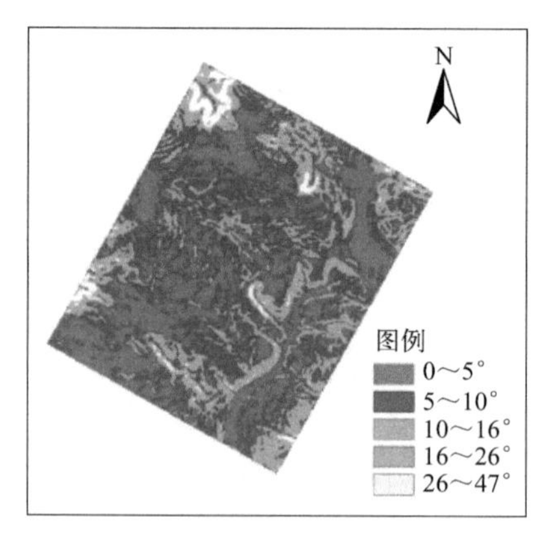

图 4.16　研究区坡度图

4.3.2.2　坡度对土壤理化性质的影响

研究区坡度如图 4.16 所示。

研究区坡度范围为 0～47°，地形相对比较平缓，坡度＜10°的面积约占总面积 1/2。将坡度分为 0～5°、5～10°、10～16°、16～26°和 26～47°五个区域进行研究，使用 ArcGIS 软件和 SPSS 软件对不同坡度和不同区域的土壤理化性质进行统计并分析其相关性，结果如表 4.13、表 4.14 所示。

表 4.13 不同坡度变化下的土壤理化性质

时间	坡度/(°)	pH 值	电导率/(μS/cm)	含水率/%	有机质/(g/kg)
未开采	0～5	8.47±0.13	92.30±13.49	4.90±0.10	4.76±0.17
	5～10	8.48±0.12	94.89±12.88	5.13±0.10	4.78±0.16
	10～16	8.48±0.12	94.79±12.76	5.37±0.11	4.78±0.17
	16～26	8.47±0.13	93.77±13.48	5.37±0.12	4.78±0.17
	26～47	8.48±0.10	100.86±11.96	6.03±0.11	4.87±0.16
采后4个月	0～5	8.45±0.13	54.28±6.70	4.79±0.11	4.25±0.17
	5～10	8.47±0.11	54.27±6.72	4.90±0.12	4.21±0.15
	10～16	8.47±0.12	53.13±6.72	4.90±0.13	4.20±0.14
	16～26	8.45±0.12	53.86±6.74	5.13±0.14	4.20±0.17
	26～47	8.45±0.10	59.04±7.51	6.46±0.13	4.12±0.20
采后7个月	0～5	9.04±0.10	63.90±6.92	2.34±0.11	3.00±0.46
	5～10	9.02±0.10	64.83±6.16	2.34±0.12	3.08±0.44
	10～16	9.03±0.10	65.16±6.37	2.40±0.14	3.10±0.46
	16～26	9.04±0.10	65.43±7.21	2.63±0.17	3.13±0.56
	26～47	9.00±0.09	69.04±7.76	3.39±0.16	3.46±0.66
采后1年	0～5	9.14±0.10	72.48±6.99	3.09±0.10	2.95±0.59
	5～10	9.13±0.10	73.20±7.24	3.16±0.11	3.06±0.56
	10～16	9.13±0.12	72.56±7.73	3.16±0.12	3.09±0.57
	16～26	9.14±0.12	73.31±8.09	3.39±0.14	3.15±0.73
	26～47	9.11±0.09	78.58±6.83	4.26±0.12	3.64±0.88

时间	坡度/(°)	碱解氮/(mg/kg)	有效磷/(mg/kg)	速效钾/(mg/kg)
未开采	0～5	12.12±1.39	3.42±0.20	25.68±0.80
	5～10	12.33±1.40	3.46±0.18	25.80±0.78
	10～16	12.18±1.41	3.47±0.19	25.84±0.86
	16～26	12.43±1.64	3.47±0.20	26.03±1.17
	26～47	13.66±1.81	3.57±0.20	26.87±1.61
采后4个月	0～5	12.45±1.58	3.33±0.40	27.24±0.90
	5～10	13.75±1.46	3.25±0.35	27.22±0.96
	10～16	13.60±1.39	3.22±0.35	27.30±1.09
	16～26	13.70±1.59	3.36±0.40	27.09±1.23
	26～47	14.76±1.86	3.57±0.34	26.19±1.12
采后7个月	0～5	12.19±1.54	2.84±0.33	21.51±1.97
	5～10	12.46±1.51	2.78±0.27	21.64±2.09
	10～16	12.47±1.61	2.82±0.24	22.00±2.27
	16～26	12.57±1.85	2.87±0.23	22.38±2.62
	26～47	13.72±1.92	2.91±0.18	23.24±2.64
采后1年	0～5	9.45±1.44	3.02±0.29	21.08±2.27
	5～10	9.63±1.51	2.96±0.27	21.34±2.22
	10～16	9.57±1.69	2.90±0.26	21.02±2.33
	16～26	9.71±1.85	2.91±0.30	20.38±2.36
	26～47	10.79±1.74	2.90±0.31	19.30±1.98

表 4.14 不同时期坡度与土壤理化性质的 Pearson 相关系数

时间	pH 值	电导率	含水率	有机质	碱解氮	有效磷	速效钾
未开采	−0.033	0.065	0.079	0.040	0.118	0.085	0.323*
采后 4 个月	−0.045	0.156	0.125	−0.034	0.057	0.125	−0.155
采后 7 个月	−0.022	0.109	0.383**	0.121	0.159	0.047	0.043
采后 1 年	0.017	0.120	0.140	0.175	0.031	−0.083	0.173

注：** 在 0.01 级别（双尾），相关性显著；* 在 0.05 级别（双尾），相关性明显。

含水率在煤炭采后 7 个月时与坡度的相关系数为 0.383（$p<0.01$），呈现显著正相关，在该时期含水率受坡度因子制约明显。速效钾在煤炭未开采时期与坡度的相关系数为 0.323（$p<0.05$），呈现明显正相关。其它时期各指标随坡度变化无显著性差异，但呈现一定的变化趋势。

各个时期电导率、含水率和碱解氮均在坡度 26°～47°含量较高，相较其它低坡度范围的含量水平有比较明显的上升。

4.3.2.3 坡向对土壤理化性质的影响

如图 4.17 所示，将研究区划分为阳坡和阴坡两个区域。

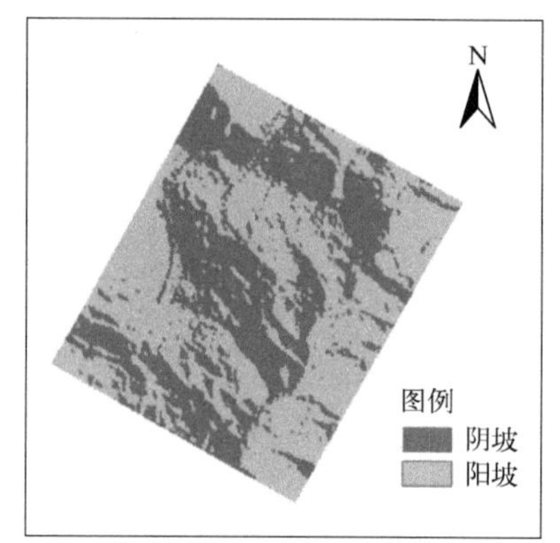

图 4.17 研究区坡向图

分别统计不同区域（阳坡和阴坡）的土壤理化性质，结果如表 4.15 所示。

表 4.15 不同坡向变化下的土壤理化性质

时间	坡向	pH 值	电导率/(μS·cm)	含水率/%	有机质/(g/kg)
未开采	阳坡	8.47±0.12	94.43±14.20	5.01±0.10	4.78±0.18
	阴坡	8.45±0.11	93.73±12.72	5.37±0.11	4.78±0.16
采后 4 个月	阳坡	8.45±0.12	55.21±6.89	4.90±0.11	4.23±0.17
	阴坡	8.43±0.11	55.49±6.47	5.13±0.12	4.22±0.19
采后 7 个月	阳坡	9.03±0.10	64.39±6.23	2.29±0.10	3.08±0.47
	阴坡	9.04±0.11	64.73±8.02	2.69±0.13	3.06±0.57
采后 1 年	阳坡	9.13±0.09	73.67±6.94	3.16±0.10	3.06±0.61
	阴坡	9.16±0.12	73.80±7.46	3.47±0.11	3.08±0.75

续表

时间	坡向	碱解氮/(mg/kg)	有效磷/(mg/kg)	速效钾/(mg/kg)
未开采	阳坡	12.52±1.45	3.45±0.20	25.72±0.79
	阴坡	12.24±1.60	3.44±0.21	25.93±1.19
采后 4 个月	阳坡	13.83±1.62	3.32±0.36	27.13±0.87
	阴坡	13.47±1.77	3.42±0.46	27.01±1.13
采后 7 个月	阳坡	12.49±1.57	2.81±0.29	21.76±1.98
	阴坡	12.44±1.81	2.96±0.27	22.02±2.13
采后 1 年	阳坡	9.76±1.46	2.30±0.28	21.24±2.12
	阴坡	9.64±1.74	2.98±0.34	20.01±2.10

不同时期各理化指标在阳坡和阴坡的含量水平并没有显著性差异，但呈现一定的变化趋势。土壤 pH 值在前两期阳坡较高，在后两期变为阴坡较高。电导率在未开采时期，阳坡要高于阴坡，在受到采煤扰动后，后三期均呈现阴坡含量高于阳坡。含水率在阳坡普遍低于阴坡，阳坡光照强度较好，土壤水分的蒸发量较大。碱解氮在阳坡的含量普遍要高于阴坡，但有机质、有效磷和速效钾这三个肥力指标则没有明显的随坡向变化的规律。

4.3.3 植被对土壤理化性质的影响

在煤炭采后 7 个月时期，使用样方调查的方法，对研究区内植物类型及生物量进行调查统计。结果显示，研究区内植物类型主要为草本植物，同时存在少量灌木，优势物种有针茅、猪毛菜、黄花蒿、乳白花黄芪、百里香和芨芨草。植被生物量空间分布如图 4.18 所示，研究区内植被生物量为 2970～4239 g，整体呈现东北高西南低的趋势。

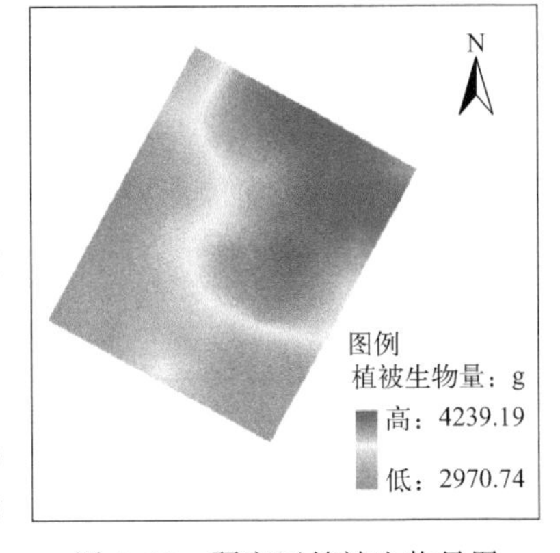

图 4.18　研究区植被生物量图

对采煤工作面植被生物量与土壤理化性质的相关性进行分析，结果如表 4.16 所示。

表 4.16　煤炭采后 7 个月植被生物量与土壤理化性质相关系数

深度 /cm	pH 值	电导率 /(μS/cm)	含水率 /%	有机质 /(g/kg)	碱解氮 /(mg/kg)	有效磷 /(mg/kg)	速效钾 /(mg/kg)
20	−0.311*	−0.147	0.155	0.288*	0.314*	−0.100	0.141
40	−0.292*	0.156	0.318*	0.276*	0.194	−0.028	0.213
60	−0.118	−0.174	0.332*	−0.029	−0.016	0.025	0.274

注：** 在 0.01 级别（双尾），相关性显著；* 在 0.05 级别（双尾），相关性明显。

由表 4.16 可知，煤炭采后 7 个月时，土壤 pH 值、含水率和有机质与植被生物量的相关性较好。

土壤 pH 值在深度 20cm、40cm 处与植被生物量的相关系数分别为 −0.311 和 −0.292，呈现显著负相关，在 60cm 处相关系数为 −0.118，相关关系较弱。含水率在 40cm、60cm 处与植被生物量呈现显著正相关，含水率高的地方植物生长更旺盛。有机质与植被生物量的相关系数为 0.288、0.276、−0.029，在 20cm、40cm 处呈现显著正相关，该地区土壤有机质含量较匮乏，植被更趋于在有机质含量高的地方生长。碱解氮在 20cm 深度处与植被生物量呈明显正相关，深层关系较弱。植被普遍在深度较浅处与土壤理化指标相关性显著，这是由于该地区主要生物种为草本植物，根系较浅，一般为 0～30cm，对浅层土壤理化性质影响较大。

4.3.4 土质对土壤理化性质的影响

土壤颗粒组成决定了土壤的质地，对土壤理化性质具有较大的影响，研究区浅层土壤粒度分布结果如表 4.17 所示。浅层土壤砂粒含量较高，约 94.5%，属于砂土，具有较好的通气透水性能，易耕作，但养分含量缺乏，保水保肥能力较差。浅层土壤不同深度下砂粒、粉粒、黏粒含量基本一致，随深度变化较小。

表 4.17　不同深度颗粒组成

项目	黏粒	粉粒	砂粒
20cm	0.60%	4.79%	94.56%
40cm	0.54%	4.45%	94.97%
60cm	0.64%	4.97%	94.34%

为探究土壤质地对土壤理化性质的影响，对砂粒、粉粒、黏粒与土壤理化性质进行相关性分析，结果如表 4.18 所示，可以看出含水率、pH 值、电导率和有机质四个指标受土壤颗粒组成的影响较大。其中，砂粒和粉粒与含水率、pH 值、电导率、有机质呈现正相关关系，黏粒则与理化指标呈现负相关关系，土壤颗粒越大的地方土壤理化指标越高。碱解氮、有效磷和速效钾与砂粒、粉粒、黏粒的相关性较小，受土壤质地的影响较小。

表 4.18　土壤理化性质与土壤质地的相关性

项目		砂粒	粉粒	黏粒	土壤指标
含水率	砂粒	1			
	粉粒	0.936**	1		
	黏粒	−0.957**	−0.998**	1	
	含水率	0.302*	0.450**	−0.422**	1
pH 值	砂粒	1			
	粉粒	0.936**	1		
	黏粒	−0.957**	−0.998**	1	
	pH 值	0.469**	0.422**	−0.434**	1
电导率	砂粒	1			
	粉粒	0.936**	1		
	黏粒	−0.957**	−0.998**	1	
	电导率	0.525**	0.538**	−0.535**	1
有机质	砂粒	1			
	粉粒	0.936**	1		
	黏粒	−0.957**	−0.998**	1	
	有机质	0.424**	0.441**	−0.438**	1
碱解氮	砂粒	1			
	粉粒	0.936**	1		
	黏粒	−0.957**	−0.998**	1	
	碱解氮	0.197	0.191	−0.185	1
有效磷	砂粒	1			
	粉粒	0.936**	1		
	黏粒	−0.957**	−0.998**	1	
	有效磷	0.114	0.157	−0.153	1
速效钾	砂粒	1			
	粉粒	0.936**	1		
	黏粒	−0.957**	−0.998**	1	
	速效钾	0.015	0.061	−0.049	1

注：** 在 0.01 级别（双尾），相关性显著；* 在 0.05 级别（双尾），相关性明显。

4.3.5 采煤对土壤理化性质的影响

第一期和第四期土样分别为煤炭未开采时期和煤炭采后 1 年时期采集，这两个时期研究区内气候、植被状况等其他因素一致，变化因子为采煤，对这两个时期土壤理化性质进行比较，分析采煤对土壤指标的影响。

4.3.5.1 土壤 pH 值

煤炭采后 1 年与未开采时期土壤 pH 值水平变化如图 4.19 所示。

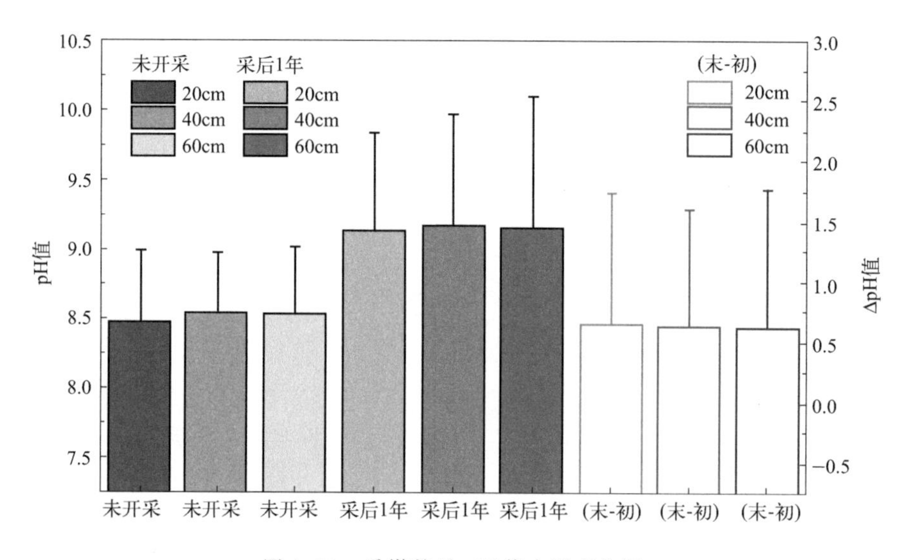

图 4.19 采煤前后 pH 值水平变化图

采煤工作面土壤 pH 值在未开采时为 8.5，为强碱性土壤，采煤 1 年后有明显的上升趋势，由 8.5 上升至 9.1，土壤碱化趋势加剧。同一时期不同深度土壤的 pH 值水平相近，20cm、40cm、60cm 处土壤 pH 值变化幅度相似，分别为 0.65、0.63、0.62，说明不同深度土壤 pH 值受采煤的影响程度基本一致。研究区土壤 pH 值整体呈增大趋势，但部分点位采煤 1 年后 pH 值低于未开采时，可能还受到其它因素的影响。

4.3.5.2 电导率

煤炭采后 1 年与未开采时期土壤电导率水平变化如图 4.20 所示。

采煤工作面土壤电导率在未开采时约为 95μS/cm，煤炭采后 1 年，电导

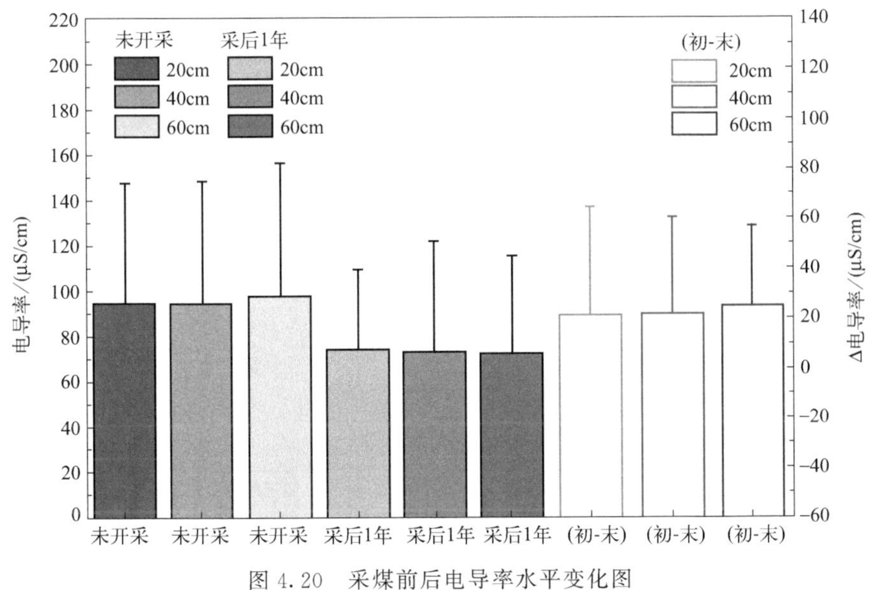

图 4.20 采煤前后电导率水平变化图

率降低到 73μs/cm，电导率呈下降趋势。土壤含水率在采后 1 年时较未开采时期有大幅度降低，土壤溶液浓缩，理论电导率应有一定升高，但实测电导率下降，说明土壤中的可溶性盐含量有大幅度的流失，可能会对研究区植被的正常生长产生一定的影响。煤炭采后 1 年时相较未开采时，20cm、40cm、60cm 处电导率分别下降 21.2μs/cm、21.4μs/cm、21.6μs/cm，土壤深度 60cm 处电导率下降较大。

4.3.5.3 含水率

煤炭采后 1 年与未开采时期土壤含水率变化如图 4.21 所示。

研究区土壤含水率在未开采时期为 5.9%，采煤 1 年后，下降到 3.7%，为重旱地区。土壤深度 20cm、40cm、60cm 处，土壤含水率分别下降 2.4%、2.3%、1.8%，表层土壤含水率下降较大。采煤导致土壤表面产生裂缝，土壤与空气接触的表面积增大，使得上层土壤蒸发量增大，同时由于缝隙的增多，土壤水分向下迁移途径增多，下层土壤含水率得到一定的补充，使得下层土壤含水率的降低量小于上层土壤含水率。

4.3.5.4 肥力指标

煤炭采后 1 年与未开采时期土壤有机质、碱解氮、有效磷和速效钾含量水

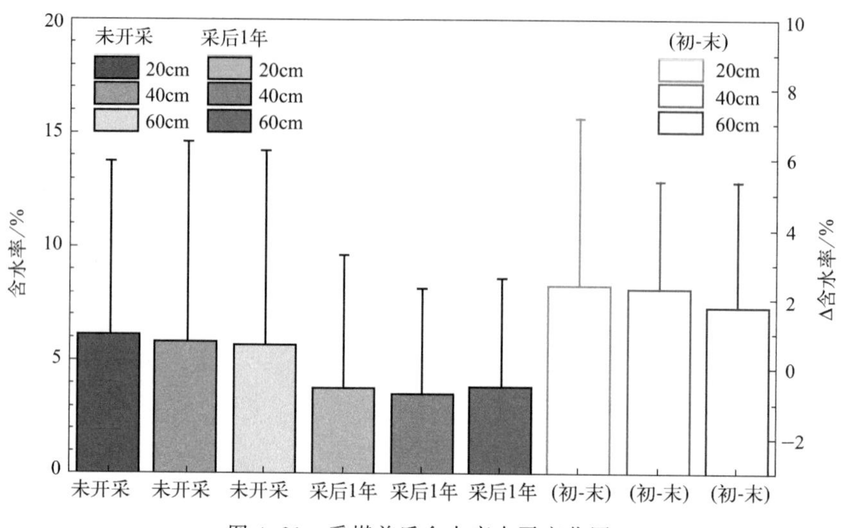

图 4.21 采煤前后含水率水平变化图

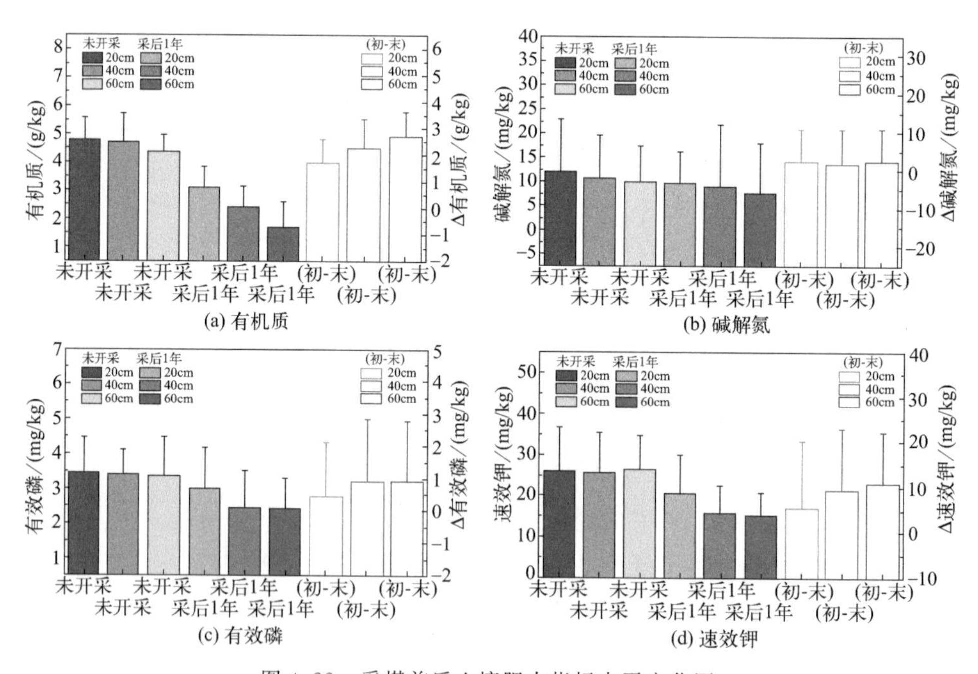

图 4.22 采煤前后土壤肥力指标水平变化图

平变化如图 4.22 所示。全国第二次土壤普查养分质量分数（c）分级标准见表 4.19。

表 4.19　全国第二次土壤普查养分质量分数（c）分级标准

级别	有机质质量分数/(g/kg)	碱解氮质量分数/(mg/kg)	有效磷质量分数/(mg/kg)	速效钾质量分数/(mg/kg)
1	$40\leqslant c$	$150\leqslant c$	$40\leqslant c$	$200\leqslant c$
2	$30\leqslant c<40$	$120\leqslant c<150$	$20\leqslant c<40$	$150\leqslant c<200$
3	$20\leqslant c<30$	$90\leqslant c<120$	$10\leqslant c<20$	$100\leqslant c<150$
4	$10\leqslant c<20$	$60\leqslant c<90$	$5\leqslant c<10$	$50\leqslant c<100$
5	$6\leqslant c<10$	$30\leqslant c<60$	$3\leqslant c<5$	$30\leqslant c<50$
6	$0\leqslant c<6$	$0\leqslant c<30$	$0\leqslant c<3$	$0\leqslant c<30$

煤炭采后 1 年相较未开采时，研究区内土壤肥力整体呈下降趋势。有机质含量在煤炭未开采时约为 4.62g/kg，在煤炭采后 1 年时下降到 2.40g/kg；碱解氮含量在煤炭采后 1 年后由 10.85mg/kg 下降到 8.73mg/kg；有效磷含量在煤炭未开采时约为 3.4mg/kg，在煤炭采后 1 年时下降到 2.6mg/kg；速效钾含量由 25.85mg/kg 下降到 17.33mg/kg。根据表 4.19，有机质、碱解氮、有效磷和速效钾对应养分级别为六级-六级、六级-六级、五级-六级、六级-六级，研究区土壤养分含量较低。

在土壤深度 20cm、40cm、60cm 处，土壤有机质含量分别下降 1.7g/kg、2.3g/kg、2.7g/kg，土壤碱解氮含量分别下降 2.4mg/kg、1.7mg/kg、2.3mg/kg，土壤有效磷含量分别下降 0.5mg/kg、0.9mg/kg、0.9mg/kg，土壤速效钾含量分别下降 5.5mg/kg、9.4mg/kg、10.6mg/kg。整体上肥力指标随深度增加流失加剧，碱解氮略有不同，在 20cm 处与 60cm 处下降含量相当，40cm 处下降量较少。

4.4　小结

对布尔台矿表层土壤进行连续一年的追踪监测，结合数理统计和地统计学的方法，探究了土壤理化性质的空间变化规律，并分析其空间分布的主要制约因子，得到的结果如下。

① 开采 1 年相较未开采时期，pH 值上升 7.1%，含水率下降 37.3%，电导率下降 23.1%，有机质含量下降 48.1%，碱解氮含量下降 19.5%，有效磷含量下降 23.5%，速效钾含量下降 32.9%，土壤质量整体呈恶化趋势，采煤活动会对土壤理化指标产生负面影响。相较未开采时期，开采 4 个月到开采

7 个月之间土壤质量恶化最为严重，到开采 1 年时，土壤质量有所回升，表明随着开采时间的增加，沉陷区土壤呈现一定的自修复能力。

② 土壤 pH 值、有机质、碱解氮、有效磷和速效钾五个理化指标的变异系数随着煤炭开采时间的增加，呈现逐渐增大的趋势，采煤沉陷会增大土壤理化指标的空间变异性。

③ 在不同煤炭开采进度下，20cm 处含水率波动幅度显著高于另外两个深度；pH 值和电导率在表层土壤不同深度下未呈现明显差异；有机质、碱解氮、有效磷和速效钾在 60cm 处流失量普遍高于 20cm 处，与研究区优势植物根系较短有关，表层土壤的保肥能力更好。同一开采进度下，浅层土壤各理化指标的空间分布在 20cm、40cm 和 60cm 三个深度上呈现相似性。

④ 含水率、pH 值和电导率三个无机指标的空间分布状态在不同开采进度下整体未呈现较大的变化。含水率整体呈现东北高西南低的趋势；未开采和开采 4 个月，pH 值分布呈现东北高西南低的趋势，开采 7 个月和开采 1 年后则变为西南高东北低的趋势，在研究区西南部方向土壤 pH 值受采煤影响增加显著；电导率整体呈现北高南低的趋势，在开采 4 个月和开采 7 个月时，电导率高值区向西部迁移，可能与气候有关。有机质和碱解氮整体呈现北高南低的趋势，与沉陷区地形分布一致；有效磷和速效钾在不同开采进度下空间分布的变化性较大，有待进一步研究。

⑤ 依据相关性分析结果，海拔和土壤质地与土壤理化指标相关性最为显著，对其空间分布影响最大，可以作为判断土壤理化指标分布状况的主要因子。坡度和坡向与部分指标具有较好的相关性，可能通过影响植被生长状况间接对土壤理化指标产生影响。

⑥ 本研究在水平方向上布设 50 个采样点进行地统计分析，受样本数量的限制，地统计分析结果可能存在一定的偏差。此外，本研究对矿区进行了连续一年的追踪研究，研究时间较短，植被等因素对矿区土壤指标的影响尚未完全表现出来，如果从长周期角度分析可能会发现更加显著的规律性。

参考文献

[1] 张发旺，侯新伟，韩占涛，等．采煤塌陷对土壤质量的影响效应及保护技术［J］．地理与地理信息科学，2003（3）：67-70.

[2] Bai L, Wang Y, Zhang K, et al. Spatial variability of soil moisture in a mining subsidence area of

northwest China [J]. International Journal of Coal Science & Technology, London: Springernature, 2022, 9 (1): 64.

[3] Zhang K, Yang K, Wu X, et al. Effects of underground coal mining on soil spatial water content distribution and plant growth type in northwest China [J]. Acs Omega, Washington: Amer Chemical Soc, 2022, 7 (22): 18688-18698.

[4] 王双明. 对我国煤炭主体能源地位与绿色开采的思考 [J]. 中国煤炭, 2020, 46 (2): 11-16.

[5] 史沛丽, 张玉秀, 胡振琪, 等. 采煤塌陷对中国西部风沙区土壤质量的影响机制及修复措施 [J]. 中国科学院大学学报, 2017, 34 (3): 318-328.

[6] 邹慧, 毕银丽, 朱郴韦, 等. 采煤沉陷对沙地土壤水分分布的影响 [J]. 中国矿业大学学报, 2014, 43 (3): 496-501.

[7] 闫冬梅. 煤炭开采对地质环境的影响——以山西省平鲁区窝窝会村为例 [J]. 西部探矿工程, 2022, 34 (2): 16-19.

[8] 王丽. 神木矿区采煤对土壤和植被的影响 [D]. 咸阳: 西北农林科技大学, 2012.

[9] 王新静, 胡振琪, 胡青峰, 等. 风沙区超大工作面开采土地损伤的演变与自修复特征 [J]. 煤炭学报, 2015, 40 (09): 2166-2172.

[10] 程林森, 雷少刚, 卞正富. 半干旱区煤炭开采对土壤含水量的影响 [J]. 生态与农村环境学报, 2016, 32 (2): 219-223.

[11] 郭巧玲, 马志华, 苏宁, 等. 神府-东胜采煤塌陷区裂缝对土壤含水量的影响 [J]. 中国水土保持科学, 2019, 17 (1): 109-116.

[12] 张会娟. 采煤沉陷区土壤特性空间变异及土壤质量评价研究 [D]. 焦作: 河南理工大学, 2020.

[13] 杜华栋, 赵晓光, 张勇, 等. 榆神府覆沙矿区采煤塌陷地表层土壤理化性质演变 [J]. 土壤, 2017, 49 (4): 770-775.

[14] 刘哲荣, 燕玲, 贺晓, 等. 采煤沉陷干扰下土壤理化性质的演变——以大柳塔矿采区为例 [J]. 干旱区资源与环境, 2014, 28 (11): 133-138.

[15] 赵瑜, 袁玉敏, 陈超. 风沙区采煤扰动下土壤养分含量的演变特征 [J]. 中国矿业, 2017, 26 (06): 84-87.

[16] 张亦扬. 榆神府采煤塌陷区不同植被恢复方式下土壤与植物演替规律及其耦合关系 [D]. 西安: 西安科技大学, 2019.

[17] 朱莉, 孙超, 杨春艳, 等. 基于因子分析的不同采煤地表沉陷年限土壤质量评价 [J]. 地下水, 2016, 38 (6): 157-160.

[18] Ma K, Zhang Y, Ruan M, et al. Land subsidence in a coal mining area reduced soil fertility and led to soil degradation in arid and semi-arid regions [J]. International Journal of Environmental Research and Public Health, 2019, 16 (20): E3929.

[19] 雷少刚, 卞正富. 西部干旱区煤炭开采环境影响研究 [J]. 生态学报, 2014, 34 (11): 2837-2843.

[20] Mylliemngap W, Barik S K. Plant diversity, net primary productivity and soil nutrient contents of a humid subtropical grassland remained low even after 50 years of post-disturbance recovery from

coal mining [J]. Environmental Monitoring and Assessment, 2020, 191 (S 3): 697.

[21] 琚成远，浮耀坤，陈超，等．神南矿区采煤沉陷裂缝对土壤表层含水量的影响 [J]. 煤炭科学技术，2022，50 (4)：309-316.

[22] 张凯，王顺洁，高霞，等．煤炭开采下神东矿区土壤含水率的空间变异特征及其与土质和植被的响应关系 [J]. 天津师范大学学报（自然科学版），2022，42 (06)：53-61.

[23] 赵永峰．神东矿区采煤塌陷对土壤理化性质及土壤含水率的影响 [C]. 2006 中国科学技术协会，2006：3729-3733.

[24] 李涛，于蕾，万广华，等．近 30 年山东省耕地土壤 pH 时空变化特征及影响因素 [J]. 土壤学报，2021，58 (1)：180-190.

[25] 姚世庭，芦光新，王军邦，等．模拟增温对土壤电导率的影响 [J]. 干旱区研究，2020，37 (3)：598-606.

[26] 王蓓，孙庚，罗鹏，等．模拟升温和放牧对高寒草甸土壤微生物群落的影响 [J]. 应用与环境生物学报，2011，17 (2)：151-158.

[27] 周瑞平．鄂尔多斯地区采煤塌陷对风沙土壤性质的影响 [D]. 呼和浩特：内蒙古农业大学，2008.

[28] 郭程锦．采煤沉陷区土壤理化性质时空变化特征 [J]. 现代盐化工，2021，48 (6)：67-68.

[29] 刘月华，位晓婷，钟梦莹，等．甘南高寒草甸草原不同海拔土壤理化性质分析 [J]. 草原与草坪，2014，34 (3)：1-7

[30] 李懿洋．甘肃省产业结构与经济增长的灰色关联分析 [J]. 企业经济，2011，30 (5)：20-23.

第5章

沉陷区包气带土壤含水率时空变化规律研究

煤炭开采会引起覆岩破坏与地表损伤，形成地裂缝、塌陷坑、塌陷阶地等。覆岩破坏会导致地下水位下降，从而影响潜水对土壤水的蒸发补给；地表损伤改变了剖面土层的垂直结构，使土壤体积质量和孔隙度发生变化；塌陷会降低土壤持水能力，影响土壤水的运移规律及土壤理化性质[1]。采煤塌陷会导致土壤结构发生改变，从而使塌陷区风沙土表层土壤细颗粒下移，物理性黏粒含量减少。采煤产生的地表裂缝影响水分的运移。在未出现降雨时，裂缝使土壤蒸发面积变大，导致水分蒸发损失量增加，进而使裂缝区域土壤中含水率低于非裂缝区域。在降雨后，地表裂缝使水分入渗速度增加，裂缝区表层土壤含水率低于非裂缝区域；非毛管孔隙增多，促进了土壤的垂直蒸发[2]。

包气带将降雨、地表水、地下水和土壤水连接起来，并促进地球地表系统水文循环中水和能量的交换和分配[3]。包气带是连接地表水和地下水的缓冲带，在包气带水流和溶质运移被衰减，污染物被吸收、降解和转化，对土壤中水资源的质量和数量起着重要作用。近年来，包气带水分的观测与时空变化规律已成为国际土壤学研究的热点之一。

本章以神东矿区布尔台煤矿开采工作面包气带土壤作为研究对象，研究煤炭开采前、开采中与开采后对包气带土壤水分分布的影响，并通过地统计学分析方法及优先流实验探究煤炭开采对土壤水分的影响因素。

5.1 不同时期包气带土壤含水率变化特征

5.1.1 材料与方法

5.1.1.1 布点方法

采样前，依据开采沉陷水平移动变形理论，对煤炭开采影响范围进行分区，可将研究区分为拉伸区、挤压区和盆底区。水平变形值大于0的区域为拉伸区，表示在水平方向上相邻土壤颗粒远离；水平变形值小于0的区域为挤压区，表示在水平方向上相邻土壤颗粒靠近；在盆底区无水平变形值，表示在水平方向上相邻土壤颗粒不发生相对移动。

为探究煤炭开采对土壤包气带含水率运移的影响，选取布尔台22207工作面正在开采区域作为研究区域，以采煤沉陷区产生的盆底区、拉伸区和挤压区作为参照并考虑采样地地形进行布置。具体布点方式参考第四章，选取测线R1～R5，每条测线以100m等距设置5个采样点，共计25个采样点。R1、R5位于拉伸区，R1左侧为未采区域，R5右侧属于采空区；R2、R4位于挤压区，R4为沟谷，地势较低；R3位于盆底区。整块区域地势为R1到R5逐渐降低，R4为沟谷，是整片区域地势最低点，R5为坡顶。

5.1.1.2 采样方法

每个采样点以50cm深度为间隔，采样深度以10m为基准，并根据土壤质地、土壤含水率等影响因素设置实际深度，每个深度取3个平行样，如图5.1。采集工具可使用钻机、洛阳铲等。采样后于现场测量鲜重，并装入密封袋带回实验室进行分析。

本研究共进行四次采样，采样时间分别为2020.11.04—2020.11.13（煤炭未开采时期），2021.04.22—2021.04.27（煤炭采后4个月），2021.07.14—2021.07.20（煤炭采后7个月），2021.12.11—2021.12.14（煤炭采后1年）。

5.1.1.3 测试方法

采用经典烘干法进行测定。用环刀在现场取新鲜土样置于铝盒中，并使用电子天平进行称重，在实验室内使用烘箱在105℃下烘干至恒重（10h），取出并冷却至室温称重。土壤含水率计算公式为：

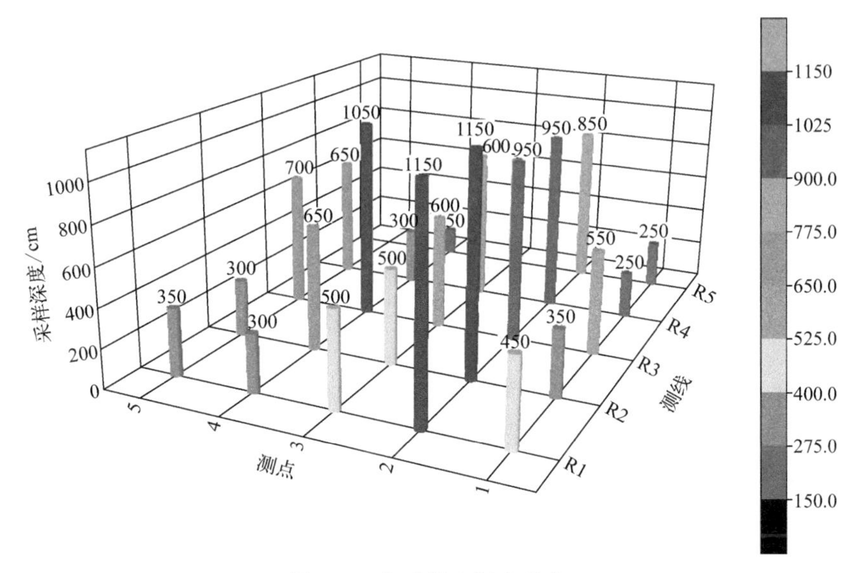

图 5.1　各采样点深度分布

$$\omega=\frac{W_1-W_2}{W_2-W_3} \tag{5.1.1}$$

式中，W_1（g）为土壤鲜重；W_2（g）为烘干后土壤质量；W_3（g）为铝盒质量。

5.1.1.4　研究方法

绘制开采后不同周期包气带土壤含水率垂向变化曲线，同时对包气带土壤样本含水率进行经典统计学分析，使用 SPSS20.0 计算不同时期包气带土壤含水率在不同深度的均值、标准差、变异系数等来分析包气带土壤含水率的时间变化特征[4]。

5.1.2　包气带土壤含水率时间变化特征

5.1.2.1　煤炭未开采时期数据经典统计学分析

（1）包气带土壤含水率垂向变化

由图 5.2 可知：①总体上来看，研究区域内土壤含水率随深度增加而增大；②在图 5.2(a)～5.2(c) 和图 5.2(e) 中，均出现含水率突变曲线，即含水率在某一深度后突然增大；③由图 5.2(d) 可知在深度大于 850cm 时，土壤含水率受到潜水影响而急剧增加。这是因为随深度的增加，蒸腾作用降低，同时仅有较少部分植物根须能到达更深处，因此使土壤含水率随深度增加而增加。土壤是非均质的连续体，在不同深度土壤会出现不同的层状结构，不同质地导致土壤含水率的持水能力不同，从而引起土壤含水率的变化。

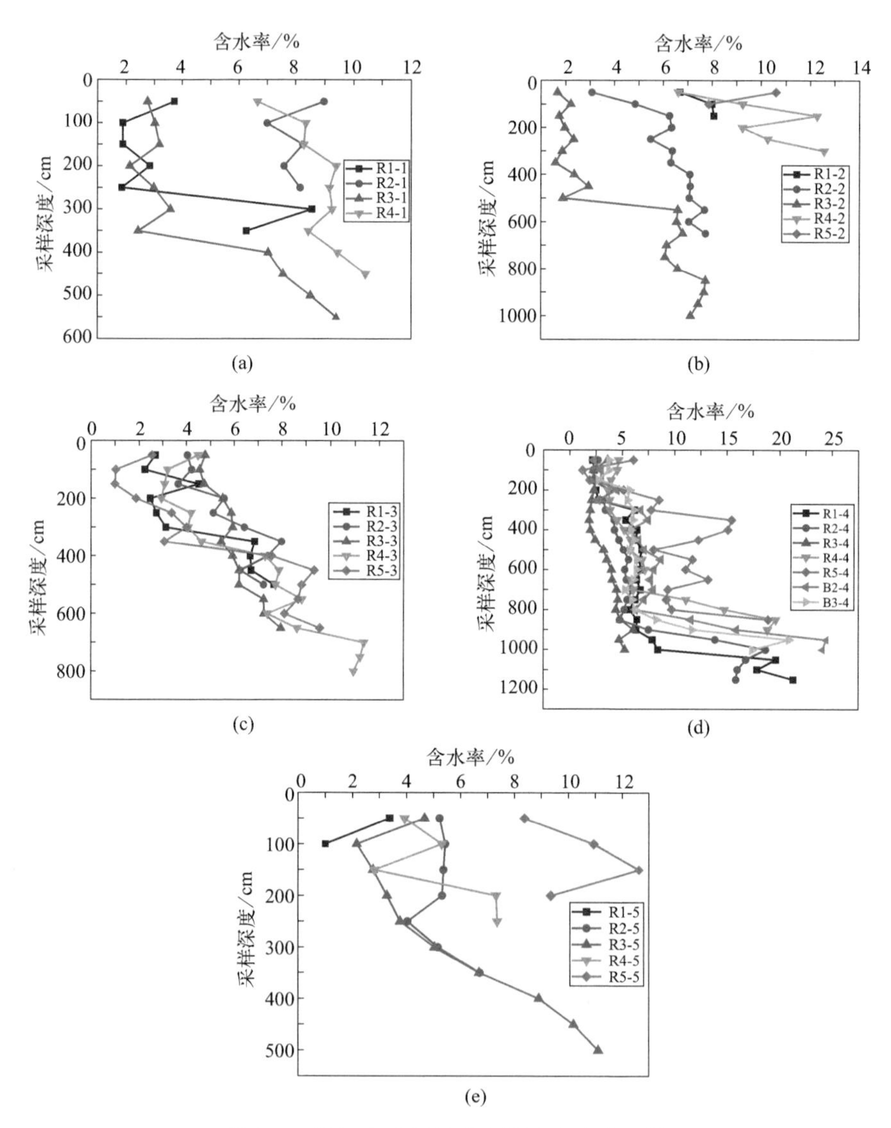

图 5.2 煤炭未开采时期土壤含水率分布图

综上所述，在 0～850cm 深度，土壤含水率随深度的增加而增加，且因受到土壤质地的影响而改变，符合土壤含水率的一般变化规律。

（2）经典统计分析

对不同深度土壤含水率进行经典统计学分析，使用SPSS20.0计算不同深度下的均值、标准差、变异系数、最小值、中位数和最大值[5]，结果见表5.1。

表5.1　煤炭未开采时期土壤含水率描述性统计结果

深度/cm	均值/%	标准差	变异系数	最小值	中位数	最大值	p值
50	4.62	2.25	0.49	1.67	3.99	10.59	0.07
100	4.30	2.74	0.64	0.99	3.48	10.94	0.11
150	4.62	3.33	0.72	1.00	3.13	12.63	0.01
200	4.82	2.46	0.51	1.87	4.47	9.40	0.20
250	4.83	2.57	0.53	1.86	3.93	10.26	0.04
300	5.60	2.61	0.47	1.86	5.55	12.57	0.20
350	5.86	3.07	0.52	1.59	6.06	15.47	0.20
400	6.72	2.92	0.43	1.98	6.67	15.11	0.05
450	6.99	2.54	0.36	2.43	6.56	12.29	0.20
500	6.76	2.18	0.32	1.89	7.08	11.11	0.20
550	7.54	2.01	0.27	3.54	7.24	11.72	0.20
600	7.09	1.70	0.24	3.98	7.13	11.07	0.20
650	7.46	2.36	0.32	4.06	7.24	13.23	0.20
700	7.05	2.17	0.31	4.47	6.14	11.38	0.20
750	7.45	2.46	0.33	4.60	6.25	11.21	0.14
800	7.76	3.37	0.43	4.41	6.26	14.78	0.02
850	10.27	5.96	0.58	4.77	8.01	19.63	0.13
900	10.59	5.06	0.48	6.09	7.68	18.85	0.08
950	13.21	7.99	0.60	4.72	10.90	24.43	0.20
1000	13.50	7.59	0.56	5.26	12.94	24.08	0.20

由表5.1可知，随深度的增加土壤平均含水率呈现增加趋势，变化范围为4.30%～13.50%，平均含水率为6.58%。各深度土壤含水率平均值与中位数基本接近，说明数据的集中分布不受异常值支配，含水率数据分布较为均匀，未出现较明显的异常值。K-S检验结果p值见表5.1，在研究区域内各层土壤含水率数据服从正态分布。

研究区域各土层含水率数据均匀性不强，变异系数变化范围为0.24～0.72。变异系数变化从上而下可大致分为三个阶段：0～150cm随深度的增加变异系数增加，土壤表层受到气候及地形的影响，含水率变化较大；150～

600cm 随深度的增加变异系数下降，这是因为随深度的增加，受到降水及蒸发作用的影响减小，含水率趋于稳定；600～1000cm 随深度的增加变异系数增加，达到毛细含水层后，部分土壤含水率受到地下水补给作用而增加，使同一深度变异系数增大。此结论也可从图 5.3 中得出。

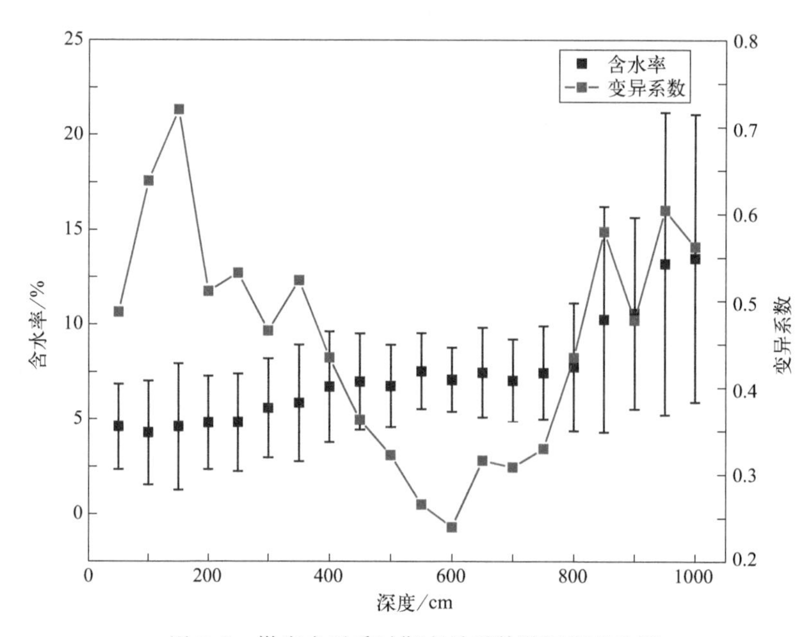

图 5.3　煤炭未开采时期变异系数随深度变化图

变异系数通常用于反映数据的变异特征，前人依据含水率将土壤垂向分为速变层、活跃层、次活动层和相对稳定层，但其研究土壤深度较浅，Ma 等[6]将 CV≥40%划分为高度变异，10%<CV<40%划分为中度变异，CV≤10%划分为低度变异。结合本研究变异系数变化范围，将包气带土壤分为三层：浅层强变异层；土壤中间稳定层；深层强变异层。

土壤浅层受到降水、植物蒸腾作用等影响，在 0～400cm 深度土壤含水率变异系数较强；在 400～750cm 的土层中，由于未受到地表降水及植物的影响，也未受到地下饱水层的影响，同时土质相对稳定，故在此层内土壤含水率较稳定；在 750～1000cm 土壤深层接近饱和毛细水层，土壤含水率急剧增大，出现较强的变异性。

对土壤含水率进行显著性差异分析，可以将其分为三组：0～350cm 为一组，含水率平均值为 5.18%；350～800cm 为一组，含水率平均值为 7.20%；800～1000cm 为一组，含水率平均值为 11.89%。将按显著性分析结果与按照变异系数分类进行比较得到表 5.2，其结果表明按显著性差异进行分层与按变异系数进行分层，土壤平均含水率基本相同，本研究采用变异系数分层。

综上所述，包气带土壤在浅层与深层变异系数较大，可按变异系数 0.4 为界限，将土层划分为浅层强变异层、中间稳定层和深层强变异层。

表 5.2 煤炭未开采时期土壤分层含水率比较

分组	深度(按显著性差异)/cm	平均含水率/%	深度(按变异系数)/cm	平均含水率/%
第一组	0～350	5.18	0～400	5.07
第二组	350～800	7.20	400～750	7.16
第三组	800～1000	11.89	750～1000	10.73

5.1.2.2 煤炭采后 4 个月数据经典统计学分析

(1) 采样数据分布

在煤炭开采 4 个月后，土壤含水率垂向分布如图 5.4 所示。由图 5.4 可知：①总体上来看，研究区域内土壤含水率呈现随深度增加而增大的趋势；②在图 5.4(a)～图 5.4(c) 和图 5.4(e) 中，均出现含水率突变曲线，即含水率在达到某一深度后突然增大；③由图 5.4(d) 可知在深度大于 850cm 时，土壤含水率受到潜水影响而急剧增加。这是因为随深度增加，蒸腾作用减少，同时仅有较少部分植物根须能到达更深处，因此使土壤含水率随深度增加而增加。土壤是非均质的连续体，在不同深度土壤会出现不同的层状结构，不同质地导致土壤含水率的持水能力不同，从而引起土壤含水率的变化。

综上所述，在 0～850cm 深度，土壤含水率随深度增加而增加，且受到土壤质地的影响而改变，符合土壤含水率一般变化规律。

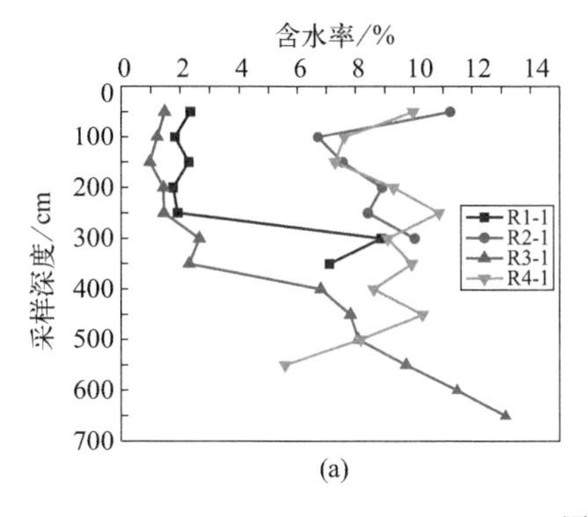

(a)

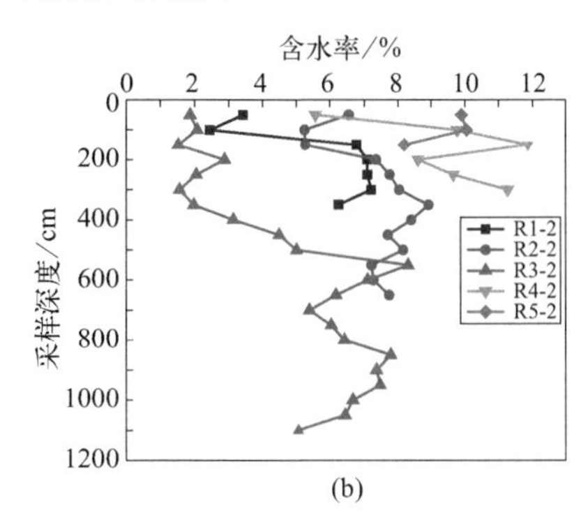

(b)

图 5.4

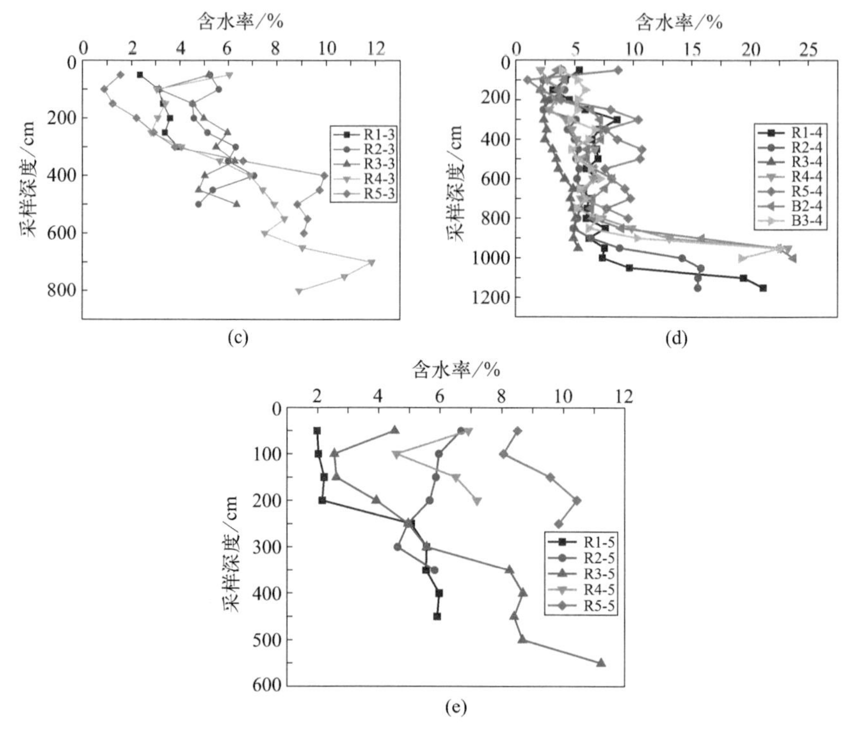

图 5.4 煤炭采后 4 个月土壤含水率分布

(2) 经典统计分析

对不同深度的土壤含水率进行经典统计学分析，使用 SPSS20.0 计算不同深度下的均值、标准差、变异系数、最小值、中位数和最大值得到表 5.3。

表 5.3 煤炭采后 4 个月土壤含水率描述性统计结果

深度/cm	均值/%	标准差	变异系数	最小值	中位数	最大值	p 值
50	5.13	2.79	0.54	1.48	4.86	11.25	0.20
100	4.35	2.72	0.62	0.88	3.14	10.05	0.005
150	4.83	2.76	0.57	0.97	4.52	11.87	0.20
200	4.79	2.66	0.56	1.44	3.83	10.44	0.025
250	5.26	2.73	0.52	1.45	5.10	10.87	0.20
300	6.11	2.60	0.43	1.56	5.49	11.26	0.029
350	6.05	2.08	0.34	1.98	6.26	9.92	0.20
400	6.31	2.01	0.32	2.48	6.46	9.92	0.20
450	6.95	2.90	0.42	1.67	6.73	14.80	0.20
500	6.64	2.14	0.32	2.65	6.66	10.57	0.20
550	7.40	2.00	0.27	3.62	7.21	11.23	0.20
600	7.40	1.84	0.25	4.15	7.21	11.49	0.20

续表

深度/cm	均值/%	标准差	变异系数	最小值	中位数	最大值	p值
650	7.18	2.37	0.33	4.87	6.10	13.15	0.05
700	6.86	2.36	0.34	4.64	5.97	11.87	0.01
750	6.68	1.83	0.27	4.83	6.09	10.75	0.20
800	6.91	1.52	0.22	5.08	6.57	9.57	0.20
850	7.56	3.36	0.44	4.91	6.22	14.03	0.20
900	12.15	8.30	0.68	4.92	7.36	25.83	0.078
950	14.60	8.63	0.59	4.32	16.73	23.26	0.20
1000	14.91	8.54	0.57	6.68	14.21	27.06	0.20

由表5.3可知，土壤含水率随深度增加而增加，变化范围为4.35%～14.91%，平均含水率为6.56%，且各深度含水率最大值在850cm前基本保持在10%左右，在850～1000cm深度含水率最大值为25%左右，属于高含水率区。各深度土壤水分平均值与中位数基本接近，说明数据的集中分布不受异常值支配。K-S检验结果p值见表5.3，在研究区域内各层土壤含水率数据服从正态分布。

研究区域各土层含水率数据均匀性不强，变异系数变化范围为0.22～0.68。变异系数变化可大致分为三个阶段：0～100cm变异系数增加，土壤表层受到气候及地形的影响，含水率变化较大；100～800cm变异系数呈下降趋势，含水率趋于稳定；800～1000cm变异系数增加，达到毛细含水层，部分土壤含水率受到地下水补给作用。此结论也可从图5.5中得出。

按照前人经验，变异系数小于0.1为弱变异区，变异系数介于0.1～0.4为中变异区，变异系数大于0.4为强变异区。据此可以将本研究土壤分为三组：浅层强变异层；土壤中间稳定层；深层强变异层。

土壤浅层受到降水、植物蒸腾作用等影响，在0～300cm深度土壤含水率变异系数较强；在300～800cm的土层中，未受到地表降水及植物的影响，也未受到地下饱水层的影响，同时土质相对稳定，故在此层内土壤含水率较稳定；在800～1000cm土壤深层接近饱和毛细水层，土壤含水率急剧增大，出现较强的变异性。

按照含水率均值，可以将其分为三组：0～250cm为一组，含水率均值为4.87%；250～850cm为一组，含水率均值为6.84%；850～1000cm为一组，含水率均值为13.88%。将按显著性分析结果与按照变异系数分类进行比较得到表5.4，其结果表明按显著性差异进行分层与按变异系数进行分层，土壤平均含水率基本相同，本文采用按变异系数分层。

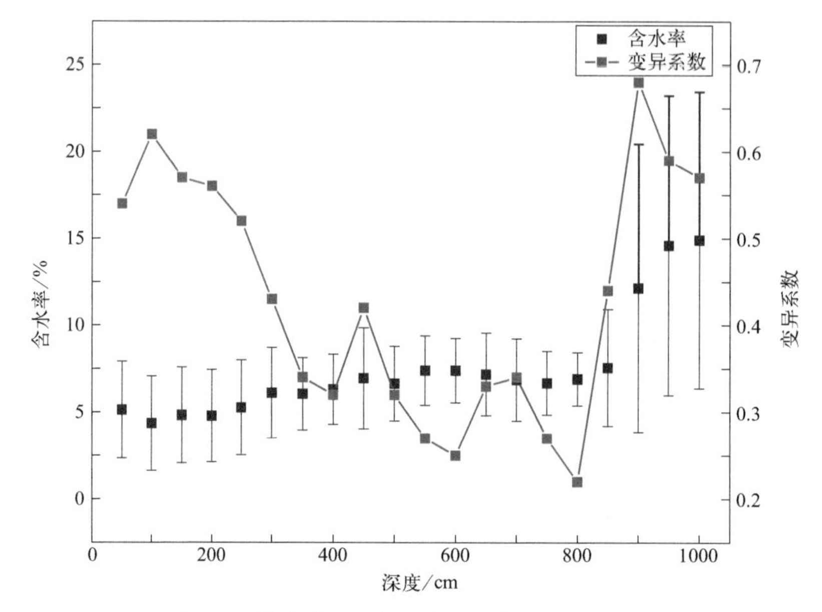

图 5.5 煤炭采后 4 个月变异系数随深度变化图

综上所述，包气带土壤在浅层与深层变异系数较大，可按变异系数 0.4 为界限，将土层划分为浅层强变异层、中间稳定层和深层强变异层。

表 5.4 煤炭采后 4 个月土壤分层含水率比较

分组	深度(按显著性差异)/cm	平均含水率/%	深度(按变异系数)/cm	平均含水率/%
第一组	0～250	4.87	0～300	5.08
第二组	250～850	6.84	300～800	6.84%
第三组	850～1000	13.88	800～1000	12.31

5.1.2.3 煤炭采后 7 个月数据经典统计学分析

(1) 采样数据分布

在煤炭开采 7 个月后，土壤含水率垂向分布如图 5.6 所示。由图 5.6 可知：①总体上来看，研究区域内土壤含水率呈现随深度增加而增大的趋势；②在图 5.6(a)～图 5.6(c) 和图 5.6(e) 中，均出现含水率突变曲线，即含水率在达到某一深度后突然增大；③由图 5.6(d) 可知在深度大于 900cm 时，土壤含水率受到潜水影响而急剧增加。这是因为随深度增加，蒸腾作用减少，同时仅有较少部分植物根须能到达更深处，因此使土壤含水率随深度增加而增加。土壤是非均质的连续体，在不同深度土壤会出现不同的层状结构，不同质

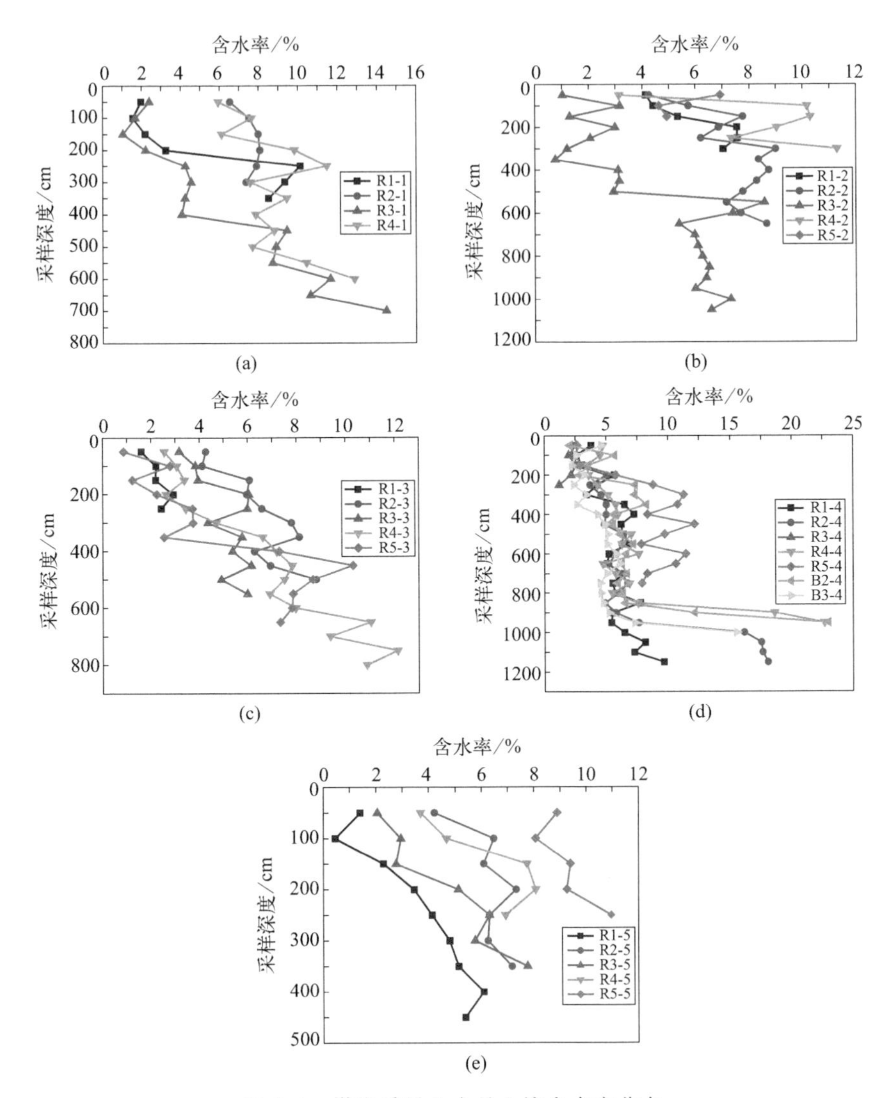

图 5.6　煤炭采后 7 个月土壤含水率分布

地导致土壤含水率的持水能力不同，从而引起土壤含水率的变化。

综上所述，在 0～900cm 深度，土壤含水率随土壤深度的增加而增加，且受到土壤质地的影响而改变，符合土壤含水率一般变化规律。

（2）经典统计分析

对不同深度的土壤含水率进行经典统计学分析，使用 SPSS20.0 计算不同深度下的均值、标准差、变异系数、最小值、中位数和最大值。

表 5.5 煤炭采后 7 月土壤含水率描述性统计结果

深度/cm	均值/%	标准差	变异系数	最小值	中位数	最大值	p 值
50	3.54	1.90	0.54	0.87	3.16	8.89	0.20
100	4.13	2.30	0.56	0.46	3.50	10.18	0.091
150	4.33	2.56	0.59	1.05	3.41	10.30	0.013
200	5.25	2.42	0.46	2.17	5.12	9.82	0.021
250	5.78	2.76	0.48	1.20	6.10	11.48	0.124
300	6.19	2.57	0.41	1.20	5.76	11.30	0.20
350	6.05	2.68	0.44	0.76	6.49	10.79	0.20
400	6.17	1.57	0.26	3.11	6.09	8.74	0.20
450	7.08	2.34	0.33	3.15	6.93	12.16	0.20
500	7.00	1.78	0.25	2.94	7.26	9.74	0.20
550	7.31	1.33	0.18	5.08	7.15	10.43	0.20
600	8.16	2.39	0.29	5.23	7.65	12.87	0.009
650	7.37	2.34	0.32	4.74	6.26	11.05	0.14
700	7.44	2.85	0.38	4.63	6.41	14.48	0.06
750	6.96	2.32	0.33	4.52	6.41	12.14	0.103
800	6.48	1.88	0.29	4.60	6.02	10.89	0.002
850	6.34	1.16	0.18	4.77	6.52	7.76	0.20
900	8.96	4.93	0.55	5.23	6.11	18.63	0.14
950	12.00	7.70	0.64	5.42	7.46	22.99	0.12
1000	11.35	4.48	0.39	6.48	11.41	16.12	0.08

由表 5.5 可知，土壤含水率随深度增加而增加，变化范围为 3.54%～12.00%，平均含水率为 6.25%，且各深度含水率最大值在 900cm 前基本保持在 11%左右，在 900～1000cm 深度含水率最大值在 20%左右，属于高含水率区。各深度土壤水分平均值与中位数基本接近，说明数据的集中分布不受异常值支配。K-S 检验结果 p 值见表 5.5，在研究区域内各层土壤含水率数据服从正态分布。

研究区域各土层含水率数据均匀性不强，变异系数变化范围为 0.18～0.64。变异系数可大致分为三个区域：0～150cm 变异系数增加，土壤表层受到气候及地形的影响，含水率变化较大；150～850cm 变异系数下降，含水率趋于稳定；850～1000cm 变异系数增加，基本达到毛细含水层，土壤含水率趋于饱和。此结论也可从图 5.7 中得出。

按照前人经验，变异系数小于 0.1 为弱变异区，变异系数介于 0.1～0.4 为中变异区，变异系数大于 0.4 为强变异区。据此可以将本研究土壤分为三组：浅层强变异层；土壤中间稳定层；深层强变异层。

土壤浅层受到降水、植物蒸腾作用等影响，在 0～350cm 深度土壤含水率

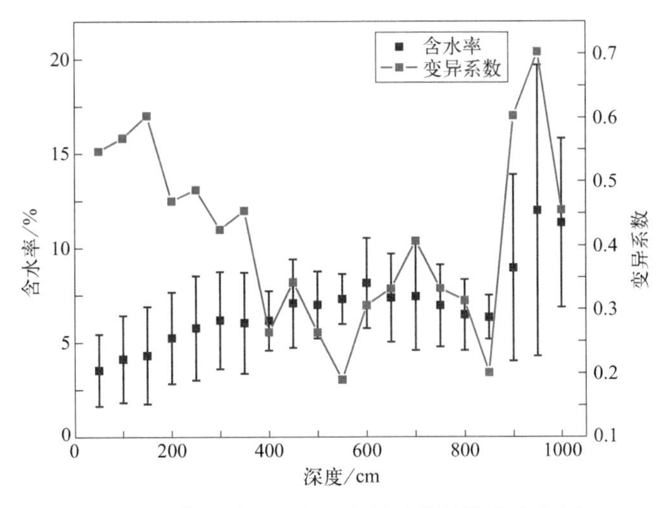

图 5.7　煤炭采后 7 个月变异系数随深度变化图

变异系数较强；在 350～850cm 的土层中，未受到地表降水及植物的影响，也未受到地下饱水层的影响，同时土质相对稳定，故在此层内土壤含水率较稳定；在 850～1000cm 土壤深层接近饱和毛细水层，土壤含水率急剧增大，出现较强的变异性。

按照含水率均值，可以将其分为三组：0～300cm 为一组，含水率均值为 4.31％；300～850cm 为一组，含水率均值为 6.58％；850～1000cm 为一组，含水率均值为 10.77％。将按显著性分析结果与按照变异系数分类进行比较得到表 5.6，其结果表明按显著性差异进行分层与按变异系数进行分层，土壤平均含水率基本相同，本文采用按变异系数分层。

综上所述，包气带土壤在浅层与深层变异系数较大，可按变异系数 0.4 为界限，将土层划分为浅层强变异层、中间稳定层和深层强变异层。

表 5.6　煤炭采后 7 个月土壤分层含水率比较

分组	深度(按显著性差异)/cm	平均含水率/％	深度(按变异系数)/cm	平均含水率/％
第一组	0～300	4.31	0～350	5.03
第二组	300～850	6.58	350～850	7.03
第三组	850～1000	10.77	850～1000	10.77

5.1.2.4　煤炭采后 1 年数据经典统计学分析

（1）采样数据分布

在煤炭采后 1 年，土壤含水率垂向分布如图 5.8 所示。由图 5.8 可知：

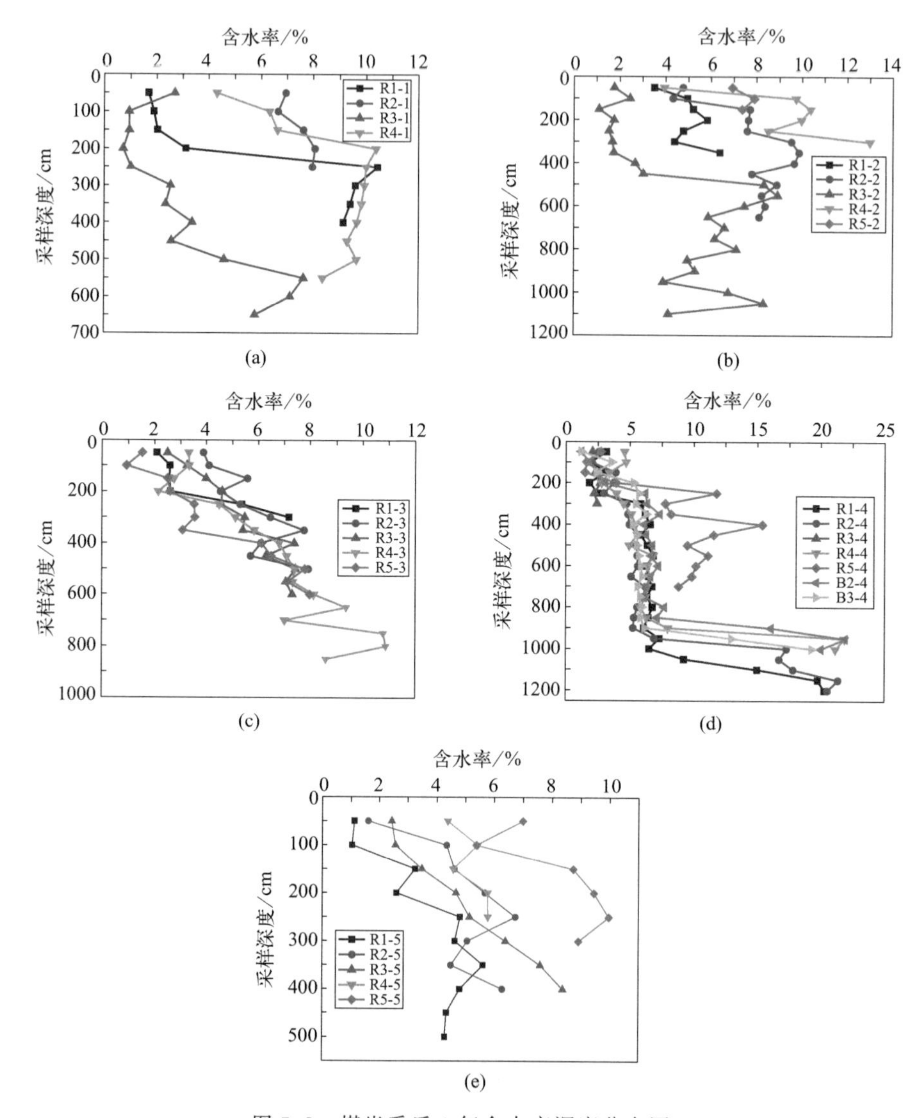

图 5.8　煤炭采后 1 年含水率深度分布图

①总体上来看，研究区域内土壤含水率呈现随深度增加而增大的趋势；②在图 5.8(a)～图 5.8(c) 和图 5.8(e) 中，均出现含水率突变曲线，即含水率在达到某一深度后突然增大；③由图 5.8(d) 可知在深度大于 900cm 时，土壤含水率受到潜水影响而急剧增加。这是因为随深度增加，蒸腾作用减少，同时仅有较少部分植物根须能到达更深处，因此使土壤含水率随深度增加而增加。土壤是非均质的连续体，在不同深度土壤会出现不同的层状结构，不同质地导致

土壤含水率的持水能力不同，从而引起土壤含水率的变化。

综上所述，在 0～900cm 深度，土壤含水率随土壤深度的增加而增加，且受到土壤质地的影响而改变，符合土壤含水率一般变化规律。

（2）经典统计学分析

对不同深度的土壤含水率进行经典统计学分析，使用 SPSS20.0 计算不同深度下的均值、标准差、变异系数、最小值、中位数和最大值。

表 5.7　煤炭采后年含水率描述性统计结果

变量/cm	均值/%	标准差	变异系数	最小值	中位数	最大值	p 值
50	3.23	1.76	0.54	1.12	2.71	6.99	0.146
100	3.69	2.24	0.61	0.94	3.30	9.73	0.142
150	4.24	2.49	0.59	0.96	3.43	10.37	0.098
200	4.62	2.69	0.58	0.73	3.91	10.39	0.133
250	5.72	2.86	0.50	1.02	5.30	11.80	0.20
300	6.11	2.72	0.45	1.68	5.48	12.99	0.20
350	6.18	2.33	0.38	1.74	6.19	9.87	0.20
400	6.90	2.88	0.42	2.67	6.21	15.40	0.135
450	6.20	2.24	0.36	2.55	5.86	11.57	0.183
500	7.00	1.74	0.25	4.29	7.41	9.63	0.20
550	7.49	1.45	0.19	5.57	7.12	11.12	0.20
600	7.33	1.25	0.17	5.63	7.28	10.17	0.20
650	6.97	1.60	0.23	5.10	6.52	9.86	0.02
700	6.33	1.44	0.23	3.32	6.38	8.81	0.127
750	6.34	2.08	0.33	3.16	6.15	10.79	0.002
800	7.12	1.83	0.26	5.58	6.76	10.89	0.20
850	6.37	1.22	0.19	4.96	6.30	8.59	0.20
900	7.81	4.17	0.53	5.26	6.13	16.07	0.053
950	12.49	7.86	0.63	3.91	10.15	21.92	0.20
1000	15.17	6.72	0.44	6.53	18.27	21.15	0.125

由表 5.7 可知，土壤含水率随深度增加而增加，变化范围为 3.23%～15.17%，平均含水率为 6.16%。各深度土壤含水率平均值与中位数基本接近，说明数据的集中分布不受异常值支配，在研究区域内各层土壤含水率数据服从正态分布。

研究区域各土层含水率数据均匀性不强，变异系数变化范围为 0.17～0.63。变异系数可大致分为三个区域：0～100cm 变异系数增加，土壤表层受到气候及地形的影响，含水率变化较大；100～850cm 变异系数下降，含水率趋于稳定；850～1000cm 变异系数增加，基本达到毛细含水层，土壤含水率趋于饱和。此结论也可从图 5.9 中得出。

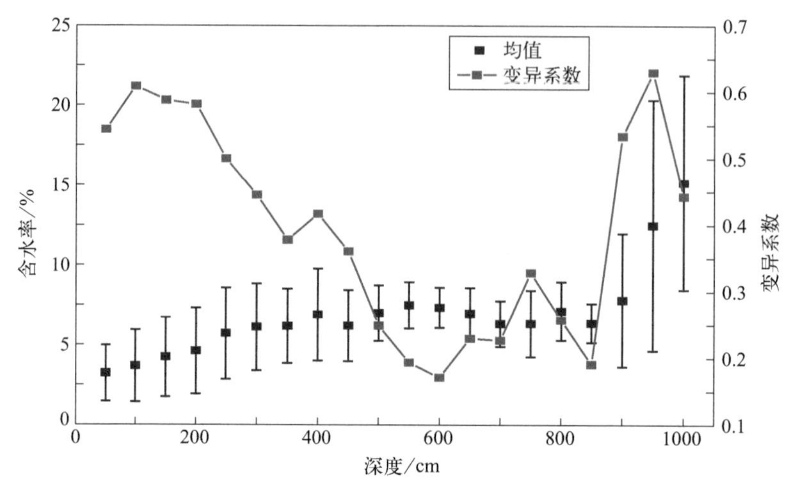

图 5.9 煤炭采后 1 年变异系数随深度变化图

按照前人经验，变异系数小于 0.1 为弱变异区，变异系数介于 0.1～0.4 为中变异区，变异系数大于 0.4 为强变异区。据此可以将本研究土壤分为三组：浅层强变异层；土壤中间稳定层；深层强变异层[7]。

土壤浅层受到降水、植物蒸腾作用等影响，在 0～400cm 深度土壤含水率变异系数较强；在 400～850cm 的土层中，未受到地表降水及植物的影响，也未受到地下饱水层的影响，同时土质相对稳定，故在此层内土壤含水率较稳定；在 850～1000cm 土壤深层接近饱和毛细水层，土壤含水率急剧增大，出现较强的变异性。

按照含水率均值，可以将其分为三组：0～300cm 为一组，含水率均值为 4.60%；300～900cm 为一组，含水率均值为 6.84%；900～1000cm 为一组，含水率均值为 13.83%。将按显著性分析结果与按照变异系数分类进行比较得到表 5.8，其结果表明按显著性差异进行分层与按变异系数进行分层，土壤平均含水率基本相同，本研究采用变异系数分层。

表 5.8 煤炭采后 1 年土壤含水率分层比较

分组	深度(按显著性差异)/cm	平均含水率/%	深度(按变异系数)/cm	平均含水率/%
第一组	0～300	4.60	0～400	5.08
第二组	300～900	6.84	400～850	6.79
第三组	900～1000	13.83	850～1000	11.82

综上所述，包气带土壤在浅层与深层变异系数较大，可按变异系数 0.4 为界限，将土层划分为浅层强变异层、中间稳定层和深层强变异层。

5.1.2.5　不同时期土壤含水率比较

为探究不同采煤时期土壤含水率的分布情况，将各采样期含水率随深度变化进行比较，得到图 5.10。

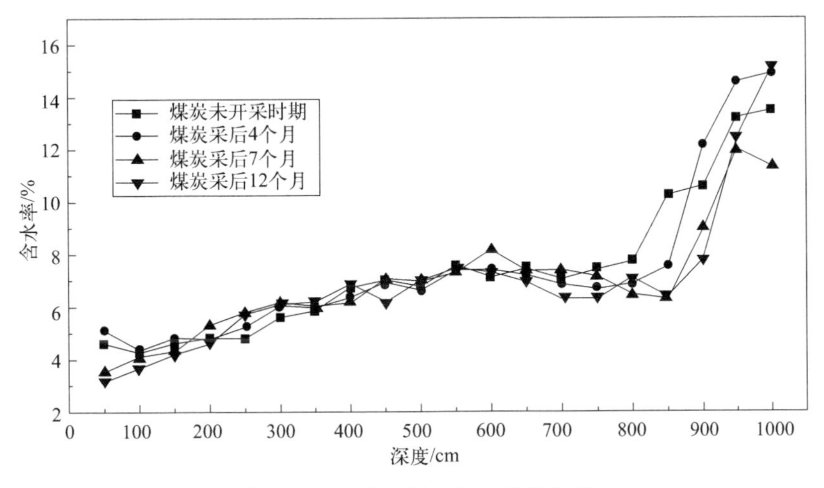

图 5.10　开采一年内含水率变化图

煤炭开采产生的地表塌陷及地表裂缝破坏了土壤结构，在一定程度上使土壤的持水能力降低，土壤含水率和田间持水量在塌陷后出现明显降低，并且表层土壤较更深层土壤变化更为显著。这是由于采煤塌陷扰动了采空区上覆土体，使得土壤毛管孔隙相对减少，土壤黏聚力随之减小。塌陷区土壤含水率变异系数大于未采区，且在同一水平面上塌陷区含水率要低于未采区。

由于底层土壤蒸腾作用小，同时仅有少部分的植物根须能够到达深处，故采煤沉陷区包气带土壤含水率会随深度的增加而增大。随着开采时间的推移，不同深度的土壤含水率呈现的变化不同：在 0～100cm 深度处土壤含水率总体呈现随季节变化而波动的趋势，11 月与 4 月含水率明显大于 7 月与 12 月，表层土壤含水率随着采煤时间增加而明显低于未开采时期；在 100～350cm 深度处由于采煤扰动导致土壤结构发生变化，优先流的增加加速了水分入渗，因此该深度处土壤含水率随开采时间的推移呈上升趋势；在 350～700cm 土壤深度处含水率受到采煤扰动的影响很小；在 700～1000cm 土壤深处，几乎不受季节性降水影响，但随着采煤时间的增加，潜水层的逐渐下移使含水率高值区随时间的增加而下移。

探究不同土壤深度含水率变异系数随时间变化的规律如图 5.11 所示。

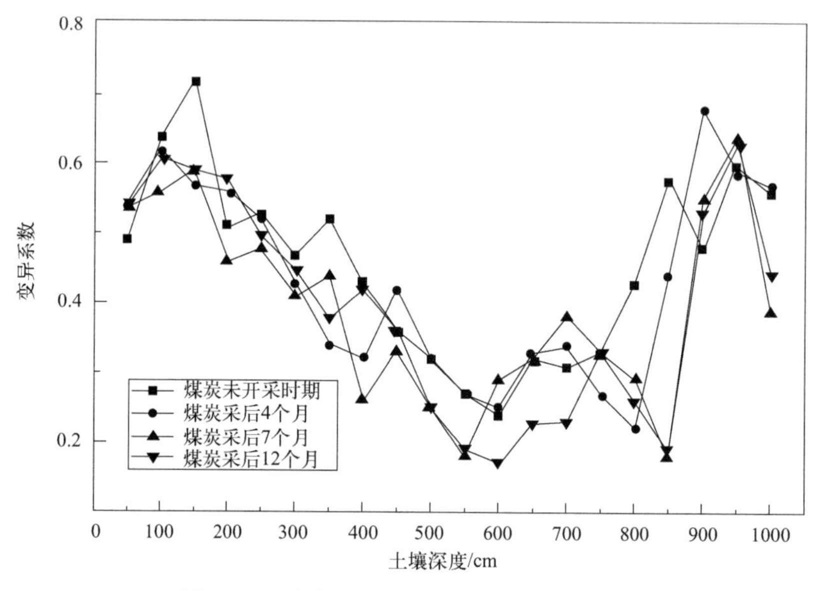

图 5.11 开采一年内不同土壤深度变异系数

从图 5.11 可看出，从煤炭采前到采后一年内，该区域包气带土壤含水率变异系数随深度变化趋势没有明显差异，且土壤含水率变异层的划分基本一致，变异系数整体上先减小后增加。在 0～400cm 土壤深度处，土壤含水率变异系数都大于 0.4，故该深度范围内的土壤为浅层强变异层；在 400～850cm 土壤深度处，土壤含水率变异系数大于 0.1 小于 0.4，故该深度范围内的土壤为中层稳定层；在 850～1000cm 土壤深度处，土壤含水率变异系数大于 0.4，故该深度范围内的土壤为深层强变异层。

5.2 不同时期包气带土壤含水率空间分布特征

5.2.1 研究方法

在研究不同时期包气带土壤含水率空间分布特征时的布点方法及采样方法参考 5.1.1 节。

利用二维克里金插值法分析不同变异层土壤含水率的空间结构，并总结其空间分布特征[8]。在此章节中由于深层强变异层样本数不足，无法进行二维克里金插值，故不进行讨论。

5.2.2 浅层强变异层土壤含水率空间分布特征

5.2.2.1 浅层强变异层土壤含水率空间结构分析

浅层强变异层半变异函数模型选择如表 5.9 所示。四种模型的空间半变异函数拟合结果表明，在煤炭未开采时期 J-Bessel 模型半变异函数拟合效果最优，决定系数为 0.75；在煤炭采后 4 个月 J-Bessel 模型半变异函数拟合效果最优，决定系数为 0.74；在煤炭采后 7 个月 J-Bessel 模型半变异函数拟合效果最优，决定系数为 0.72；在开采 12 个月后 J-Bessel 模型半变异函数拟合效果最优，决定系数为 0.78。在开采一年内，J-Bessel 模型的块金值都为 0，具有强烈的空间自相关性。

表 5.9　浅层强变异层半变异函数及拟合参数

采样时间	模型	块金值 C_0	偏基台值 C	基台值 C_0+C	$C_0/(C_0+C)$	变程/m	RMSE	R^2
煤炭未开采时期	球面	3.76	2.11	5.87	0.64	203.51	1.47	0.54
	高斯	4.43	1.48	5.91	0.75	203.51	1.22	0.67
	指数	1.99	4.05	6.04	0.33	203.51	1.36	0.62
	J-Bessel	0.00	5.79	5.79	0.00	203.51	1.11	0.75
煤炭采后 4 个月	球面	3.92	0.97	4.89	0.80	345.08	1.12	0.64
	高斯	4.18	0.76	4.94	0.85	345.08	1.02	0.69
	指数	1.80	3.09	4.89	0.37	194.03	1.06	0.65
	J-Bessel	0.00	4.61	4.61	0.00	194.03	0.99	0.74
煤炭采后 7 个月	球面	3.88	0.31	4.19	0.93	203.51	1.47	0.54
	高斯	4.11	0.09	4.20	0.98	376.94	1.35	0.57
	指数	3.43	0.80	4.23	0.81	203.51	1.26	0.62
	J-Bessel	0.00	4.08	4.08	0.00	203.51	1.11	0.72
煤炭采后 12 个月	球面	3.72	0.73	4.45	0.84	203.51	1.15	0.69
	高斯	4.02	0.43	4.45	0.90	203.51	1.22	0.66
	指数	2.98	1.54	4.52	0.66	203.51	1.12	0.73
	J-Bessel	0.00	4.33	4.33	0.00	203.51	1.04	0.78

5.2.2.2 浅层强变异层土壤含水率空间分布特征

浅层强变异层土壤含水率空间分布如图 5.12 所示。同一时期该层土壤含水率水平空间分布差异较大，但在不同开采周期该层土壤含水率的空间分布特征没有明显变化。土壤含水率高值主要分布在该区域的中部和东南部，低值区域主要分布在该区域的西北部，呈现由西北向东南增高的趋势。

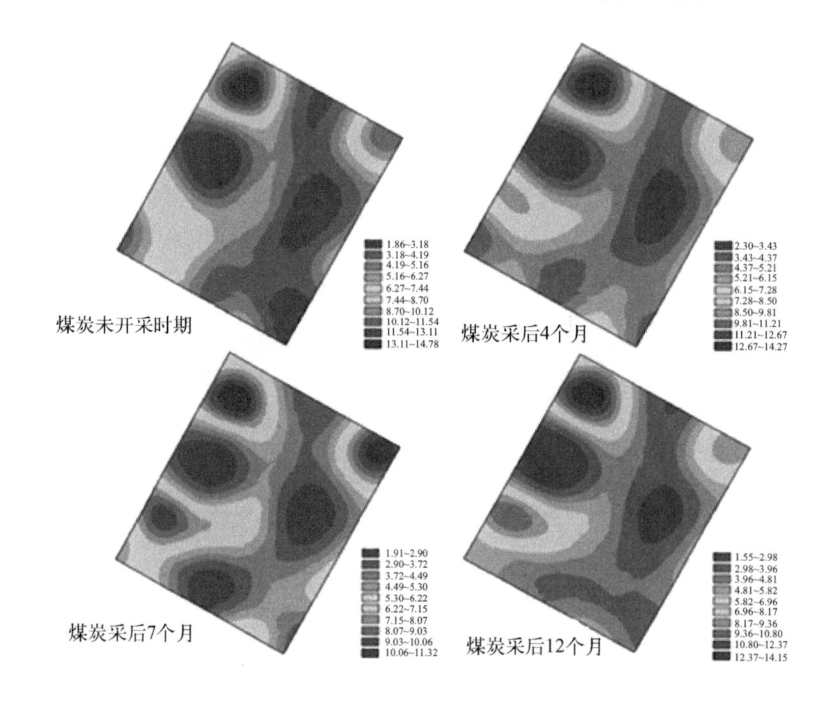

图 5.12　浅层强变异层土壤含水率空间分布

该层土壤含水率分布各采样时期空间差值见图 5.13。随着采煤时间增加，该层土壤平均含水率变化范围未发生明显改变，且在此层土壤含水率的空间分布未出现明显的变化趋势。

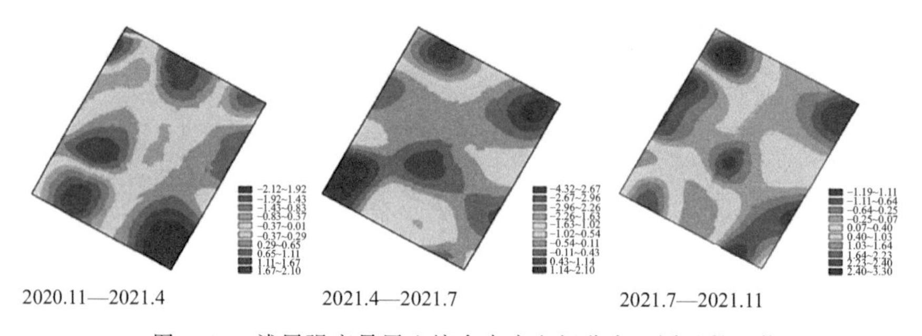

图 5.13　浅层强变异层土壤含水率空间分布不同月份差值

综上所述，在浅层强变异层土壤含水率分布较为稳定，未出现随时间变化而剧烈改变的现象，其空间变异性比深层土壤含水率弱。

5.2.3 中层稳定层土壤含水率空间分布特征

5.2.3.1 中层稳定层土壤含水率空间结构分析

中层稳定层半变异函数模型选择如表 5.10 所示。三种模型的空间半变异函数拟合结果表明，在煤炭未开采时期指数模型半变异函数拟合效果最优，块金值与基台值的比值大于 25%且小于 75%，数据具有中等空间自相关性；在煤炭采后 4 个月指数模型半变异函数拟合效果最优，块金值与基台值的比值小于 25%，数据具有强烈的空间自相关性；在煤炭采后 7 个月高斯模型半变异函数拟合效果最优，块金值与基台值的比值小于 25%，数据具有强烈的空间自相关性；在煤炭采后 12 个月指数模型半变异函数拟合效果最优，块金值与基台值的比值小于 25%，数据具有强烈的空间自相关性。

表 5.10　中层稳定层半变异函数及拟合参数

采样时间	模型	块金值 C_0	偏基台值 C	基台值 C_0+C	$C_0/(C_0+C)$	变程/m	RMSE	R^2
煤炭未开采时期	球面	3.25	1.19	4.44	0.73	299.18	1.27	0.63
	高斯	3.29	1.29	4.58	0.72	288.16	1.30	0.63
	指数	3.05	1.53	4.58	0.67	389.05	1.14	0.68
煤炭采后 4 个月	球面	0.77	3.58	4.35	0.18	332.16	1.43	0.62
	高斯	1.62	2.86	4.48	0.36	321.13	1.25	0.69
	指数	0	4.81	4.81	0.00	435.26	1.21	0.71
煤炭采后 7 个月	球面	0.26	6.16	6.42	0.04	599.99	1.51	0.58
	高斯	1.46	5.56	7.02	0.21	599.99	1.33	0.66
	指数	0	5.31	5.31	0.00	599.99	1.37	0.63
煤炭采后 12 个月	球面	0	3.37	3.37	0.00	499.99	1.26	0.69
	高斯	0.01	2.07	2.08	0.00	203.51	1.20	0.71
	指数	0	2.86	2.86	0.00	499.99	1.08	0.75

5.2.3.2 中层稳定层土壤含水率空间分布特征

中层稳定层土壤含水率空间分布如图 5.14 所示。在该层土壤含水率变化范围较小，但随着采煤时间的增加，土壤含水率水平空间分布出现明显的变化。土壤含水率高值区域由试验地中部向东南部转移，土壤含水率低值区域由试验地西北部向东部转移，并且土壤含水率均呈现减小的趋势。

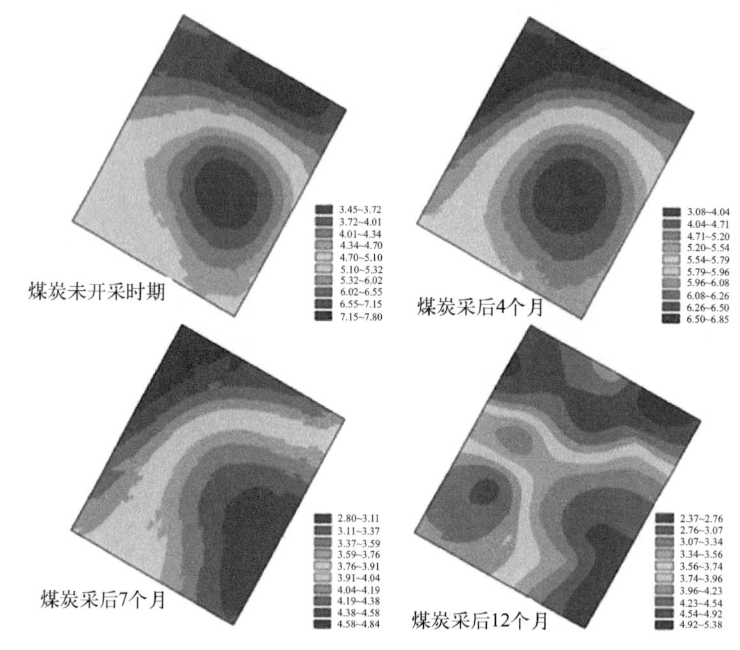

图 5.14　中层稳定层土壤含水率空间分布

各采样时期空间含水率分布差值见图 5.15，在不同采样时间内土壤含水率变化较小。

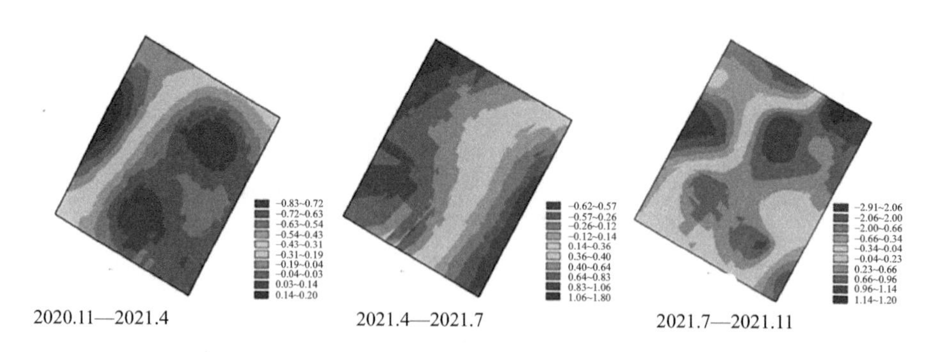

图 5.15　中层稳定层土壤含水率空间分布不同月份差值

在煤炭开采 7 个月内，该层土壤含水率的空间分布没有明显变化。但在煤炭开采 7 个月后，土壤含水率分布出现差异，地下潜水受到采煤活动的影响，对该层土壤水补给作用发生变化，最小值降低 4.33%，最大值增大 10.14%，并且空间分布更加破碎，变异性提高。

综上所述，在中间稳定层土壤含水率在开采 7 个月内分布较为稳定，未出现随时间变化而改变的现象。但在煤炭开采 7 个月到 12 个月内，土壤含水率变化范围更广，且分布更破碎，故推测在该层土壤含水率受到煤炭开采的影响较大。

对深层土壤含水率不同时间下的空间分布进行分析，可以得到在浅层强变异层受到地表、气候等因素影响较小，同时采煤也未对其产生影响，故未出现明显变化。在此章节中由于深层强变异层样本数不足，无法进行二维克里金插值，故不进行讨论。综上所述，在采煤扰动下，地下潜水对上覆土壤的补水作用受到影响，对中间稳定层土壤的含水率产生影响。

5.3　土壤优先流水分运移实验

优先流广泛存在于土壤中，是土壤中水分运移的常见且特殊方式，土壤中植被根系产生的根孔、动物的洞穴和运动通道、土壤裂缝和因湿润峰不稳定形成的通道等都会导致优先流的产生[9]。在采煤沉陷区，会在地表产生地裂缝、塌陷洞、塌陷坑等土体形变，这些土体形变会影响土壤水分入渗过程，从而形成以优先流为主的非均匀入渗特征[10]。

为探究采煤引起的优先流对土壤水分运移的影响，采用现场染色示踪实验验证采煤对地表优先流的影响，配合室内模拟实验分析包气带裂隙的产生对土壤水分运移的影响，从而较全面地了解采煤产生的优先流对土壤水分的影响机制[11]。

目前研究优先流运动的方法主要有染色示踪技术、CT 扫描技术、离子穿透曲线法和微张力测量技术等[12]。其中染色示踪技术具有颜色鲜明、价格低廉、染色剂及其衍生物无毒、与土壤基质颜色差异明显、实验耗时短等优点，染色示踪技术已成为判断和研究优先流的结构和动力学特征的常用方法[13]。

5.3.1　材料与方法

5.3.1.1 现场实验

现场实验选在布尔台煤矿塌陷区内，样地选择植被少、地势平整的区域。在实验前，将样地地表植物及浮土去除，直至实验地表面清洁无异物，再以亮蓝溶液为染色示踪剂进行染色实验。实验在 2021 年 4 月 25 日和 2021 年 7 月 19 日进行，在实验样地内选取 2 个试验点。现场实验对象如图 5.16 所示，实验区（a）内无裂缝，实验区（b）内有 1 条裂缝。如图 5.17，在染色区域插入 70cm×70cm×50cm 的铁板，并打入土中 20cm，在一定程度上防止侧漏；夯实距铁板 5cm 的土层，并留出 5cm 土层作为缓冲，保证实验染料最大程度上在 50cm×50cm 染色区域内进行入渗。配置 15L 浓度为 4g/L 的亮蓝溶液，用雾化器均匀喷洒于染色区内；喷洒完成，等待亮蓝溶液完全入渗后，使用塑料薄膜将实验点覆盖，降低水分蒸发与降雨对实验结果造成的影响。入渗 24h 后垂向以 10cm 为一层开挖土壤水平剖面，水平以 10cm 为间隔开挖垂向剖面。在挖掘过程中对每一剖面进行拍照，同时要注意各剖面应尽量保证光滑，防止因土壤表面粗糙产生阴影而影响后续的图像处理，垂向剖面的挖取要与水平面垂直（图 5.18）。

(a) 无裂缝区域实验点

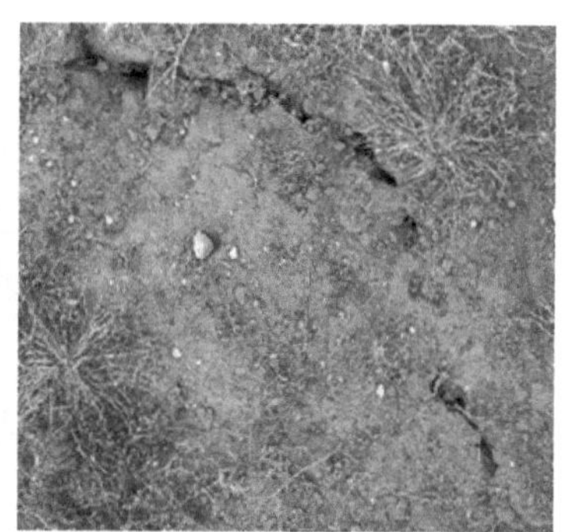

(b) 有裂缝区域实验点

图 5.16　现场实验区

图 5.17　现场实验

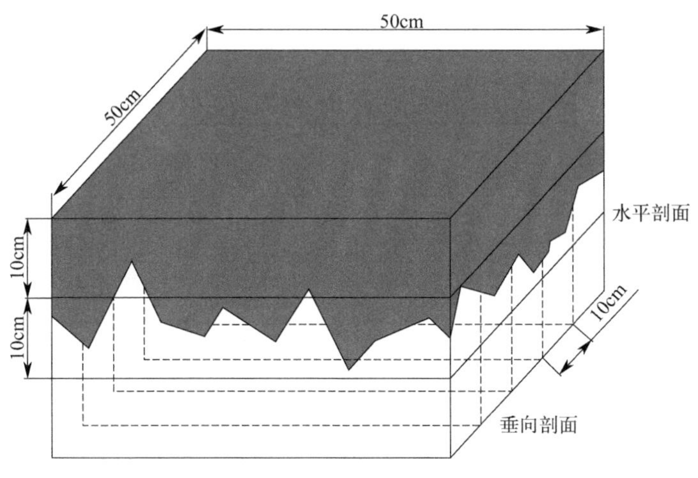

图 5.18 现场实验剖面示意图

5.3.1.2 室内实验

为了探究采煤产生的土壤形变产生的优先流对土壤水分运移的影响规律，在室内开展优先流模拟实验，通过人工制造塌陷模拟采煤引起的地表沉陷，进而产生优先流通道，再加入亮蓝溶液进行染色示踪实验。

(1) 实验材料

为模拟矿区土壤情况，使用研究区采回的土样进行实验。土壤质地可分为三类：表层粗砂土，存在于开采区域地表0～100cm深度，土壤颗粒粒径较大，颜色呈浅红色，并含有细小白色颗粒，且挖掘难度较大；浅层粗砂土，在开采区域内广泛分布于100～500cm深度，颜色呈浅黄色，颗粒较表层有明显减小；深层细砂土，普遍存在于500cm以下，颜色为黄色且深于浅层粗砂。

(2) 预实验

为确定实验需要的用水量及估计入渗时间，首先需要探究各土质对水分的截留能力，设置预实验进行分析。

① 将三种土质分为五种条件分别装入装置。如图5.19所示。图5.19(a)为仅使用表层粗砂土；图5.19(b)为仅使用浅层粗砂土；图5.19(c)为仅使用深层细砂土；图5.19(d)为将表层砂土、浅层砂土和深层砂土按照顺序1∶1∶1均匀分布于装置中；图5.19(e)为将表层砂土、浅层砂土和深层砂土按照1∶2∶3的比例布设于装置中。

(a)

(b)

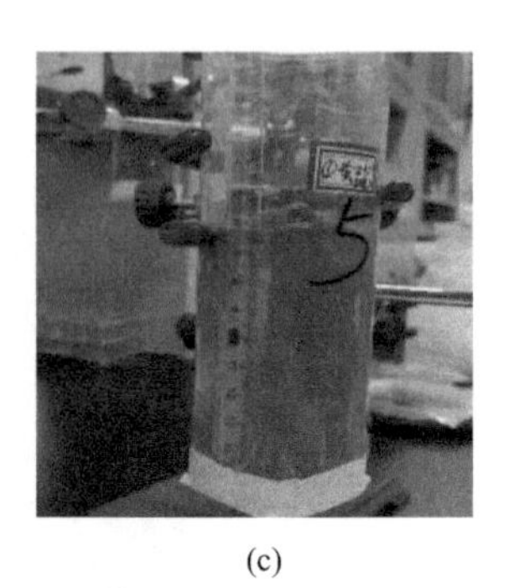

(c)

(d)

(e)

图 5.19 土壤分层预实验

② 分别加入 100mL 的水，记录水分完全穿透土壤的时间和土壤渗出的水量，计算不同土质水分的入渗速率和单位体积截留水量。

③ 重复②的步骤，取平均值作为计算依据。估算在模拟实验装置中需要最少水量及入渗时间。

实验结果见表 5.11。在加入 100mL 水后，图 5.19(b) 中装置渗出水量最大为 87.32mL，图 5.19(e) 中装置渗出水量最小，仅为 81.56mL，渗出水量由小到大依次为装置 e＜装置 d＜装置 c＜装置 a＜装置 b，说明表层砂土与浅层砂土相较于深层砂土对水分的截留能力差，计算得出平均截水能力为装置 e＞装置 d＞装置 c＞装置 a＞装置 b。入渗速度由小到大依次为装置 e＜装置 d＜装置 c＜装置 a＜装置 b，浅层砂土的入渗速度最大。装置 e 渗出水量最小，入渗时间最长，入渗速度最慢，让染色剂与土壤颗粒进行充分接触，最后选择装置 e 作为实验土壤添加方案。

(3) 装置设计

为了探究采煤塌陷产生的优先流对水分垂向运移的影响，参考前人经验，设计实验装置如图5.20所示。

表5.11　预实验结果表

项目名称	装置a	装置b	装置c	装置d	装置e
加入水量/mL	100	100	100	100	100
渗出水量/mL	87.01	87.32	84.90	84.12	81.56
土柱高度/cm	10	10	10	10	10
穿透时间/min	64	32	85	89	113
入渗速度/(10^{-1}cm/min)	1.56	3.12	1.17	1.12	0.88

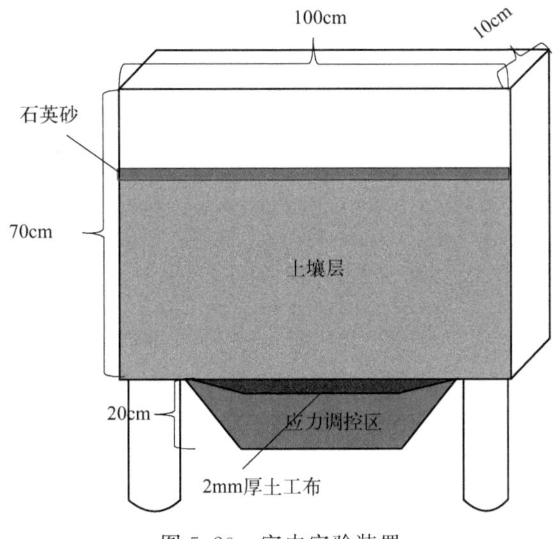

图5.20　室内实验装置

如图5.20所示，整个试验箱尺寸为100cm×70cm×10cm，在上部分60cm分层装入土壤，底部20cm为塌陷模拟装置，可模拟不同塌陷高度，在土壤与模拟装置之间铺上2mm厚土工布，防止土壤颗粒随水分丢失，在土壤表层铺设石英砂，使水分均匀布设在整个装置内。

依据研究区域实际土层分布，将三种土质按照1∶2∶3铺设在实验箱中，即表层粗砂在最上层10cm，中层是浅层粗砂土，铺设20cm，剩余30cm铺设深层细砂土。在铺设过程中使用花洒进行喷水，使土壤平均含水率为6%。

依据预实验结果土壤的平均截水能力为0.076mL/cm^3，装置需要土壤共$6\times10^4cm^3$，预计需要加入的初始水量约为15L，预实验入渗速度为0.88cm/min，为了不在表面形成积水，入水量控制在1.2cm^3/s，预计在3h内染色示踪剂渗入土壤中，并静置 24h 待染色示踪剂完全入渗后，进行入渗剖面的拍照，记录染色路径（图 5.21）。

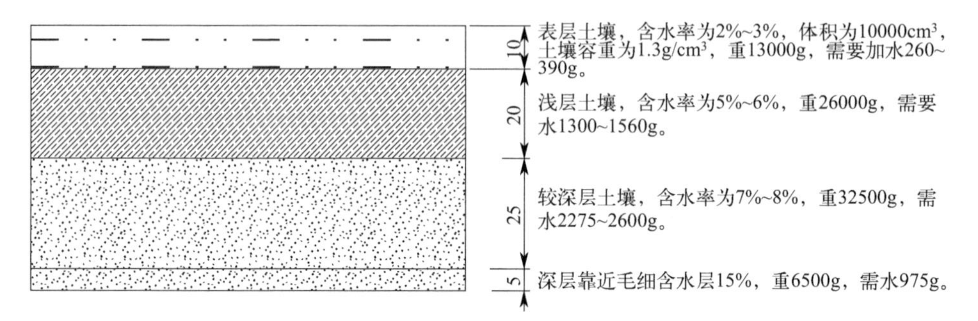

图 5.21 室内实验装置土层分布

5.3.1.3 图片处理方法

使用 Photoshop 2020 图形软件所获取的土壤染色水平和垂直剖面图像进行校正处理，并对同一深度图片进行裁剪、拼接，每个实验点形成 5 个完整的染色纵剖面。调整饱和度、透明度和对比度等，利用颜色替换和灰度功能，替换染色部分为黑色，未染色部分为白色，最后再进行阈值调整，使得到的图形染色结果与实际结果一致，并将其保存。将保存的黑白图片导入 ArcGIS10.8 软件，使用栅格属性功能对图片进行处理，并统计图形的黑白像素值，得到一个信息矩阵，再将其导入 SPSS 20.0 进行形态特征参数的计算。

5.3.1.4 形态特征参数分析

染色面积比是优先流形态的主要特征。染色面积是通过计算同一剖面土层染色像素值占总像素值的百分比得到的。在不同剖面，染色面积比会呈现不同的规律性。

5.3.2 现场实验结果分析

通过原位染色示踪实验得到采煤沉陷区无裂缝区域与有裂缝区域入渗垂向剖面染色图像，在室内利用 Photoshop 2020 图形软件进行处理，得到两个实验土壤垂直剖面分布图像。

在两个区域沿着一定方向分别挖 4 个垂直剖面，分别为剖面 A 纵向 10cm、剖面 B 纵向 20cm、剖面 C 纵向 30cm、剖面 D 纵向 40cm。

均匀入渗结果如图 5.22 所示。在无裂缝区域内，地表较为平整且植被较为稀疏，土质以粗砂为主，同时未出现裂缝，A、B、C、D 各个垂直剖面染色最大入渗深度分别为 17.01cm、16.52cm、19.00cm、17.00cm，染色剂的平均入渗深度分别为 15.78cm、16.21cm、16.86cm、16.93cm，在均匀入渗区内平均入渗深度为 16.44cm，染色情况在四个剖面深度并未出现明显差距。在 12cm 深度以上染色剂分布均匀，表明在此深度以上是以基质流（均匀流）为主；在 12cm 深度以下染色剂开始出现“指状”分布，但区别不明显，故在此区域内土壤水分入渗仍以基质流为主。

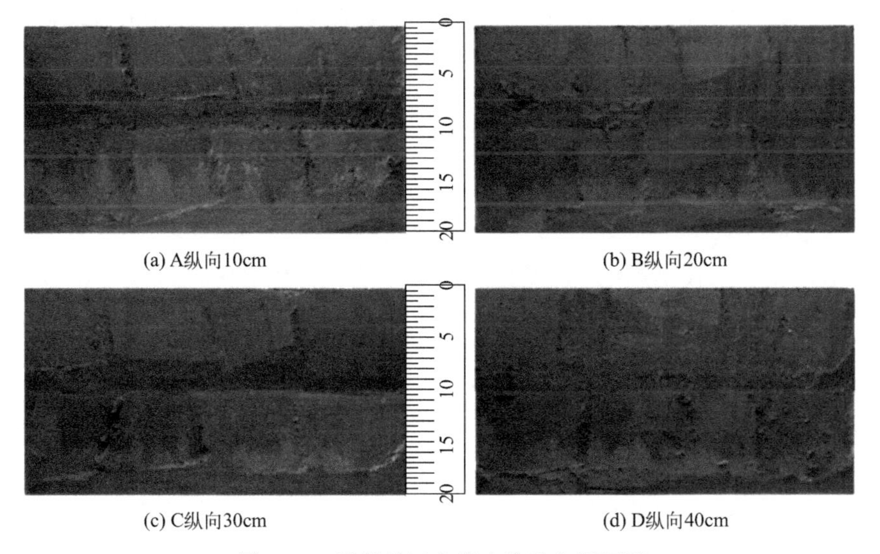

(a) A纵向10cm　(b) B纵向20cm
(c) C纵向30cm　(d) D纵向40cm

图 5.22　无裂缝区土壤入渗垂向剖面图

有裂缝区入渗结果如图 5.23 所示。在有裂缝区域内，地形虽较为平整，但存在几棵生长较为旺盛的杂草，其根系较发达，同时土质较为致密。由染色图像可知，裂缝区域内 A、B、C、D 各个垂直剖面染色最大入渗深度分别为 11.03cm、18.83cm、17.37cm、20.00cm，平均入渗深度分别为 7.24cm、9.86cm、8.83cm、6.38cm，在裂缝入渗区内平均入渗深度为 8.08cm，在 B、C、D 三个剖面染色入渗深度出现了明显差距。结合地表裂缝形状，在剖面 B 到剖面 D，裂缝往染色区域中心移动，最大染色入渗深度也由剖面 B 到剖面 D 向中心移动。同时在剖面 B 中有染色示踪剂随着草根的生长通道进行入渗，形成许多细小的优先流。在裂缝区域内 8cm 深度以上染色示踪剂分布较为均匀，表明该深度以上是以基质流（均匀流）为主。在 8cm 以下深度，出现明显的快速通道，形成优先流现象，即在裂缝区域土壤水分入渗以裂缝形成的优先路径导致的优先流为主。

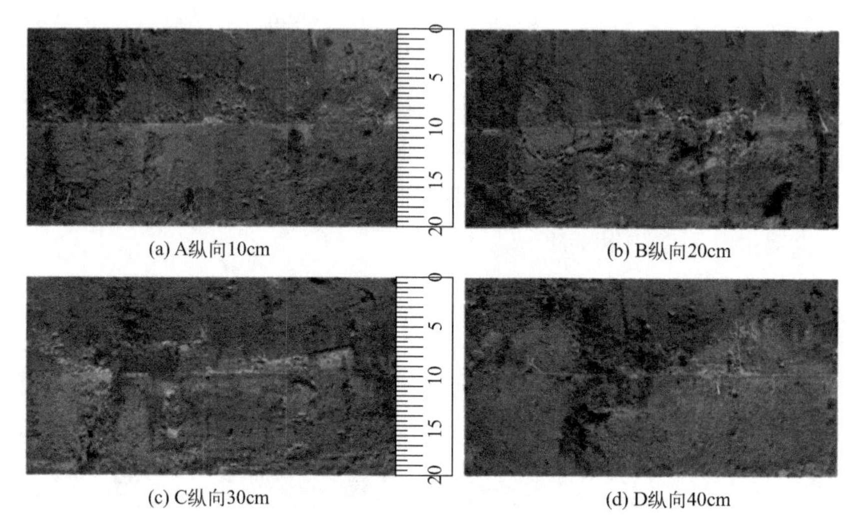

图 5.23　有裂缝区土壤入渗垂向剖面图

在研究区域一共进行了四次染色示踪实验。试验点分别位于无裂缝区和有裂缝区各 1 个，其中有裂缝区还分别在 2021 年 4 月和 2021 年 7 月进行了两次实验。四次实验在深度为 10cm 的水平剖面上完成，如图 5.24 所示。无裂缝区域染色剂分布均匀，裂缝区染色剂主要分布于裂缝周围形成带状优先入渗区域，非均匀区染色示踪剂呈现斑点状，属于大孔隙优先流，同时 7 月的斑点明

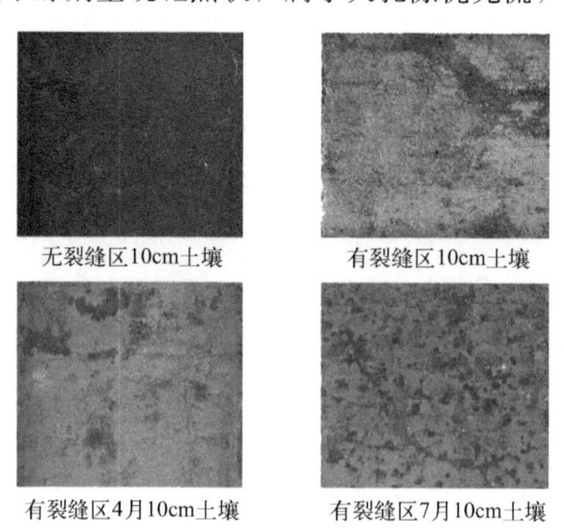

图 5.24　四次实验 10cm 土壤染色实验水平剖面图

显多于 4 月的斑点，在采煤活动的影响下，大孔隙优先流明显增加。

在研究区进行的优先流原位实验中出现了三种入渗方式：均匀入渗，裂缝区大孔隙优先流和非均匀优先流。土壤水分入渗与土壤质地有着强烈的关系，在相同条件下，以砂粒为主的土壤更容易使水分通过。在无裂缝区域，地表均匀入渗，故染色面积很大；在地表产生裂缝区域，土壤水分会优先通过裂缝进入到更深处，会使裂缝周围土壤含水率高于附近，地表染色面积会因此比无裂缝区域减少很多；而由其他因素产生的优先流会随着采煤扰动的影响而增强[14]（图 5.25）。

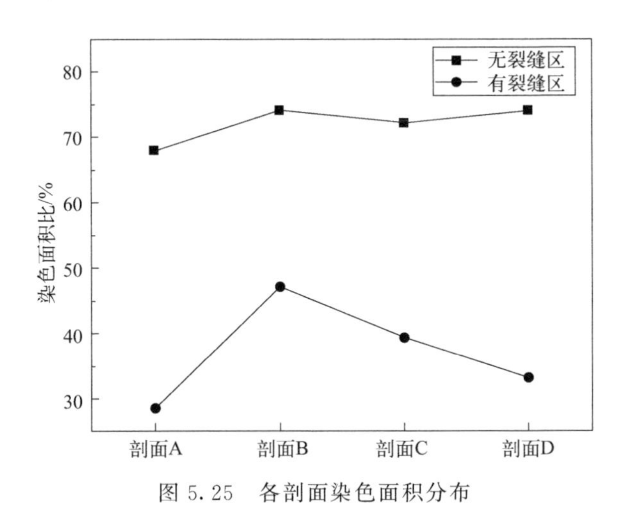

图 5.25　各剖面染色面积分布

5.3.3　室内实验结果分析

为验证实验装置能否模拟塌陷区域，填入 30cm 土壤静置 3d，再抽出下方 10cm 支撑物静置至塌陷不再扩大，结果见图 5.26。在“采煤”上方形成明显的塌陷空间，但地表未出现裂缝。随后进行降水模拟，在下方“采煤”形成的空洞与流水侵蚀的双重作用下，装置内地表形成沉陷区，待沉陷区稳定后在沉陷区边缘出现裂缝。

在“采煤”形成塌陷后，并不会立刻出现沉陷区，地表沉陷与裂缝的形成相对于采煤时间会有“滞后性”。采空区形成的地下空洞在上方土壤重力的作用下慢慢沉陷，并在地表生物活动及地下采煤活动的进一步影响下，最终形成了沉陷区及地表裂缝。

在装置进行塌陷模拟实验之后，开展了两组入渗实验。第一组是模拟采煤

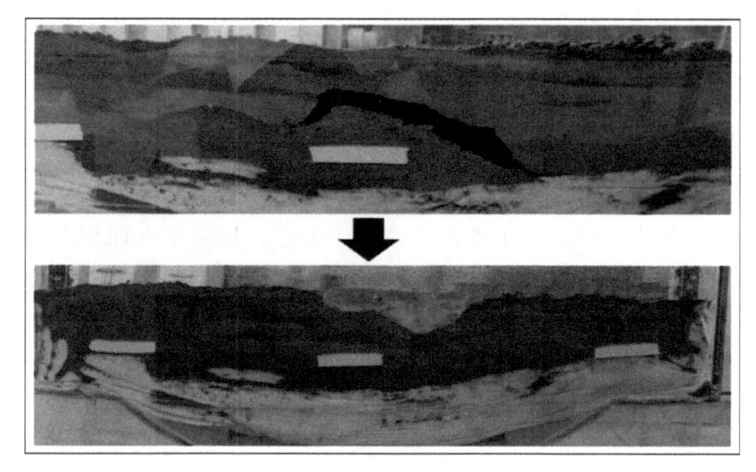

图 5.26　塌陷模拟实验

塌陷，在实验装置 60cm 高度内，最下面铺设深层砂土 30cm，其次铺设浅层砂土 20cm，再在最上面铺设 10cm 表层砂土。待铺设完成后静置 5d，以减少铺设引起的土壤孔隙度增大，在撤掉 10cm 支撑物后形成图 5.27 中 c 处的塌陷空洞，同时在表层 a、b 处发现两条细小裂缝，但未出现明显的沉陷区。再加入 15L 染色液并完成入渗之后，在水分的冲刷及土壤重力的作用下，土壤表面最终形成一个明显的凹陷区，且最大沉陷为 5cm。染色液在沉陷区中央入渗深度最大为 16cm，在边缘区域受到沉陷影响最小，入渗深度为 10cm。

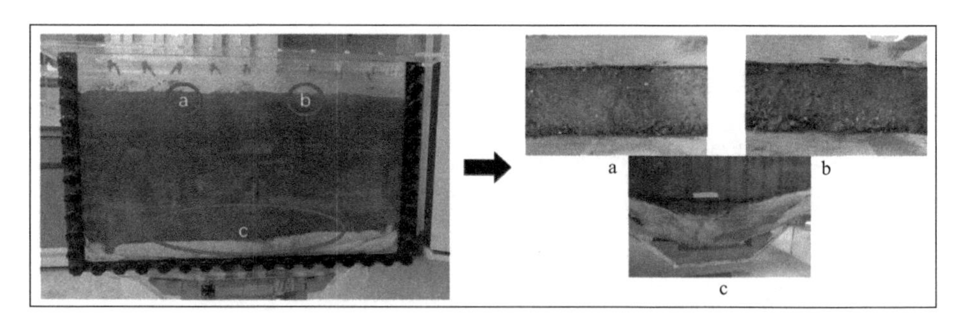

图 5.27　土壤塌陷后结构变化图

室内第二组实验为对照组，未设置土壤塌陷。在 40cm 高度内最下面铺设深层砂土 10cm，其次铺设浅层砂土 20cm，再在最上面铺设 10cm 表层砂土。待铺设完成后静置 5d，以减少铺设引起土壤的结构性误差（图 5.28）。再加入 15L 染色液，待完全入渗后进行染色深度的记录，发现染色液分布较为均匀，

图 5.28　塌陷 10cm 土壤入渗结果

最大入渗深度为 8cm，最小入渗深度为 5cm，平均入渗深度为 6cm。

对比包括预实验在内的三组实验，存在土壤塌陷的实验组内土壤水分入渗深度较大，且相同时间内，土壤水分更快速到达更深处（图 5.29）。在预实验组内，塌陷形成空洞后在水的冲刷下，形成塌陷区并在地表产生裂缝，在裂缝区域出现优先通道，水分通过此通道快速入渗。在塌陷 10cm 实验组，土壤在水分冲刷与重力作用下同样产生沉陷区，在地表未出现裂缝，同时染色液的分布也相对较均匀，未出现明显的优先流入渗。采煤形成塌陷后，改变了土体的空隙，增加了垂向的水分入渗系数，在采空区上方土壤水分垂直入渗能力增强，使水分更容易到达深处，即采煤对沉陷区土壤孔隙度造成了影响，增加了水分入渗能力。

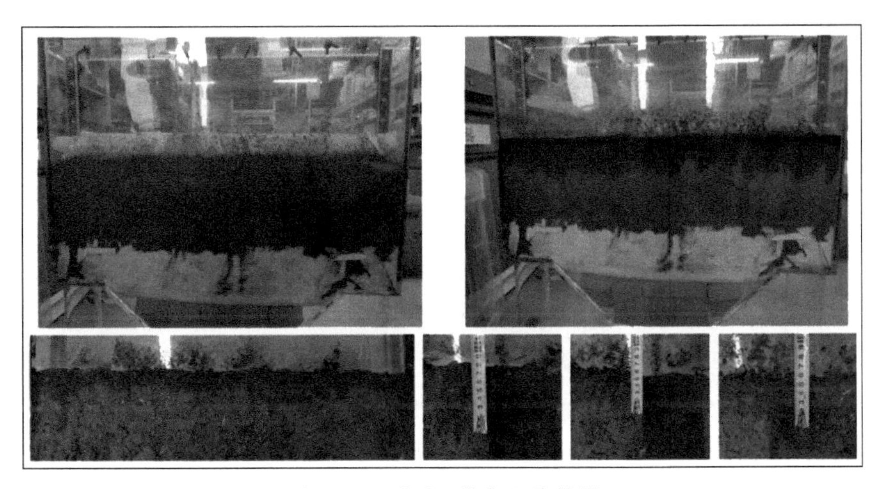

图 5.29　对照组染色入渗结果

5.4 小结

本章主要研究西北采煤沉陷区包气带土壤含水率在采煤先后不同时期的变化特征和空间分布特征，在采样、测试等完成后再经过经典统计学的分析后获得土壤含水率与土壤深度的关系。同时通过计算不同深度土壤含水率变化的变异系数，以变异系数0.4为界限，可以将土壤垂向分为三层：浅层强变异层；中间稳定层；深层强变异层。在土壤深层接近饱和毛细水层，土壤含水率急剧增大，出现较强的变异性。另外，还通过现场和室内模拟实验对土壤优先流水分的运移机理进行了研究。

(1) 经过采样分析，采样区四次平均含水率分别为6.58%、6.56%、6.25%、6.16%，对照区四次采样土壤平均含水率分别为6.68%、7.00%、6.40%、6.71%。随着开采时间的增加，采样区土壤平均含水率降低，对照区含水率随气候出现波动性。采样区内开采一年后土壤平均含水率降低0.42%，同时相较于对照区平均含水率降低0.55%。各深度土壤水分平均值与中位数基本接近，说明数据的集中分布不受异常值支配。

(2) 对于地表土壤含水率来说，其受到气候影响较大，随季节变化与对照区呈现相似的波动，且随着深度增加影响减小。表层土壤含水率降低较明显，平均下降约2%。对较深层土壤含水率在不同时间下的空间分布进行分析，可以得到在浅层强变异层的土壤含水率随空间变化较小，但是由于受到地表气候与采煤的影响，空间变异性比其它土壤深度要强。同时在采煤扰动下，地下潜水对上覆土壤的补水作用受到影响，从而对中间稳定层的含水率产生影响。

(3) 通过沉陷区优先流原位实验可以看出，在本研究区域内出现三种入渗方式：均匀入渗，裂缝区优先流和非均匀优先流。土壤水分入渗与土壤质地有着强烈的关系，在相同条件下，以砂粒为主的土壤更容易使水分通过；在地表产生裂缝区域，土壤水分会优先通过裂缝进入到更深处，会使裂缝周围含水率高于附近；由其它因素产生的优先流会随着采煤活动的影响而增强。室内模拟实验研究表明，不仅是采煤活动产生的地表裂缝会导致优先流，在地下形成塌陷后，也会改变上方土壤的空隙度，使得入渗系数增大，从而在塌陷区上方形成优先流，导致土壤水分更加快速到达更深处。结合室内实验结果与原位实验，采煤对包气带结构的改变是影响沉陷区土壤水分的主要因素。

参考文献

[1] 王健．神东煤田沉陷区生态受损特征及环境修复研究［D］．呼和浩特：内蒙古农业大学，2017.

[2] 王琦，全占军，韩煜，等．采煤塌陷对风沙区土壤性质的影响［J］．中国水土保持科学，2013，11（06）：110-118.

[3] 王双明，杜华栋，王生全．神木北部采煤塌陷区土壤与植被损害过程及机理分析［J］．煤炭学报，2017，42（01）：17-26.

[4] Du C，Yu J，Wang P，et al. Analysing the mechanisms of soil water and vapour transport in the desert vadose zone of the extremely arid region of northern China［J］. Journal of Hydrology，2018，558：592-606.

[5] 毛旭芮，王明力，杨建军，等．采煤对露天煤矿土壤理化性质及可蚀性影响［J］．西南农业学报，2020，33（11）：2537-2544.

[6] Ma K，Zhang Y X，Ruan M Y，et al. Land subsidence in a coal mining area reduced soil fertility and led to soil degradation in arid and semi-arid regions［J］. International Journal Of Environmental Research And Public Health，2019，16（20）：3929.

[7] 张晨阳．钙质砂地层包气带水分运移研究［D］．南宁：广西大学，2019.

[8] 罗雅曦，刘任涛，张静，等．腾格里沙漠草方格固沙林土壤颗粒组成、分形维数及其对土壤性质的影响［J］．应用生态学报，2019，30（02）：525-535.

[9] 张继光，陈洪松，苏以荣，等．喀斯特山区坡面土壤水分变异特征及其与环境因子的关系［J］．农业工程学报，2010，26（09）：87-93.

[10] 付同刚，陈洪松，张伟，等．喀斯特小流域土壤含水率空间异质性及其影响因素［J］．农业工程学报，2014，30（14）：124-131.

[11] Cohen G J V，Bernachot I，Su D，et al. Laboratory-scale experimental and modelling investigations of（222）Rn profiles in chemically heterogeneous LNAPL contaminated vadose zones［J］. Science of The Total Environment，2019，681：456-466.

[12] Huang D，Chen J S，Zhan L C，et al. Evaporation from sand and loess soils：An experimental approach［J］. Transport in Porous Media，2016，113（3）：639-651.

[13] 徐远志，赵贵章，母霓莎，等．包气带水分运移过程的影响因素综述［J］．华北水利水电大学学报（自然科学版），2019，40（02）：37-41.

[14] 张发旺，宋亚新，赵红梅，等．神府-东胜矿区采煤塌陷对包气带结构的影响［J］．现代地质，2009，23（01）：178-182.

第6章

基于同位素示踪法的神东矿区土壤水运移规律研究

6.1 土壤水运移规律原位示踪实验

6.1.1 研究区域调查

井工矿煤炭开采会改变原有的地层状态，煤炭在开采过程中会引起采动地裂缝和塌陷坑，造成地表土壤水流失，对地表生态环境造成剧烈的影响。因此，此研究原位示踪实验地点选定神东矿区上湾煤矿12401工作面与布尔台煤矿22207工作面。在2个典型工作面的塌陷区与对照区（未受到开采影响的原状土层区域）分别钻孔并投放氢同位素（^{2}H）来进行示踪实验，探究塌陷区与非塌陷区土壤水运移的差异[1]。

（1）研究区域地貌调查

研究区域的土质种类大多是风沙土，由于土壤松散，耐蚀能力较差，容易发生流水冲刷和风蚀。一般的地貌景观种类为波状沙地和起伏沙丘，地势高低不平，相对起伏高度为10～40m。其中，上湾煤矿塌陷区地表的沉降深度为5m左右，布尔台煤矿塌陷区地表的沉降深度为3m左右。

通过洛阳铲钻孔发现沙土层的主要厚度在300cm左右，质地较粗，结构较为松散，下铲较为轻松。通过在地表对其进行浇灌发现其透水性较好，但是保水能力差。随着深度的增加，洛阳铲的钻孔速度减慢，杆柄提升较为费力，并产生黏滞感。提升出来的土壤变黏，形状为块状，结构紧密，质地较硬，但是用手可以捏碎。通过浇灌方法发现其透水性变差。

通过对实验场地周围水井的调查和对当地牧民的走访了解到地下水的深度在10m左右，而本次钻孔的最大深度为5m，且在钻孔过程中未发现潜水面，因此不考虑地下水的影响。

（2）研究区域物种调查

区域内乔木以小叶杨为主，灌木以沙蒿、沙柳、柠条为主，草本植物多为一年生，如硬质早熟禾、沙鞭、狗尾草等。根据植被调查发现，采样地有植物 17 科 29 属 36 种，分别是杨柳科、藜科、蒺藜科、罂粟科、豆科、牻牛儿苗科、大戟科、锦葵科、伞形科、萝藦科、旋花科、唇形科、列当科、菊科、蔷薇科、禾本科、百合科，主要为小叶杨、沙柳、猪毛菜、虫实、藜、蒺藜、角茴香、狭叶米口袋、花棒、达乌里胡枝子、白花草木樨、草木樨状黄芪、紫穗槐、中间锦鸡儿、甘草、砂珍棘豆、牻牛儿苗、乳浆大戟、地锦、沙茴香、牛心朴子、羊角子草、地梢瓜、田旋花、阿拉善脓疮草、香青兰、列当、沙蒿、阿尔泰狗娃花、砂蓝刺头、丝叶山苦荬、狗尾草、沙鞭、画眉草、硬质早熟禾、沙葱。

研究区域内灌木植被盖度较高，而乔木植被盖度相对较低。本地适应性植物结构为草、灌、乔三大类，其中灌木占据主要地位，是采样地点主要的适生植物类型，而乔木局部可见。由于区域内乔木盖度低，而灌木植物盖度较高，因此本次研究选取灌木类优势植物——沙蒿为测试对象。

（3）沙蒿特征分析

沙蒿（学名 *Artemisia ordosica*），别名黑沙蒿、油蒿，属半灌木，生长在固定、半固定沙丘或者覆沙梁地以及砂砾地上，在干旱、半干旱沙质壤土上分布广泛。生长高度达 50～70cm，主茎不明显，多分枝。拥有发达的植物根部和一定的可再生功能，枝条上可产生大批不定根，尤其是对幼龄植物。如果将沙埋不达到顶芽，可快速繁殖无定根，以保证正常繁殖。沙蒿主根一般扎深 1～2m，侧根分布于 50cm 左右深度的土层内，老龄时的根系分布十分广泛。据调查，自然生 12 年沙蒿，高达 90cm，冠幅 170cm，根深 350cm，根幅 920cm，侧根密布在 0～130cm 的沙层内。在鄂尔多斯高原地区，沙蒿 3 月开始萌发，6 月产生新枝，7～9 月是生长的发育盛期，当年新生枝条全长 30～80cm，至 10 月下旬叶转枯黄并掉落。其分枝中有营养枝和生殖枝，营养枝在翌年持续生长发育，而生殖枝当年长成，在越冬后死去。沙蒿寿命一般为 10 年左右，最长可达 15 年。

沙蒿抗旱性强，耐寒性强，但不耐涝。在我国干旱地区、荒漠区和沙化区草原均有成片分布。在沙蒿群落中，有明显的排它性，少见其它植物，特别是在沙化土地上，可很快入侵到其他相邻地带性群落中，随着沙化的加剧取而代之。自然生长的沙蒿一般以播种繁育为主，不过，由于其繁育无定根的能力较强，所以也可以分株插条繁育。沙蒿是优良的固沙植物，能降低风速和沙流量，提高沙土肥力，起到机械和生物固沙作用[2-3]。

6.1.2 现场试验方法与过程

（1）准备工作

为了探究塌陷区不同地形土壤水运移规律的区别，具体同位素投放点的地形如下。

布尔台矿塌陷区与对照区地势均比较高，两个区域均处在平坦的高坡之上，但是塌陷区地势要比对照区高 20m 左右。上湾煤矿对照区较为平坦开阔，而它的塌陷区因为采煤而导致塌陷地势较为低洼。具体投放位置见图 6.1～图 6.3。

图 6.1 布尔台与上湾煤矿放样点综合图

现场进行等量同位素水的土壤浸润试验，确定同位素水在该地土壤中的空间展布范围。

先手工挖掘两株沙蒿，保留完整的根系及茎叶。试验开始前一天在试验孔上方采集植物茎样品，共 20 株。上述样品所测的同位素值作为研究区域沙蒿的背景值。

（2）钻孔布设方式

选择沙蒿生长茂盛的区域，采取洛阳铲手工钻孔的方式钻孔，用于同位素水的投放。不同的放样位置之间至少应大于 50m。每个取样点挖掘一个钻孔

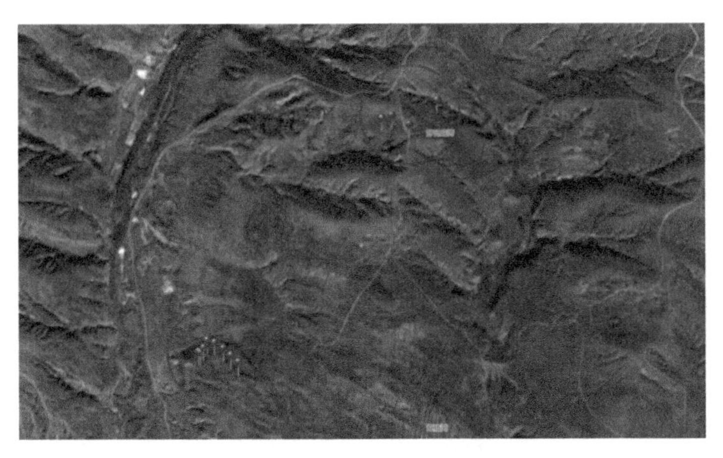

图6.2　布尔台煤矿放样点图

图6.3　上湾煤矿放样点图

用于同位素水的投放。取样孔的位置距放样孔一倍的水扩散位置，如果野外放样孔某些角度不方便钻取样孔，可根据实际情况（图6.4虚线部分）任意调整角度。

（3）同位素水投放

布尔台煤矿、上湾煤矿土壤和植物采样区均分为对照区（未采动区）和塌陷区（采煤扰动区），未采动区域的试验，一是获得区域环境下土壤水同位素、含水率、粒径的数据，二是作为煤炭开采区域的对照区。由于上湾煤矿与布尔台煤矿试验方案一致，因此只对布尔台煤矿试验方案进行详细介绍。

布尔台煤矿对照区试验实施方案：2020年10月在布尔台煤矿对照区选择

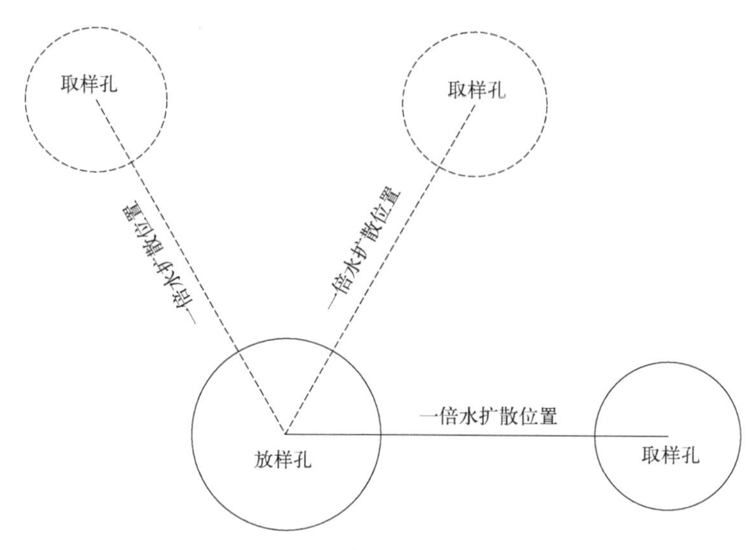

图 6.4　钻孔空间配置图

8 个点位随机钻取深度为 30cm、50cm、70cm、100cm、150cm、200cm、300cm、500cm，直径为 10cm 的钻孔，每个钻孔投放 500mL 丰度为 15%的氢同位素水（^{2}H），为了防止同位素水污染井壁，把同位素水等量地注入 5 个气球中，利用长杆在钻孔底部扎破气球放样。放样结束后，利用之前挖取出的土壤对钻孔进行掩埋。

布尔台煤矿采空区试验实施方案：2020 年 10 月在已选择的 4 个点位上随机钻取深度为 50cm、100cm、150cm、500cm，直径为 10cm 的钻孔，每个钻孔投放 500mL 丰度为 15%的氢同位素水。

对照区与采空区具体的现场工作图片如图 6.5、图 6.6 所示。

图 6.5　钻孔开挖与深度测量

图 6.6　同位素水配制

（4）样品采集

2020 年 10 月份，选取一个不同的原状地层取样点，相距至少 100m 以上，取研究区域内的原状土壤样品进行同位素和含水率检测。每 20cm 深度取一个样品，取样总深度为 5m，合计取 26 个土壤样品，将该土壤同位素数据定义为研究区域同位素背景值。采空区采取同样的方法获取研究区域内的同位素背景值与土壤的含水率。两个研究区域共采集 104 个土壤样品。

在投放同位素水后的 7 天里，每天早上在试验孔上方采集植物茎样品一个，共 24 个，7 天里共取 168 个植物样品。投放同位素水的第 7 天，对释放深度上、下约 50cm 内的土壤剖面进行取样，取样钻孔点如图 6.7 所示，取样深度如表 6.1～表 6.8 所示，共计 109 个土壤样品。

表 6.1　2020 年 10 月布尔台煤矿对照区土样采集深度

钻孔名称	取样深度/cm					
BD30	5	20	40	60		
BD50	5	20	40	60	80	
BD70	20	40	60	80	100	
BD100	30	50	70	90	110	130
BD150	80	100	120	140	160	180

续表

钻孔名称	取样深度/cm					
BD200	130	150	170	190	210	230
BD300	230	250	270	290	310	330
BD500	400	420	440	460	475	

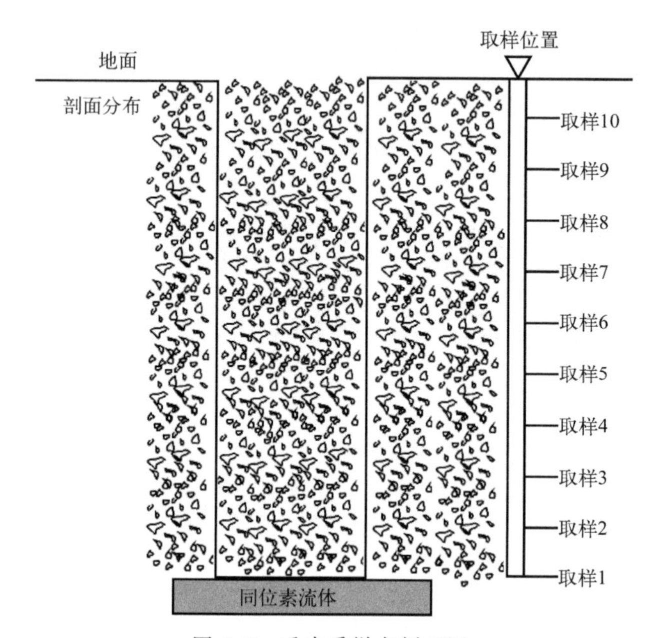

图 6.7　垂直采样点剖面图

表 6.2　2020 年 10 月布尔台煤矿塌陷区土样采集深度

钻孔名称	取样深度/cm					
BC50	5	20	40	60	80	100
BC100	50	70	90	110	130	150
BC150	100	120	140	160	180	200
BC500	450	470	490	500		

表 6.3　2020 年 10 月上湾煤矿对照区土样采集深度

钻孔名称	取样深度/cm			
SD30	5	20		
SD50	5	20	40	
SD70	5	20	40	60

续表

钻孔名称	取样深度/cm			
SD100	30	50	70	90
SD150	80	100	120	140
SD200	130	150	170	190
SD300	230	250	270	290
SD500	430	450	470	490

表 6.4　2020 年 10 月上湾煤矿塌陷区土样采集深度

钻孔名称	取样深度/cm			
SC50	5	20	40	
SC100	30	50	70	90
SC150	80	100	120	140
SC500	390	410	430	450

表 6.5　2021 年 7 月布尔台煤矿对照区土样采集深度

钻孔名称与取样深度/cm							
BD302	BD502	BD702	BD1002	BD1502	BD2002	BD3002	BD5002
10	10	10	10	10	10	10	10
30	30	30	30	30	30	30	30
50	50	50	50	50	50	50	50
		70	70	70	70	70	70
			90	90	90	90	90
				110	110	110	110
				130	130	130	130
				150	150	150	150
				170	170	170	170
				190	190	190	190
				210		210	210
				230		230	230
						250	250
						270	270
						290	290
							310
							330
							350

续表

钻孔名称与取样深度/cm							
BD302	BD502	BD702	BD1002	BD1502	BD2002	BD3002	BD5002
							370
							390
							410
							430
							450
							470
							490

表 6.6 2021 年 7 月布尔台煤矿塌陷区土样采集深度

钻孔名称与取样深度/cm			
BC502	BC1002	BC1502	BC5002
10	10	10	10
30	30	30	30
50	50	50	50
	70	70	70
	90	90	90
		110	110
		130	130
		150	150
		170	170
		190	190
		210	210
		230	230
		250	250
		270	270
		290	290
			310
			330
			350
			370
			390
			410
			430
			450
			470
			490

表 6.7　2021 年 7 月上湾煤矿对照区土样采集深度

钻孔名称与取样深度/cm							
SD302	SD502	SD702	SD1002	SD1502	SD2002	SD3002	SD5002
10	10	10	10	10	10	10	10
30	30	30	30	30	30	30	30
50	50	50	50	50	50	50	50
		70	70	70	70	70	70
			90	90	90	90	90
				110	110	110	110
				130	130	130	130
				150	150	150	150
				170	170	170	170
				190	190	190	190
				210		210	210
				230		230	230
				250		250	250
				270		270	270
				290			290
							310
							330
							350
							370
							390
							410
							430
							450
							470
							490

表 6.8　2021 年 7 月上湾煤矿塌陷区土样采集深度

钻孔名称与取样深度/cm			
SC502	SC1002	SC1502	SC5002
10	10	10	10
30	30	30	30

续表

钻孔名称与取样深度/cm			
SC502	SC1002	SC1502	SC5002
50	50	50	50
	70	70	70
	90	90	90
		110	110
		130	130
		150	150
		170	170
		190	190
		210	210
		230	230
		250	250
			270
			290

土壤样品从钻孔取出后迅速装入 250mL 的塑料密封瓶中，用封口膜密封后装入冷藏箱，取得的植物样品迅速放入 20mL 的玻璃瓶中，用封口膜密封后装入冷藏箱，并尽快送至实验室冷冻储存，用于氢氧同位素测定分析。土壤样与植物样如图 6.8 所示。

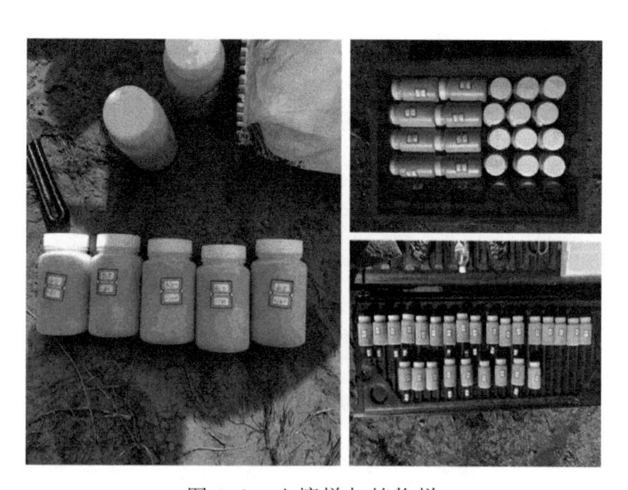

图 6.8　土壤样与植物样

（5）样品检测

检测的对象为所采集的土壤和植物样品，检测的内容包括土壤含水率、土壤与植物同位素、土壤粒径。其中，土壤含水率检测采用烘干法，同位素检测使用 L2130-i 高精度同位素分析仪，粒径检测使用激光粒度分析仪。

① 土壤样品含水率的检测。土壤含水率是指土壤在 105～110℃下烘到恒重时所失去的水质量与达到恒重后干土质量的比值，以百分率表示。含水率是土壤的基本物理性质指标之一，测定方法及步骤如下。

a. 准备工作：检查整理实验所用的仪器及工具，如天平、毛刷、铝盒等；擦净天平、铝盒等器材以减少误差，对铝盒进行编号，并对铝盒质量 W_0 进行测定，以便后续实验工作。

b. 采取土样：从封口塑料瓶中取出适量的土壤样品，装入铝盒中，盖紧铝盒盖子，对铝盒与土样总质量 W_1 进行测定。

c. 烘干称重：烘干铝盒内的土样，之后对铝盒与土样总质量再次进行称重，得到 W_2。

根据式(6.1.1) 可得土壤含水率：

$$\omega=(W_1-W_2)/(W_2-W_0)\times 100\% \tag{6.1.1}$$

② 土壤样品与植物样品氢氧同位素检测。本研究样品氢氧同位素测试在山东科技大学进行。土壤样品与植物样品使用北京剑灵科技公司开发的 BJJ-2200 型全自动真空冷凝抽提系统提取，为了防止发生同位素分馏，提取后的水分需要在室内常温环境下静待融化，随后将融化的水分利用针管取出加入样品容器中，封口冷藏等待同位素检测。

同位素数值的测定采用美国 Picarro 公司研制的 L2130-i 高精度同位素分析仪，$\delta^{18}O$ 的测试误差不超过±0.025‰，δD 的测试误差不超过±0.1‰，分析得出的结果采用国际通用的维也纳平均海洋水标准表示：

$$\delta^{18}O_{sample}=\left[\frac{(^{18}O/^{16}O)_{sample}}{(^{18}O/^{16}O)_{reference}}-1\right]\times 1000‰\,\mathrm{VSMOW} \tag{6.1.2}$$

$$\delta D_{sample}=\left[\frac{(^{2}H/^{1}H)_{sample}}{(^{2}H/^{1}H)_{reference}}-1\right]\times 1000‰\,\mathrm{VSMOW} \tag{6.1.3}$$

式中，VSMOW 是指采用标准样的名称，这里也指维也纳平均海洋水标准。当 $\delta^{18}O$ 或 δD 为正值时表示样品的重同位素比标准物富集，为负值时则表示比标准物亏损。

③ 土壤粒径检测。土壤粒径检测采用马尔文帕纳科公司开发的 Mastersizer3000 激光粒度分析仪。在测量土壤样品粒径时为了保证测试结果的准确度，每测量一个深度后对仪器深度清洗两次，再测量下一个深度的样品（图 6.9）。

表 6.9 为美国制土壤粒径分类标准。

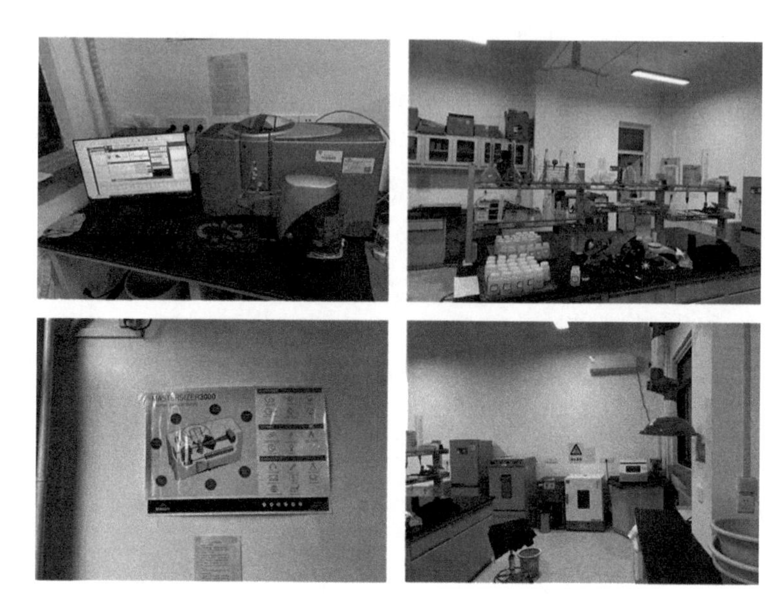

图 6.9 激光粒度分析仪

表 6.9 美国制土壤粒径分类标准

土壤直径/mm	土粒名称	土壤直径/mm	土粒名称
3～2	石砾	0.25～0.1	细砂粒
2～1	极粗砂粒	0.1～0.05	极细砂粒
1～0.5	粗砂粒	0.05～0.002	粉粒
0.5～0.25	中砂粒	<0.002	黏粒

此次试验中所使用的降雨数值和气温数据分析来自美国国家海洋和大气管理局（NOAA）气候预测中心（CPC）（NOAA-Climate Prediction Center，https：//www.cpc.ncep.noaa.gov/）。相对湿度数据来源为欧洲中期天气预报中心（ECMWF）ERA5 hourly data on single levels from 1979 to present（https：//cds.climate.copernicus.eu/）。

6.2 神东矿区土壤粒径与含水率分析

6.2.1 材料与方法

在本节中用到的研究降水与温度特征分析的主要方法有最小二乘法和同位素示踪法。本次研究所使用的大气降水氢氧同位素数据来自于全球大气降水同位素观测网络（GNIP）。

（1）最小二乘法

最小二乘法是回归数学分析中的一个标准分析方法，同时也是用来近似求解超定体系答案的一种方法。其中，超定体系是指数学中的一类定义，在一套含有不确定数的微分方程组中，只要微分方程的总量大于不确定数的总量，那么这些体系便是一套超定体系（超定方程组）。超定体系通常是无解的，但可以寻求近似解法，如最小二乘法就是寻求超定方程组中近似解法的一个方法[4]。

最小二乘法适用于大气降水和土壤水蒸发曲线的拟合，它的目标是得到一种使全局残差平方和最小化的参数。普通最小二乘法要求残差满足 Gauss-Markov 假设，即

$$E(\beta_0)=0 \tag{6.2.1}$$

$$\mathrm{Cov}(\beta_0)=\sigma^2 I \tag{6.2.2}$$

$$\mathrm{Cov}(\beta_0,x)=0 \tag{6.2.3}$$

也就是残差的期望值为 0，协方差为最小的单元矩阵，自变量的协方差为 0。

下面是对普通最小二乘法的推导。

假设有一组数据 $X=\{(x_1,y_1),\cdots,(x_m,y_m)\}$，根据该数据求出一条直线，拟合这一组数据：

$$y=x\beta+\beta_0 \tag{6.2.4}$$

残差平方和：

$$S(\beta)=\sum_{i=0}^{0}(y_i-x_i\beta-\beta_0)^2 \tag{6.2.5}$$

对 β 和 β_0 分别求偏导可得：

$$\begin{aligned}\frac{\partial S(\beta)}{\partial(\beta)}&=\sum_{i=1}^{m}2(y_i-x_i\beta-\beta_0)(-x_i)\\&=\sum_{i=1}^{m}(-2)(x_iy_i-x_i^2\beta-\beta_0x_i)\\&=2\sum_{i=1}^{m}(x_i^2\beta+\beta_0x_i-x_iy_i)\end{aligned} \tag{6.2.6}$$

$$\begin{aligned}\frac{\partial S(\beta)}{\partial\beta_0}&=\sum_{i=1}^{m}2(y_i-x_i\beta-\beta_0)(-1)\\&=\sum_{i=1}^{m}(-2)(y_i-x_i\beta-\beta_0)\end{aligned}$$

$$=2\sum_{i=1}^{m}(x_i\beta+\beta_0-y_i)$$

$$=2\left(m\beta\frac{\sum_{i=1}^{m}(x_i)}{m}+m\beta_0-m\frac{\sum_{i=1}^{m}(y_i)}{m}\right) \tag{6.2.7}$$

$$令\ \overline{x}=\frac{\sum_{i=1}^{m}(x_i)}{m},\overline{y}=\frac{\sum_{i=1}^{m}(y_i)}{m},$$

$$则,\frac{\partial S(\beta)}{\partial(\beta_0)}=2m(\beta\overline{x}+\beta_0-\overline{y}) \tag{6.2.8}$$

$$令\frac{\partial S(\beta)}{\partial(\beta_0)}为\ 0,则:$$

$$2m(\beta\overline{x}+\beta_0-\overline{y})=0 \tag{6.2.9}$$

$$\beta_0=\overline{y}-\beta\overline{x} \tag{6.2.10}$$

$$令\frac{\partial S(\beta)}{\partial(\beta)}=0,得,$$

$$2\sum_{i=1}^{m}[x_i^2\beta+(\overline{y}-\beta\overline{x})-x_iy_i]=0$$

$$\beta\left(\sum_{i=1}^{m}x_i^2-\overline{x}\sum_{i=1}^{m}x_i\right)=\sum_{i=1}^{m}x_iy_i-\overline{y}\sum_{i=1}^{m}x_i$$

$$\beta=\frac{\sum_{i=1}^{m}x_iy_i-\overline{y}\sum_{i=1}^{m}x_i}{\sum_{i=1}^{m}x_i^2-\overline{x}\sum_{i=1}^{m}x_i}$$

$$\beta=\frac{\sum_{i=1}^{m}x_iy_i-\frac{1}{m}\sum_{i=1}^{m}x_i\sum_{i=1}^{m}y_i}{\sum_{i=1}^{m}x_i^2-\frac{1}{m}\left(\sum_{i=1}^{m}x_i\right)^2} \tag{6.2.11}$$

将式(6.2.11)带入到式(6.2.10)可得:

$$\beta_0=\frac{1}{m}\sum_{i=1}^{m}y_i-\frac{\beta}{m}\sum_{i=1}^{m}x_i \tag{6.2.12}$$

将普通最小二乘法应用到同位素水试验的研究中时,m 为样品的数量,x 为 $\delta^{18}O$ 的值,y 为 δD 的值,β_0 为拟合直线的截距,β 为拟合直线的斜率。

(2) 同位素示踪法

在矿区进行原位试验,利用手工钻孔的方式向不同深度的固定点位投放高丰度(15%)的氢同位素水(^2H),通过对该位置土壤水和地表植物氢同位素的检测,来示踪土壤水在不同外界条件下的运移方式。

优势：丰度为15%的同位素水（^{2}H）正好是天然氢同位素（^{2}H）的1000倍，远高于研究区域的背景值。这样的高丰度配比可以大大减少不可控因素对示踪试验的干扰，提高原位示踪试验的精确度与可信度[5~8]。

6.2.2 降水及温度特征分析

通过对研究区域内降水数据作图分析可以发现，区域内有十分明显的旱季和雨季区分，如图6.10所示。6～9月为雨季，其中2020年8月的降水量最高，为138.14mm。10月到次年5月为旱季，月降水量很少且降水事件分散，旱季最高降水量出现在2021年3月，仅有35.51mm。研究区域内2020年8月至次年7月总降水量为455.18mm，其中雨季降水量约占全年降水量的75.4%。此外，月平均温度变化明显，2020年8月平均气温为20.6℃，从8月至12月温度迅速降低，12月的平均气温为－9.3℃，次年1月至7月温度又迅速升高，7月平均温度为24.3℃，所有月份平均温度未出现稳定阶段。

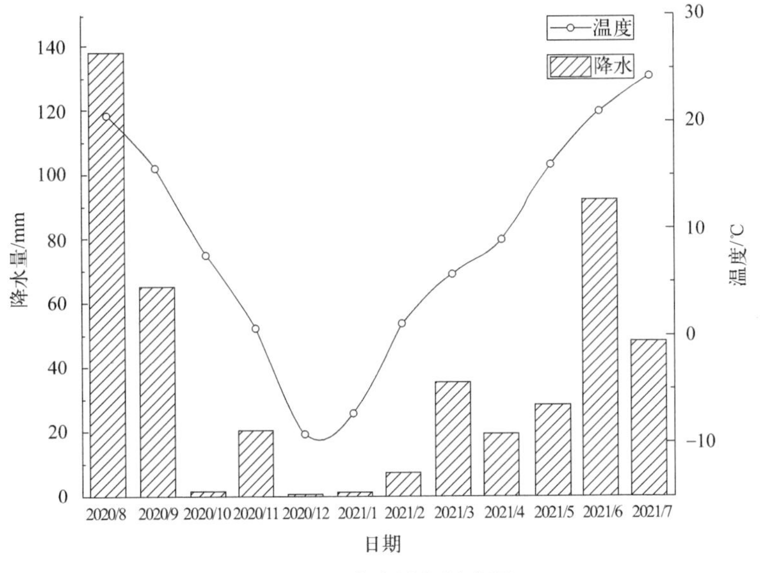

图6.10 降水量与温度图

6.2.3 土壤水补给来源

根据地图查阅，距离研究区域——伊金霍洛旗最近的两个气象站点分别位于包头市和靖边县，因此选取这两个站点的数据为研究样本（表6.10）。

表 6.10　包头市与靖边县大气降水氢氧同位素数据

气象站	采样日期	$\delta^{18}O$/‰	δD/‰
靖边县	2020.8	−9	−59
	2020.9	−10.5	−68
	2020.10	−8.9	−59
	2003.3	−13.5	−79
	2003.4	−5	−40
	2003.5	−3.9	−37
	2003.6	−2.5	−24
	2003.7	−2.3	−36
	2003.8	−8.8	−60
包头市	1986.3	−9.85	−56.6
	1986.6	−5.92	−36.7
	1986.7	−6.83	−57.3
	1986.8	−7.1	−48.9
	1986.9	−8.23	−53.9
	1986.10	−15.06	−115.9
	1986.12	−11.07	−69.6
	1987.5	−3.64	−28.2
	1987.6	−8.6	−51.4
	1987.7	−3.91	−38.2
	1987.8	−5.53	−43.9
	1987.9	−8.64	−56.6
	1987.10	−13.88	−89.1
	1987.11	−4.63	−35
	1988.1	−21.82	−153.4
	1988.2	−13.01	−91.6
	1988.3	−15.37	−109.9
	1988.5	−8.22	−52.2
	1988.6	−7.36	−47.8
	1988.7	−10.09	−75.4
	1988.8	−9.67	−61.4
	1988.9	−6.98	−44.8
	1988.10	−7.97	−61.5
	1989.2	−6.36	−54.2
	1989.3	−5.3	−25.9
	1989.4	−4.16	−36.7
	1989.5	−2.59	−34.3

续表

气象站	采样日期	$\delta^{18}O$/‰	δD/‰
	1989.6	−5.99	−53.6
	1989.7	−7.58	−60.2
	1989.8	−9.1	−68
	1989.9	−7.61	−60.5
	1989.10	−8.09	−56.3
	1989.11	−10.9	−79.2
	1990.1	−10.96	−79.6
	1990.2	−12.61	−80.5
	1990.3	−14.3	−90.6
	1990.4	−6.85	−41.4
	1990.5	0.73	−8.8
	1990.6	−5.94	−48.5
	1990.7	−7.67	−55.8
	1990.8	−6.81	−45.4
	1990.9	−4.96	−32.2
	1990.10	−9.61	−62.7
	1990.11	−13.61	−88.4
	1991.3	−11.79	−78.2
	1991.4	−7.43	−49.7
	1991.5	−4.79	−46.9
	1991.6	−4.16	−30.1
	1991.7	−5.86	−48.3
	1991.8	−7.83	−58
	1991.9	−5.3	−36.2
	1991.10	−4.8	−27.9
	1992.3	−9.38	−57.8
	1992.4	−4.95	−30.8

续表

气象站	采样日期	$\delta^{18}O$/‰	δD/‰
	1992.5	−5.81	−39.8
	1992.6	−6.66	−45.3
	1992.7	−8.56	−48.7
	1992.8	−6.02	−38.9
	1992.9	−6.74	−42.4
	1992.10	−15.94	−104.7

本次研究使用的原状土壤水同位素数据来自2020年10月份的采集，采样地点分别为上湾煤矿与布尔台煤矿的塌陷区与对照区（表6.11）。

表6.11 土壤样品氢氧同位素数据

采样地点	$\delta^{18}O$/‰	δD/‰	采样地点	$\delta^{18}O$/‰	δD/‰
BD	−7.52	−78.78	BC	−11.45	−95.83
	−7.77	−76.03		−6.67	−70.38
	−6.94	−69.84		−5.95	−55.78
	−7.93	−71.16		−1.22	−35.52
	−10.96	−78.08		1.7	−32.62
	−9.21	−66.27		−6.64	−48.11
	−6.1	−56.95		−4.09	−44.21
	−6.77	−59.54		−3.44	−43.07
	−6.38	−53.42		−6.1	−55.52
	−4.94	−52.98		−4.17	−54.65
	−4.88	−48.01		−2.42	−46.19
	−6.24	−47.81		−11.08	−75.96
	−3.57	−45.98		−7.39	−67.34
	−5.56	−63.28		−7.42	−60.91
	−8.42	−68.25		−10.91	−72.38
	−3.96	−61.76		−3.01	−51.15
	−7.03	−69.33		−6.02	−57.85
	−7.81	−69.31		−7.92	−64.87
	−5.43	−64		1.28	−38.15
	−7.88	−49.44		−4.87	−63.05
	−8.11	−72.65		−7.24	−65.14
	−8.97	−74.4		−3.32	−52.67
	−5.62	−67.91		−4.03	−55.99
	−6.33	−66.57		−9.88	−72.72
	−4.56	−58.06		−3.35	−51.47
	−9.27	−71.83			

续表

采样地点	$\delta^{18}O$/‰	δD/‰	采样地点	$\delta^{18}O$/‰	δD/‰
SD	−6.25	−58.63	SC	−4.79	−50.04
	−7.68	−65.14		−4.48	−58.79
	−7.88	−62.18		−8.68	−69.56
	−6.23	−60.67		−4.7	−51.41
	−3.03	−39.96		−1.7	−37.63
	−6.5	−54.06		−4.58	−35.67
	−5.33	−47.53		5.58	−8.2
	0.18	−16.19		1.89	−12.41
	−7.31	−46.79		−5.81	−47.73
	−2.2	−25.12		3.23	−13.08
	−6.52	−37.23		−0.40	−25.86
	−7.57	−50.76		−3.76	−35.50
	−4.20	−38.74		−1.33	−34.58
	−3.17	−36.57		−2.62	−44.49
	−7.60	−52.65		−5.74	−56.51
	−5.71	−44.13		−5.09	−57.33
	−5.36	−46.85		−5.38	−56.11
	−7.67	−60.17		−9.01	−69.20
	−7.93	−61.68		−4.74	−56.06
	−9.24	−66.21		−3.92	−54.43
	−8.01	−68.94		−5.13	−62.84
	−9.26	−71.69		−3.91	−51.05
	−6.89	−59.58		−4.79	−57.99
	−10.52	−82.84		−8.76	−66.19
	−8.37	−79.65			
	−10.10	−83.57			

根据GNIP与土壤样品采集得到的数据，大气$\delta^{18}O$的变化范围为−21.82‰～0.73‰，δD的变化范围为−153.4‰～−8.8‰。土壤水$\delta^{18}O$的变化范围为−11.45‰～5.58‰，δD的变化范围为−95.83‰～−8.2‰（表6.11～表6.12）。对研究区域内大气同位素数据进行拟合得到局地大气水线（LMWL）的方程：$\delta D=(6.12\pm0.21)\delta^{18}O-(7.17\pm1.88)(R^2=0.93,P<$

0.05,n=69)。LMWL的斜率为6.12。相比于全球大气水线（GMWL）的斜率8($\delta D=8\delta^{18}O+10$)要小，这说明研究区域内的空气湿度较小，降雨的时候雨滴在下落过程中受到了二次蒸发的影响，较轻的同位素丢失而较重的同位素留了下来，发生了同位素动力分馏。对研究区域内土壤水的氢氧同位素进行拟合得到土壤水线方程（SWL）：$\delta D=(4.48\pm0.25)\delta^{18}O-(30.26\pm1.63)$ ($R^2=0.76, P<0.05, n=101$)。相比于局地大气水线，土壤水线的斜率为4.48，小于局地大气水线的斜率6.12，这说明研究区域内的土壤水在当地自然气候等因素条件的影响下经历了更加强烈的蒸发。土壤水氢氧同位素所形成的散点基本落于局地大气水线下方附近，这说明区域内土壤水的主要补充来源是大气降水[9-10]。(图6.11)。

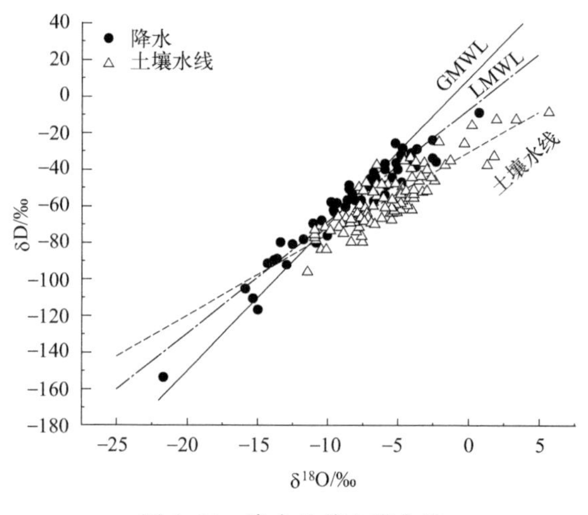

图6.11 降水及其土壤水线

6.2.4 土壤粒径分析

为了方便文章叙述与结论总结，对于土壤粒径的分析根据粒径含量变化趋势将土壤深度划分为以下几个层段，具体划分结果见表6.12。

表6.12 粒径分析土壤分层

土层	深度/cm
土壤上层	0～200
土壤中层	200～300
土壤深层	300～500

6.2.4.1　上湾煤矿对照区与塌陷区土壤粒径分析

上湾煤矿对照区与塌陷区整体土壤结构相似，都由砂粒、粉粒和黏粒构成。如图 6.12 所示。其中砂粒的含量最高，粉粒次之，黏粒最少。它们所占比例分别为 49％～93％、49％～6％、1.3％～0.03％。这些颗粒在对照区的平均值分别为（87.77±7.29)％、(12.07±7.19)％、(0.16±0.1)％，变异系数分别为 8.31％、59.57％、62.5％。塌陷区的平均值分别为（82.34±9.91)％、(17.37±9.61)％、(0.29±0.33)％，变异系数分别为 12.04％、55.33％、113.79％。

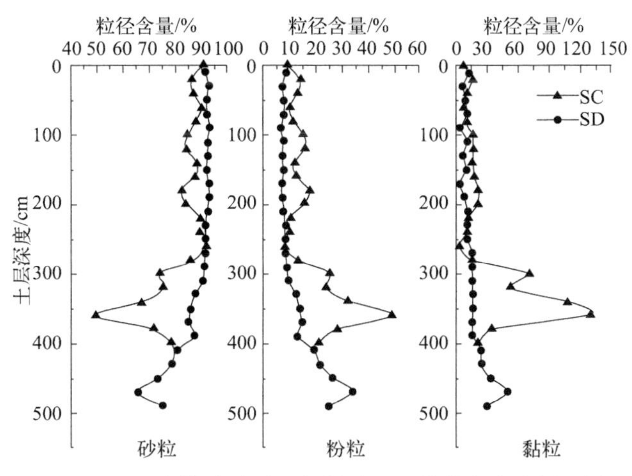

图 6.12　上湾煤矿对照区与塌陷区土壤粒径占比剖面图

上湾煤矿对照区上层土壤（0～200cm)，砂粒与粉粒变化较为平稳，平均值分别为（92.58±0.6)％、(7.33±0.56)％，变异系数分别为 0.65％与 7.67％；黏粒的平均值为（0.08±0.03)％，变异系数为 36.96％。土壤中层（200～300cm）砂粒与粉粒的平均值分别为（91.71±0.48)％、(8.15±0.46)％，变异系数分别为 0.52％与 5.58％；黏粒的平均值为（0.13±0.02)％，变异系数为 18.84％。土壤深层（300～500cm）砂粒与粉粒的平均值为（81±7.46)％、(18.76±7.35)％，变异系数分别为 9.21％与 39.19％；黏粒平均值为（0.24±0.1)％，变异系数为 42.94％。

上湾煤矿塌陷区上层土壤（0～200cm)，砂粒与粉粒的平均值分别为(86.74±2.6)％、(13.12±2.56)％，变异系数分别为 3％与 19.5％；黏粒的平均值为（0.15±0.05）%，变异系数为33.54%。土壤中层（200～300cm）砂粒与粉粒的平均值分别为（86.15±5.79）%、（13.63±5.58）%，变异系数分别为6.73%与40.96%；黏粒的平均值为（0.22±0.23）%，变异系数为100.78%。土壤深层（300～500cm）砂粒与粉粒的平均值为（69.49±9.71）%、（29.83±9.39）%，变异系数分别为13.98%与31.47%；黏粒平均值为（0.69±0.39）%，变异系数为56.20%。

结合当地自然生态环境与砂粒占据土壤主要结构成分的信息，认为研究区域内土壤受侵蚀较为严重。综合分析上述数据和图示曲线，可以发现上湾煤矿对照区三种颗粒各层的变异系数在整体上与塌陷区相比较小，其中对照区三种颗粒在土壤中层最为稳定，在土壤上层和深层变异系数稍大；而塌陷区三种颗粒在土壤上层较为稳定，在土壤中层和深层变异系数都比较大。根据砂粒、粉粒、黏粒对照区与塌陷区各层变异系数的大小对比，发现塌陷区黏粒整体上各层变异系数相对于对照区变化更大，认为采煤塌陷对黏粒的影响较大。塌陷区在300～350cm处粉粒与黏粒平均占比相比于土壤上层与中层增大，砂粒的平均占比减小，土壤粒径变小。

6.2.4.2 布尔台煤矿对照区与塌陷区土壤粒径分析

布尔台煤矿土壤也由砂粒、粉粒和黏粒构成。其中，砂粒为土壤的主要组成成分，土壤受风蚀严重。如图6.13所示，对照区砂粒、粉粒、黏粒的平均值分别为（90.68±1.57）%、（9.22±1.55）%、（0.1±0.03）%，变异系数分别为1.73%、16.81%、30%；塌陷区砂粒、粉粒、黏粒的平均值分别为（81.06±3.79）%、（18.74±3.75）%、（0.2±0.06）%，变异系数分别为4.68%、20.01%、30%

布尔台煤矿对照区上层土壤（0～200cm），砂粒与粉粒变化较为平稳，平均值分别为（89.4±1.26）%、（10.48±1.26）%，变异系数分别为1.41%与11.99%；黏粒的平均值为（0.12±0.03）%，变异系数为27.01%。土壤中层（200～300cm）砂粒与粉粒的平均值分别为（90.95±0.66）%、（8.94±0.65）%，变异系数分别为0.72%与7.21%；黏粒的平均值为（0.1±0.02）%，变异系数为15.69%。土壤深层（300～500cm）砂粒与粉粒的平均值为（91.82±1.19）%、（8.1±1.16）%，变异系数分别为1.3%与14.3%；黏粒平均值为（0.08±0.04）%，变异系数为43.46%。

布尔台煤矿塌陷区上层土壤（0～200cm），砂粒与粉粒的平均值分别为

(81.23±1.82)%、(18.56±1.79)%，变异系数分别为2.24%与9.65%；黏粒的平均值（0.15±0.05)%，变异系数为23.59%。土壤中层（200～300cm）砂粒与粉粒的平均值分别为（80.46±1.37)%、(19.34±1.37)%，变异系数分别为1.71%与7.06%；黏粒的平均值为（0.19±0.02)%，变异系数为9.15%。土壤深层（300～500cm）砂粒与粉粒的平均值为（81.21±5.51)%、(18.60±5.45)%，变异系数分别为6.79%与29.28%；黏粒平均值为（0.19±0.06)%，变异系数为34.21%。

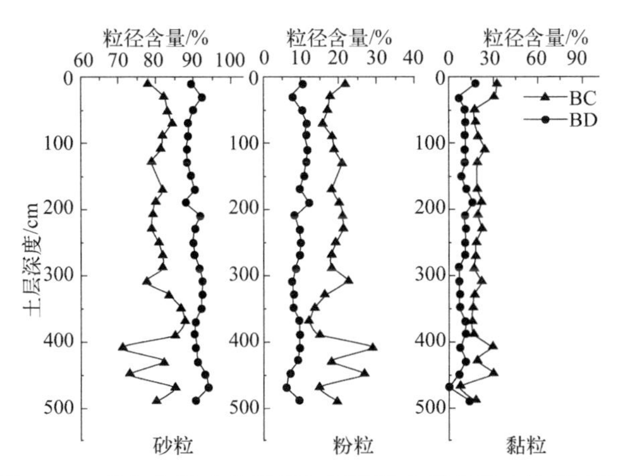

图6.13 布尔台煤矿对照区与塌陷区土壤粒径占比剖面图

根据上述数据分析和图示曲线发现，布尔台煤矿对照区三种颗粒在土壤中层较为稳定，在土壤上层与深层变异系数较大。塌陷区三种颗粒也在土壤中层最为稳定，上层与深层变异系数较大。根据砂粒、粉粒、黏粒对照区与塌陷区各层变异系数的大小对比，发现塌陷区黏粒整体上各层变异系数相对于对照区变化更大，认为采煤塌陷对黏粒的影响较大。塌陷区300～500cm处，三种颗粒相比于土壤上层与中层的变异系数较大，土壤粒径在290cm、410cm与450cm处变小。

6.2.4.3 上湾与布尔台煤矿塌陷区土壤粒径分析

将上湾煤矿塌陷区与布尔台煤矿塌陷区土壤粒径进行对比（图6.14）。上湾煤矿塌陷区上层土壤（0～200cm)，砂粒与粉粒的平均值分别为（86.74±2.6)%、 (13.12±2.56)%，变异系数分别为3%与19.5%；黏粒的平均值(0.15±0.05)%，变异系数为33.54%。土壤中层（200～300cm）砂粒与粉粒的平均值分别为（86.15±5.79)%、(13.63±5.58)%，变异系数分别为6.73%与

40.96%；黏粒的平均值为（0.22±0.23)%，变异系数为100.78%。土壤深层（300～500cm）砂粒与粉粒的平均值为（69.49±9.71)%、(29.83±9.39)%，变异系数分别为13.98%与31.47%；黏粒平均值为（0.69±0.39)%，变异系数为56.20%。

布尔台煤矿塌陷区上层土壤（0～200cm)，砂粒与粉粒的平均值分别为(81.23±1.82)%、(18.56±1.79)%，变异系数分别为2.24%与9.65%；黏粒的平均值（0.15±0.05)%，变异系数为23.59%。土壤中层（200～300cm）砂粒与粉粒的平均值分别为（80.46±1.37)%、(19.34±1.37)%，变异系数分别为1.71%与7.06%；黏粒的平均值为（0.19±0.02)%，变异系数为9.15%。土壤深层（300～500cm）砂粒与粉粒的平均值为（81.21±5.51)%、(18.60±5.45)%，变异系数分别为6.79%与29.28%；黏粒平均值为（0.19±0.06)%，变异系数为34.21%。

布尔台煤矿塌陷区砂粒、粉粒、黏粒变异系数在0～500cm的深度上比上湾煤矿塌陷区小。上湾煤矿塌陷区在0～300cm的深度范围内砂粒占比大于布尔台煤矿，300～400cm处上湾煤矿砂粒占比比布尔台煤矿少。结合上述数据分析和图6.14曲线变化可知，上湾煤矿的细颗粒薄层在350cm处，布尔台煤矿的细颗粒薄层在290cm、410cm与450cm处。

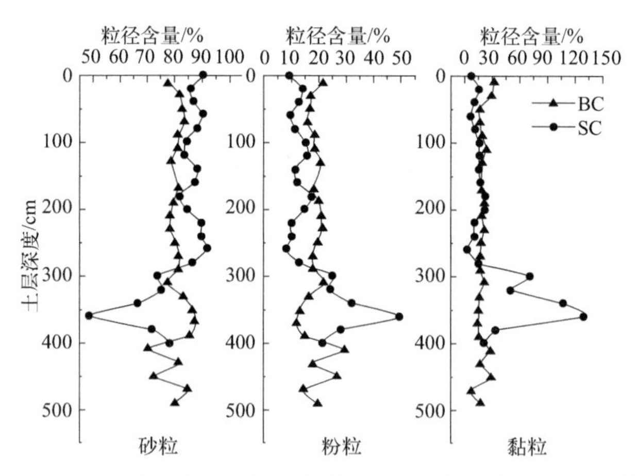

图6.14 上湾煤矿与布尔台煤矿塌陷区土壤粒径占比剖面图

6.2.5 土壤含水率特征分析

上湾煤矿与布尔台煤矿对照区及塌陷区第一次原状土壤样品的采集时间为

2020 年 10 月 2 日至 3 日。采样的前 5 天发生了中雨和小雨降水事件。第二次采样时间为 2021 年 7 月 18 日至 20 日。采样前 7 天发生了两次中雨事件和数次小雨事件。

6.2.5.1　上湾煤矿土壤含水率分析

在 0～50cm 的深度上，上湾煤矿对照区的土壤含水率变化范围为 3.78%～4.35%，平均值为（4.01±0.24）%。在 50～150cm 的深度上，上湾煤矿对照区土壤含水率的变化范围为 1.63%～4.17%，平均值为（2.44±0.96）%。在 150～250cm 深度上，对照区土壤含水率的变化范围为 1.7%～2.68%，平均值为（2.07±0.39）%。在 250～350cm 的深度上，上湾煤矿对照区土壤含水率的变化范围为 2.79%～3.15%，平均值为（2.99±0.13）%。在 350～500cm 的深度上，上湾煤矿对照区含水率的变化范围为 2.84%～6.43%，平均值为（4.52±1.2）%。

对于上湾煤矿塌陷区，在 0～50cm 的深度上，土壤含水率变化范围为 3.87%～5.65%，平均值为（4.79±0.89）%。在 50～150cm 的深度上由于数据缺失仅有 100cm 深度处的数据，它的值为 2.17%。在 150～250cm 的深度上，土壤含水率的变化范围为 3.01%～3.54%，平均值为（3.27±0.26）%。在 250～350cm 的深度上，土壤含水率的变化范围为 4.27%～4.98%，平均值为（4.63±0.35）%。在 350～460cm 的深度上，土壤含水率的变化范围为 5.31%～7.63%，平均值为（6.47±1.16）%（图 6.15）。

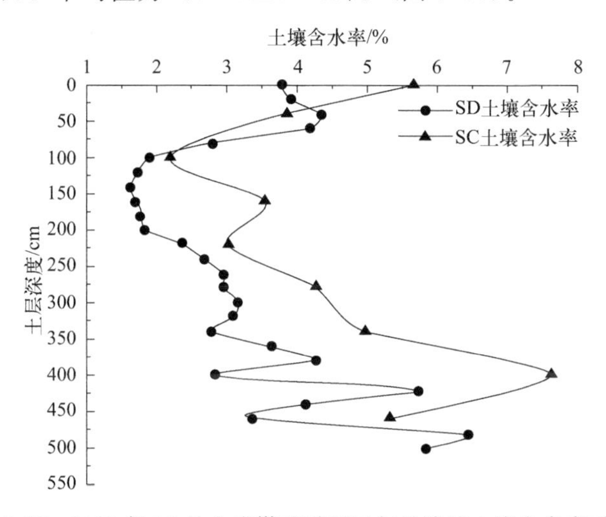

图 6.15　2020 年 10 月上湾煤矿对照区与塌陷区土壤含水率对比

根据上述数据分析与图示曲线发现，上湾煤矿塌陷区在 0～500cm 的深度上，土壤含水率整体上大于对照区。上湾煤矿对照区与塌陷区 0～100cm 土壤含水率随着深度的增加逐渐减小，在 100cm 处达到最低值，分别为 1.9%与 2.17%。对照区 100～350cm 土壤含水率随着深度的增加逐渐升高。350～500cm 土壤含水率呈现波动性变化。塌陷区 250～400cm 土壤含水率整体上呈现随着深度增加逐渐升高的特征，结合土壤粒径分析认为是由 300～350cm 土壤粒径减小、渗透率下降、土壤水蓄积造成的。

本次采样时间为 2021 年 7 月，在气候上为研究区域的雨季。下面对图 6.16 数据进行分析。

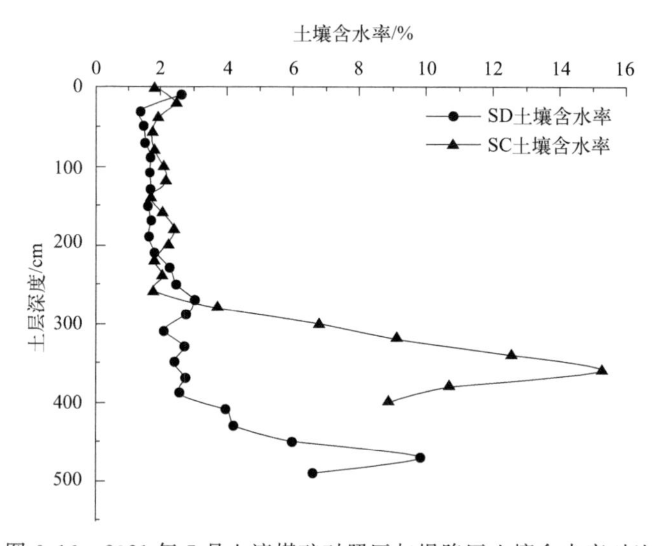

图 6.16　2021 年 7 月上湾煤矿对照区与塌陷区土壤含水率对比

上湾煤矿对照区，在 0～50cm 的深度上，土壤含水率变化范围为 1.34%～2.63%，平均值为（1.82±0.57）%。在 50～150cm 的深度上，土壤含水率的变化范围为 1.54%～1.72%，平均值为（1.65±0.06）。在 150～250cm 的深度上，土壤含水率的变化范围为 1.62%～2.46%，平均值为（1.98±0.33）%。在 250～350cm 的深度上，土壤含水率的变化范围为 2.08%～3.0%，平均值为（2.59±0.32）%。在 350～490cm 的深度上，土壤含水率变化范围为 2.60%～9.83%，平均值为（5.13±2.37）%。

上湾煤矿塌陷区，在 0～50cm 的深度上，土壤含水率的变化范围为 1.84%～2.48%，平均值为（2.08±0.28）%。在 50～150cm 的深度上，土壤含水率的变化范围为 1.7%～2.18%，平均值为（1.9±0.2）%。在 150～

250cm 的深度上，土壤含水率的变化范围为 1.8%～2.41%，平均值为（2.13±0.2)%。在 250～350cm 的深度上，土壤含水率的变化范围为 1.81%～12.55%，平均值为（6.79±3.82)%。在 350～400cm 的深度上，土壤含水率的变化范围为 8.91%～15.25%，平均值为（11.62±2.67)%。

根据上述数据分析和图示曲线发现，上湾煤矿塌陷区土壤含水率在 0～500cm 的深度上整体大于对照区。对照区 430～490cm 土壤含水率先增加再减少。塌陷区 250～350cm 土壤含水率迅速增加，并且增加的速度要快于 2020 年 10 月份，结合上述土壤粒径分析认为这是由 300～350cm 土壤粒径减小、渗透率下降、在降雨的影响下通过优先流迅速补给该层土壤水造成的。

6.2.5.2 布尔台煤矿土壤含水率分析

布尔台煤矿对照区，在 0～50cm 的深度范围内，土壤含水率的变化范围为 3.33%～4.10%，平均值为（3.84±0.36)%。50～150cm 的深度上，土壤含水率的变化范围为 4.93%～6.51%，平均值为（5.68±0.53)%。150～250cm 的深度上，土壤含水率的变化范围为 3.18%～4.16%，平均值为（3.71±0.37)%。250～350cm 的深度上，土壤含水率的变化范围为 2.70%～3.20%，平均值为（2.93±0.19)%。350～500cm 的深度上，土壤含水率的变化范围为 2.11%～4.31%，平均值为（3.16±0.68)%。

布尔台煤矿塌陷区，0～60cm 的深度范围里，土壤含水率的变化范围为 2.44%～3.96%，平均值为（3.20±0.76)%。60～180cm 的深度上，土壤含水率的变化范围为 1.81%～3.76%，平均值为（2.78±0.98)%。180～300cm 的深度上，土壤含水率的变化范围为 3.69%～3.74%，平均值为（3.72±0.03)%。在 300～500cm 的深度上，土壤含水率的变化范围为 2.22%～3.62%，平均值为（3.09±0.62)%（图 6.17）。

根据上述数据分析和图示曲线发现，布尔台煤矿塌陷区 0～180cm 土壤含水率较低，结合上湾煤矿与布尔台煤矿其它土壤含水率数据分析认为这可能是采样误差造成的。布尔台煤矿对照区 0～180cm 土壤含水率较高，结合后续章节的分析认为这可能是植物水力再分配造成的。布尔台煤矿塌陷区 350～500cm 范围内，由于 410cm 与 450cm 处土壤粒径减小，土壤渗透率下降，在入渗作用的影响下，土壤水蓄积，造成土壤含水率升高。

对 2021 年 7 月布尔台煤矿土壤水含水率作图进行分析。采样时间为雨季，

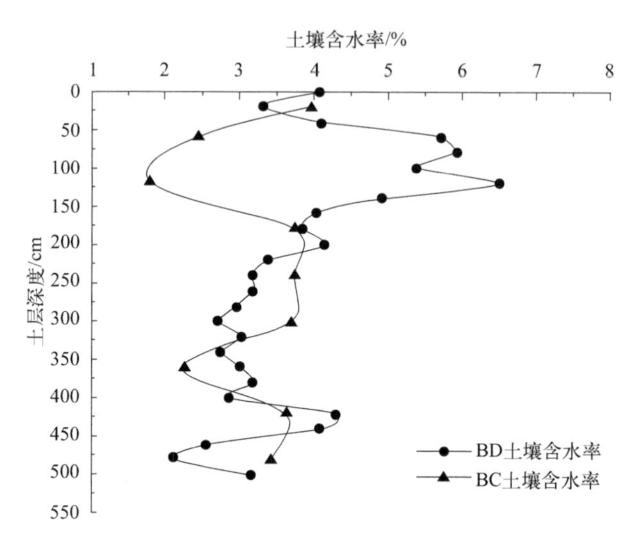

图 6.17　2020 年 10 月布尔台煤矿对照区与塌陷区土壤含水率对比

如图 6.18 所示。

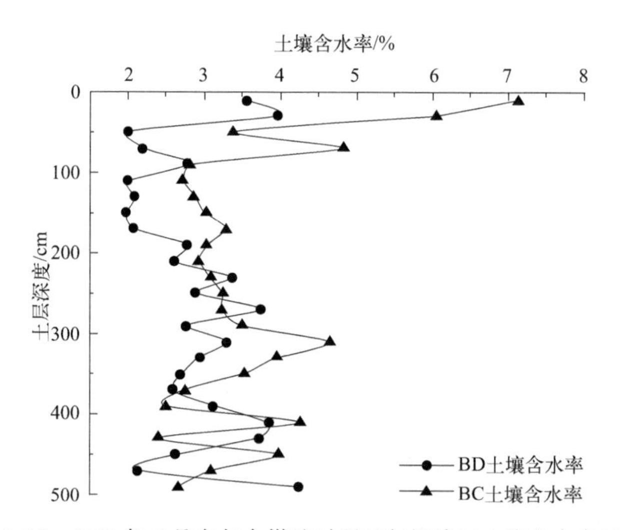

图 6.18　2021 年 7 月布尔台煤矿对照区与塌陷区土壤含水率对比

布尔台煤矿对照区，在 0～50cm 的深度上，土壤含水率的变化范围为 2.01%～3.97%，平均含水率为（3.18±0.84）%。50～150cm 的深度上，土壤含水率的变化范围为 2.00%～2.81%，平均值为（2.22±0.30）%。150～250cm 的深度上，土壤含水率的变化范围为 2.07%～3.38%，平均值为（2.75±0.43）%。250～350cm 的深度上，土壤含水率的变化范围为 2.71%～

3.76%，平均值为（3.10±0.39）%。350～500cm 的深度上，土壤含水率的变化范围为 2.14%～4.25%，平均值为（3.19±0.71）%。

布尔台煤矿塌陷区，在 0～50cm 的深度上，土壤含水率的变化范围为 3.79%～7.14%，平均值为（3.39±1.58）%。50～150cm 的深度上，土壤含水率的变化范围为 2.73%～4.84%，平均值为（3.26±0.8）%。150～250cm 的深度上，土壤含水率的变化范围为 2.94%～3.30%，平均值为（3.12±0.14）%。在 250～350cm 的深度上，土壤含水率的变化范围为 3.24%～4.67%，平均值为（3.78±0.5）。在 350～500cm 的深度上，土壤含水率的变化范围为 2.42%～4.26%，平均值为（3.10±0.68）%。

根据上述数据分析和图示曲线发现，布尔台煤矿塌陷区土壤含水率在 0～500cm 深度上整体上大于对照区。塌陷区与对照区 0～100cm 土壤含水率迅速减小的同时又有一段含水率增加的区间，结合其他试验分析认为可能是植物水力再分配造成的。此外，布尔台煤矿塌陷区由于 290cm 处土壤粒径减小，土壤渗透率下降，在入渗作用的影响下，土壤水蓄积使得 110～310cm 范围内的深度上土壤含水率升高。

6.2.5.3 含水率不同月份的深度对比

为了更加清晰地分析研究区域内雨季中与雨季后土壤含水率的区别，现根据不同月份的土壤水数据作图（图 6.19）。

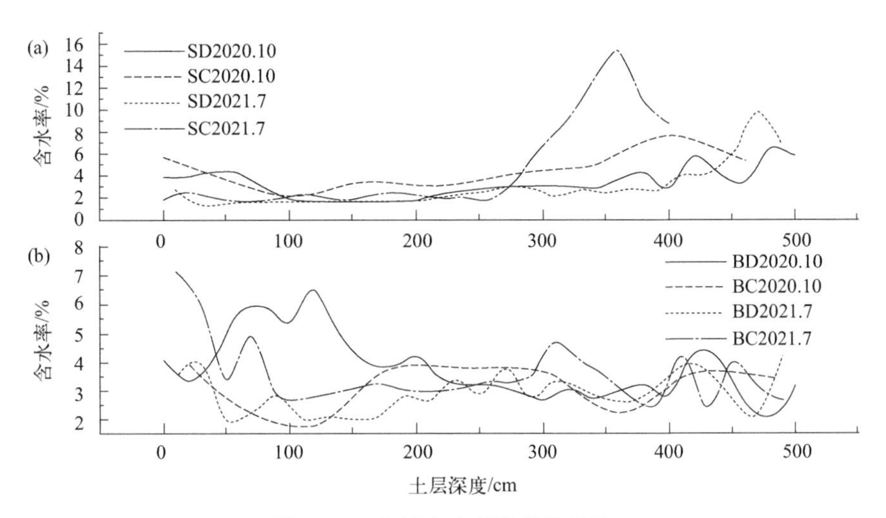

图 6.19　土壤含水率季节性对比

在雨季上湾煤矿 0～100cm 深度范围内对照区与塌陷区土壤含水率均比雨季后要低。这可能是因为雨季的时候，研究区域内的气候温度较高，蒸发强度大，并且该时节正值植物的生长期，对土壤水的消耗较高。布尔台煤矿上述特征没有上湾煤矿明显，但是在 30～230cm 的深度上对照区也有所体现。雨季中与雨季后，上湾煤矿塌陷区在 280～400cm 的深度上土壤含水率均出现高值。但是本次雨季后采样时间是 10 月，与雨季 9 月时间上相差并不远，所以旱季中期与后期上湾煤矿塌陷区在该深度是否还能维持该含水率高值还需要进一步采样分析讨论。

如图 6.19(a) 所示，上湾煤矿土壤含水率差异性主要体现在土壤深部 270～500cm 上，这可能是优先流造成的。如图 6.19(b) 所示，布尔台煤矿塌陷区与对照区土壤含水率的差异性则主要体现在上部。雨季中塌陷区与对照区的土壤含水率交点为 210cm，雨季后土壤含水率的交点为 180cm，雨季中降雨补给对土壤水的影响深度比雨季后深 30cm。

6.3 植物吸水同位素特征及水分贡献率分析

6.3.1 研究思路

在本试验中，选取了本次研究区域内的优势物种——沙蒿来进行水分利用策略的分析，分析方法有直接对比法（^{2}H）和贝叶斯混合模型模拟法（MixSIAR）。对 0～300cm 土层进行了植物利用水源深度划分，并简述了各深度处的沙蒿根系部分情况。

6.3.1.1 分析方法

（1）直接对比法

直接对比法是指将植物木质部水与各潜在水源的同位素值绘制在一起，绘制时可将土壤深度作为纵坐标，将选用的同位素值作为横坐标，二者交叉或相近的区域即认为是该植物主要的水分来源，且二者相距越近，植物对该潜在水源吸收利用的比例越大。若在某深度土层，植物木质部水与土壤水有一个交点，表明该植物主要吸收该深度土层的土壤水；若在各深度土层，植物木质部水和土壤水均无交点，说明无法判断出植物主要的潜在水源，需要通过其它方法定量分析植物的潜在水源。

以往研究表明，直接对比法假设植物仅吸收利用某一确定土层深度的土壤水，但实际上植物吸收利用多个土层深度土壤水的混合，不适用于多种水源混合的情况下分析植物水分来源[11~15]。

(2) 贝叶斯混合模型模拟法（MixSIAR）

由于除少数盐生和旱生植物外，木质部水的氢氧稳定同位素均不会分馏，且各种水源之间的氢氧稳定同位素也具有一定的差异性。因此，我们可以利用该特点来判断植物在塌陷区与对照区利用水分策略的差异性，将该差异性与不同地区土壤含水率、植物根系特征、降雨入渗特点等相结合分析土壤水的运移规律[16~19]。

虽然我们可以利用直观法大致判断植物利用水分的主要来源，但是无法对其进行具体的数值分析，只能采用模拟的方法对植物利用水分策略进行量化。目前在该领域广泛使用的模型有 IsoSource、MixSIR、SIAR 与 MixSIAR 模型，这些模型使用示踪数据来表征来源和混合物的化学或物理特性。其中 IsoSource 模型，仅根据物质的质量守恒给出一定的范围，没有考虑到同位素的分馏与数据的不确定性。而 MixSIAR 则整合了 MixSIR 与 SIAR 模型，集合了两种模型的优势，统一了平台，有利于开发人员进一步改进未来的混合模型分析。同时，该模型还考虑了同位素的变异分馏与多重来源的非一致性，能够将固定效应与随机效应作为协变量来解释混合比例的可变性，并通过信息标准计算对多个模型的相对支持度。

虽然目前示踪剂与混合模型有很多种，但是它们都根植于相同的基本混合方程。公式如下：

$$Y_j = \sum_k p_k \mu_{jk}^s \tag{6.3.1}$$

式中，j 是示踪剂的个数，Y_j 为混合物示踪剂的值，k 是源的个数，p_k 是每个源对混合物的贡献比例，μ_{jk}^s 为源示踪剂的平均值。

式(6.3.1) 使用时具有以下规则：

① 所有对混合物有贡献的来源都是已知和量化的；

② 示踪剂在混合过程中是保持不变的；

③ 源混合物和示踪剂的值是固定的；

④ p_k 的总和为 1，并且源示踪剂的值不同；

⑤ 在给定具有多个示踪剂的混合系统中，要使得源的数量小于或等于示踪剂加 1 的数量，则 Y_j 方程组中的 p_k 项可以求解。

6.3.1.2 植物利用水源深度划分

植物（沙蒿）可利用的潜在水源多种多样，如大气降雨、地表河流、基岩裂隙水产生的径流等。但是这些水源都需要转化为土壤水后植物根系才能加以利用。本次试验根据植物根系长度、土壤含水率与氢氧同位素特征，将0～300cm的土层进行划分，其中土壤中层和深层由于土层深度跨越较大，又将其细分为3个深度，具体划分深度见表6.13。

表6.13 植物利用水源土层深度划分

		土层深度/cm		
		细分		
浅层土壤	0～20			
中层土壤	20～150	20～60	60～100	100～150
深层土壤	150～300	150～200	200～250	250～300

6.3.1.3 沙蒿根系部分情况

由于本次试验未对沙蒿根系分布进行采样，因此相关数据主要来自于文献调研。通过对相关文献的调研了解到，沙蒿细根生物量在0～20cm占比最大，其生物量为总根量的50%～80%。不同年份的沙蒿在0～20cm的根系生物量占比不同，1～5年生的沙蒿在该深度的占比分别为83.5%、74.04%、72.86%、65.946%、61.74%。总体上随着沙蒿年龄的增大0～20cm根系生物量占比在减少。沙蒿的根长也随着年龄的增大逐渐增大，1年生的沙蒿根系主要分布在0～100cm的土层。2年生的沙蒿根系分布在0～100cm的土层。3年生的沙蒿根系分布在0～160cm的土层。4年生的沙蒿根系分布在0～180cm的土层。5年生的沙蒿根系分布在0～300cm的土层。1～5年生的沙蒿根系主要分布范围为0～60cm。新生的沙蒿根系生物量主要在0～20cm，其它年份的沙蒿则在20～60cm，并随着深度的增加先增大后减少，其实物如图6.20所示。

6.3.2 基于直接对比法的植物水分利用情况分析

2020年10月份植物样本采集期间，采样前6天天气晴朗没有下雨，平均湿度与温度分别为57.47%与6.78℃。采样过程中有一天有小雨，平均湿度与温度分别为71.9%与10.55℃。上湾煤矿植物样本的采集时间由2020年10月

图 6.20 沙蒿根系图

5日开始，布尔台煤矿植物样本的采集时间从2020年10月4日开始。布尔台煤矿与上湾煤矿的采集周期都为7天，上湾煤矿植物样采集的最终时间为2020年10月11日，布尔台煤矿植物样采集的最终时间为2020年10月10日。具体天气情况见表6.14。

表 6.14 植物采样期间天气情况

季节	采样日期	降雨情况	相对湿度/%	日均温度/℃
秋季	2020.10.4	前3天无雨	49.4	2.3
	2020.10.5	前4天无雨	54.61	5.38
	2020.10.6	前5天无雨	70.62	8.09
	2020.10.7	前6天无雨	55.25	11.33
	2020.10.8	当日小雨	81.89	10.32
	2020.10.9	当日无雨	75.19	11.73
	2020.10.10	当日小雨	74.59	11.69
	2020.10.11	当日小雨	55.93	8.47

6.3.2.1 上湾煤矿沙蒿水分利用情况

上湾煤矿塌陷区沙蒿在人工投放氢同位素水的条件下可以利用水分的土层深度如图6.21所示。结果表明，沙蒿在不同土壤深度下利用水分的情况并不相同。上湾煤矿塌陷区在放样深度为50cm的钻孔周围取植物样，δD的值介于144.44‰～667.38‰之间，平均值为（378.2±197.67)‰。在100cm的钻孔周围取植物样，δD的值介于－66.53‰～42.58‰之间，平均值为（－31.26±33.76）‰。在150cm的钻孔周围取植物样，δD的值介于－13.06‰～1240.22‰之间，平均值为（480.87±370.82）‰。在500cm钻孔周围取植物样，δD的值介于－59.85‰～－32.24‰，平均值为（－46.11±11.24）‰。

50cm的深度上，沙蒿木质部水δD 7天内均比背景值高。100cm的深度上，沙蒿木质部水δD在第4天出现高值。150cm的深度上，沙蒿木质部水7天内均比背景值高。500cm的深度上，沙蒿木质部水δD在背景值周围徘徊且平均值与背景值接近。根据上述数据分析与图示曲线判断，上湾煤矿塌陷区沙蒿可以利用50cm、100cm和150cm深度的土壤水，500cm的深度由于距离背景值较近，无法判断是否可以利用到该深度的土壤水。

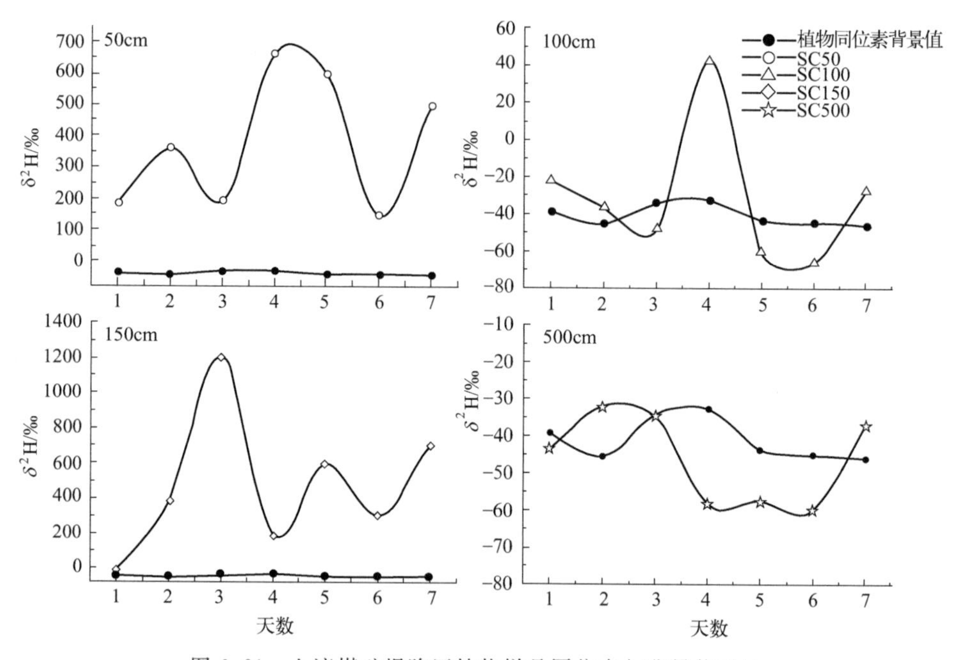

图6.21　上湾煤矿塌陷区植物样品同位素与背景值对比

上湾煤矿对照区沙蒿在人工投放氢同位素水的条件下可以利用水分的土层深度，如图6.22所示。在上湾煤矿对照区30cm的钻孔周围取植物样，δD的变化范围为－63.44‰～287.08‰，平均值为（37.12±107.7）‰。在50cm的钻孔周围取植物样，δD的变化范围为630.67‰～3116.77‰，平均值为（1637.19±868.32）‰。在70cm的钻孔周围取植物样，δD的变化范围为－33.79‰～1210.38‰，平均值为（169.99±426.42）‰。在100cm钻孔周围取植物样，δD 的值为 79.11‰～1436.2‰，平均值为（362.87±445.31)‰。在 150cm 钻孔周围取植物样，δD 的变化范围为－69.32‰～－6.84‰，平均值为（－40.02±－20.93)‰。在 200cm 的钻孔周围取植物样，δD 的变化范围为－1.38‰～381.62‰，平均值为（113.29±121.15)‰。在 300cm 的钻孔周围取植物样，δD 的变化范围为－65.25‰～－29.56‰，平均值为（－44.55±－14.06)‰。在 500cm 的钻孔周围取植物样，δD 的变化范围为－67.4‰～－30.1‰，平均值为（－47.07±－13.11)‰。

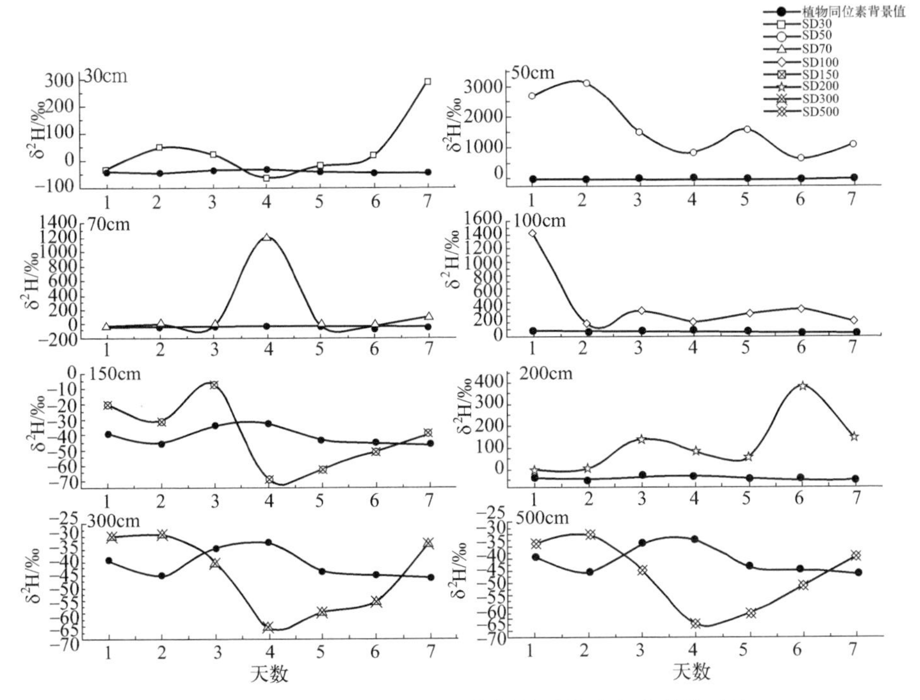

图 6.22 上湾煤矿对照区植物样品同位素与背景值对比

30cm 的深度上，沙蒿木质部水除第 4 天外，δD 均高于背景值。50cm 的深度上，沙蒿木质部水 7 天内 δD 均高于背景值。70cm 的深度上，沙蒿木质部水 δD 在第 4 天出现高值。100cm 的深度上，沙蒿木质部水 7 天内 δD 均高于背景值。200cm 的深度上，沙蒿木质部水 7 天内 δD 均高于背景值。150cm、300cm、500cm 沙蒿木质部水 δD 在背景值周围徘徊且平均值与背景值接近。根据上述数据分析与图示曲线判断，上湾煤矿对照区沙蒿可以利用 30cm、50cm、70cm、100cm、200cm 深度的土壤水，150cm、300cm、500cm 的深度由于距离背景值较近，无法判断是否可以利用到该深度的土壤水。

6.3.2.2 布尔台煤矿植物水分利用情况

布尔台煤矿塌陷区沙蒿在人工投放氢同位素水的条件下可以利用水分的土层深度如图 6.23 所示。布尔台煤矿在钻孔深度为 50cm 的周围取植物样，δD 的变化范围为 76.35‰～3992‰，平均值为（1776.32±1503.26）‰。在钻孔深度为 100cm 的周围取植物样，δD 的变化范围为－32.88‰～487.9‰。平均值为（122.56±198.9）‰。在钻孔深度为 150cm 的周围取植物样，δD 的变化范围为－82.65‰～－18.64‰，平均值为（－45.39±－18.84）‰。在钻孔深度为 500cm 处的周围取植物样，δD 的变化范围为－79.67‰～－27.75‰，平均值为（－48.11±－17.18）‰。

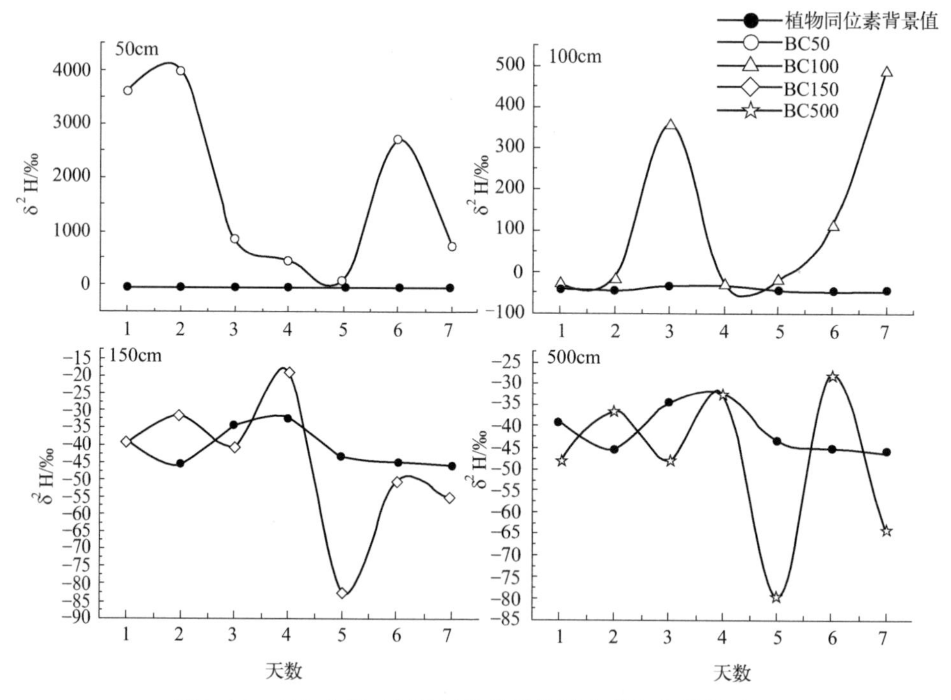

图 6.23 布尔台煤矿塌陷区植物样品同位素与背景值对比

50cm 的深度上，沙蒿木质部水 7 天内 δD 均比背景值高。100cm 的深度上，沙蒿木质部水 δD 在第 3 天出现高值，且在第 5 天之后迅速增长。150cm、500cm 的深度上，沙蒿木质部水 δD 在背景值周围徘徊且平均值与背景值接近。根据上述数据分析与图示曲线判断，布尔台煤矿塌陷区沙蒿可以利用 50cm 与 100cm 深度的土壤水，150cm、500cm 的深度由于距离背景值较近，无法判断是否可以利用到该深度的土壤水。

布尔台煤矿对照区沙蒿在人工投放氢同位素水的条件下可以利用水分的土层深度如图6.24所示。在钻孔深度为30cm的周围取植物样，δD的变化范围为−7.26‰～385.67‰，平均值为（160.56±143.2)‰。在钻孔深度为50cm的周围取植物样，δD的变化范围为−17.48‰～1900.17‰，平均值为（605±615.65)‰。在钻孔深度为70cm的周围取植物样，δD的变化范围为−40.1‰～213.91‰，平均值为（34.27±85.28)‰。在钻孔深度为100cm的周围取植物样，δD的变化范围为−43.04‰～12725.76‰，平均值为（3476.35±3948.22)‰。在钻孔深度为150cm的周围取植物样，δD的变化范围为−41.61‰～1729.48‰，平均值为（514.44±577.94)‰。在钻孔深度为200cm的周围取植物样，δD的变化范围为−63.57‰～810.58‰，平均值为(288.54±304.19)‰。在钻孔深度为300cm的周围取植物样，δD的变化范围为−73.67‰～−28.01‰，平均值为（−48.55±−16.27)‰。在钻孔深度为500cm的周围取植物样，δD的变化范围为−70.98‰～−27.14‰，平均值为(−47.35±−16.12)‰。

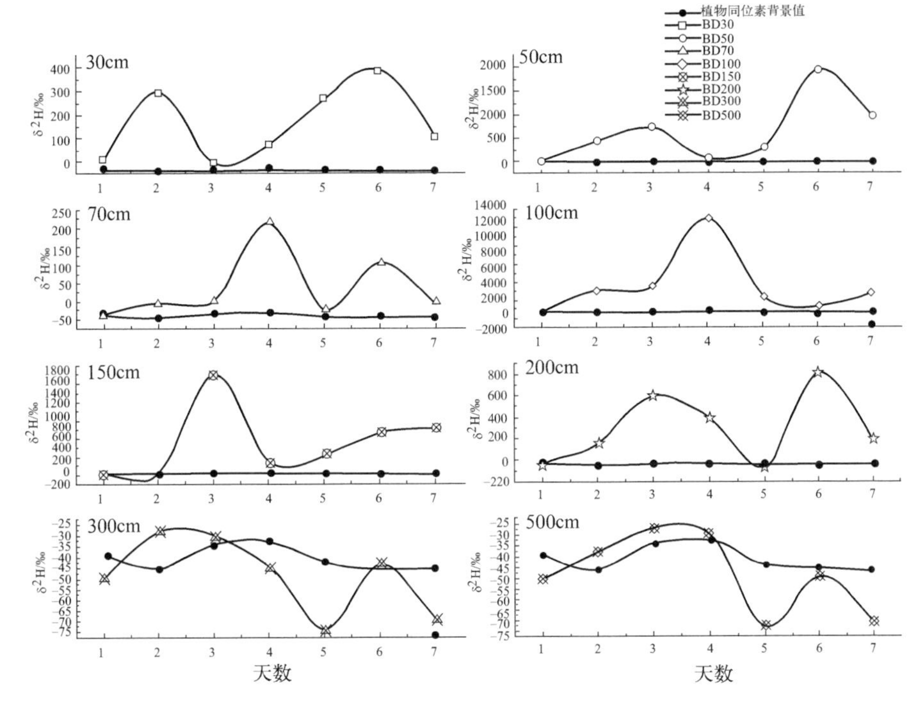

图6.24　布尔台煤矿对照区植物样品同位素与背景值对比

30cm 的深度上，沙蒿木质部水 7 天内 δD 均高于背景值。50cm 的深度上，沙蒿木质部水 7 天内 δD 均高于背景值。70cm 的深度上，沙蒿木质部水 7 天内 δD 均高于背景值。100cm 的深度上，沙蒿木质部水 7 天内 δD 均高于背景值。150cm 的深度上，沙蒿木质部水 δD 第 2 天之后均高于背景值。200cm 的深度上，沙蒿木质部水除第 1 天与第 5 天 δD 的值外，均高于背景值。300cm 与 500cm 沙蒿木质部水 δD 在背景值周围徘徊且平均值与背景值接近。根据上述数据分析与图示曲线判断，布尔台煤矿对照区沙蒿可以利用 30cm、50cm、70cm、100cm、150cm、200cm 深度的土壤水。300cm、500cm 的深度由于距离背景值较近，无法判断是否可以利用到该深度的土壤水。

6.3.3 基于贝叶斯混合模型模拟法的植物水分利用情况分析

直接对比法的优势在于操作简便，但是该方法仅可以大体上了解沙蒿对土壤水利用的土层深度，而且在一定的条件下会受到样本容量和人工取样方式的影响，无法量化植物的水分利用策略。因此，本次研究还将采取 MixSIAR 模型对植物利用水分的情况进行模拟，量化不同深度土壤水对植物生长的贡献率。

MixSIAR 模型是基于 R 语言编译出来的，主要作者是 Brian C. Stock 与 Brice X. Semmens。使用模型需要输入的数据有各个土层的原始同位素数据(例如输入 0～20cm、20～60cm 土层的同位素数据)，消费者同位素数据（输入植物木质部同位素数据)，由于除特定植物外植物木质部同位素不发生分馏，因此分馏数据设置为 0。数据输入完成后还需要进一步设置模型的运行时间，该过程在马尔卡夫链蒙特卡罗（MCMC）中设置。为保证模型的精度，运行时间设置为 normal。模型误差运用 Process 检验。最后运用 Gelman-Rubin 与 Geweke 检验模型是否收敛，若收敛则接受模型的运行结果；若不收敛则继续增加模型的运行时长；如果始终不收敛则要考虑输入的值是否有问题[20～22]。图 6.25 是模型运行的操作界面。

布尔台煤矿和上湾煤矿塌陷区与对照区不同深度土壤水对沙蒿的贡献率如图 6.26 所示。上湾煤矿对照区沙蒿主要利用 200～250cm 的土壤水，贡献率占 83.0%。0～20cm、20～60cm、60～100cm、100～150cm、150～200cm、250～300cm 的贡献率分别为 3.1%、1.8%、2.9%、4.8%、1.3%、3.1%。上湾煤矿塌陷区沙蒿主要利用 100～150cm 深度的土壤水，贡献率为 50.5%。0～20cm、20～60cm、60～100cm 的贡献率分别为 27.2%、19.1%、3.2%。

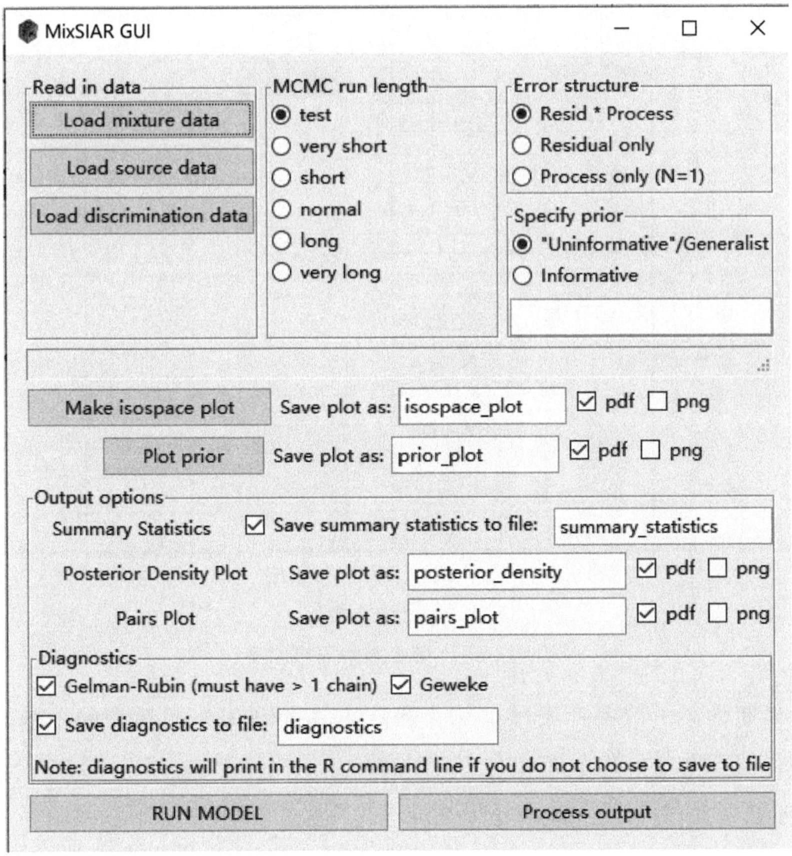

MixSIAR GUI

Read in data
Load mixture data
Load source data
Load discrimination data

MCMC run length
test
very short
short
normal
long
very long

Error structure
Resid * Process
Residual only
Process only (N=1)

Specify prior
"Uninformative"/Generalist
Informative

Make isospace plot　Save plot as: isospace_plot　pdf　png
Plot prior　Save plot as: prior_plot　pdf　png

Output options
Summary Statistics　Save summary statistics to file: summary_statistics
Posterior Density Plot　Save plot as: posterior_density　pdf　png
Pairs Plot　Save plot as: pairs_plot　pdf　png

Diagnostics
Gelman-Rubin (must have > 1 chain)　Geweke
Save diagnostics to file: diagnostics
Note: diagnostics will print in the R command line if you do not choose to save to file

RUN MODEL　Process output

图6.25　MixSIAR模型操作界面

布尔台煤矿对照区沙蒿主要利用200～250cm的土壤水，贡献率为58.9%。0～20cm、20～60cm、60～100cm、100～150cm、150～200cm、250～300cm的贡献率分别为8.0%、9.6%、9.5%、2.8%、4.6%、6.6%。布尔台煤矿塌陷区无明显的主要贡献土壤含水层，0～20cm、20～60cm、60～100cm、100～150cm、150～200cm的贡献率分别为18.4%、12.6%、27.2%、26.0%、15.8%。

将MixSIAR的模拟结果与直接法对比，沙蒿对土壤水的利用深度在整体上是基本一致的，这保证了模拟结果的实际意义。

无论上湾煤矿还是布尔台煤矿，对照区土壤水贡献率最高的土层都是深层土壤水（150～300cm），而在细分情况下贡献率最高的深度都是200～250cm，结合6.2.5土壤含水率的特征来看，该深度为研究区土壤含水率比较稳定的深

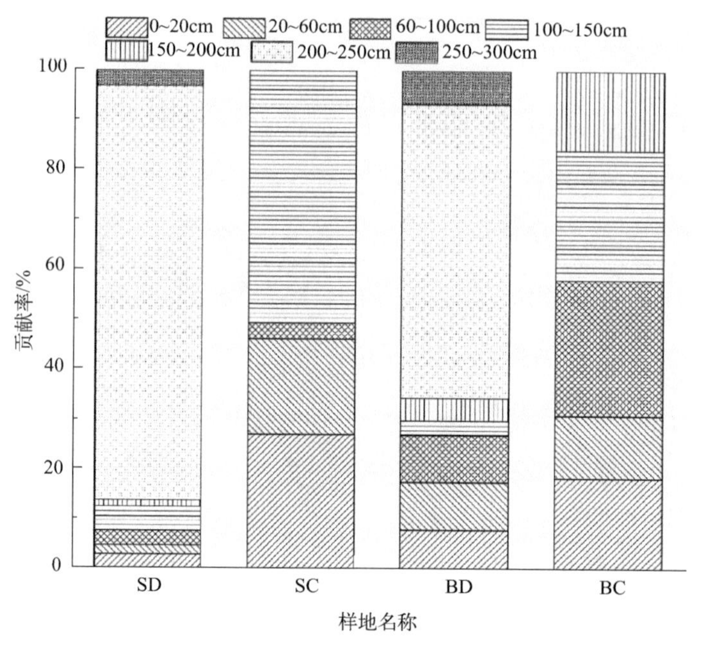

图 6.26 土壤水对沙蒿贡献率

度。这说明如果土壤条件未被破坏，沙蒿更喜欢利用深层稳定的土壤水。此外，值得注意的是，由于布尔台煤矿对照区浅层（0～20cm）与中层（20～150cm）含水率高于上湾煤矿对照区，这导致布尔台煤矿对照区的沙蒿对浅层（8.0%）和中层（21.9%）土壤水的利用率高于上湾煤矿的对照区的浅层（3.1%）与中层（9.5%）。结合以上两点说明，土壤含水率是影响沙蒿水分利用策略的一大因素，但是在自然生态整体特征的影响下沙蒿依旧会选择深部稳定的土壤水。

上湾煤矿塌陷区沙蒿土壤水利用率最高的深度为 100～150cm，但是在细分条件下发现 0～20cm、20～60cm 的利用率也不低，分别为 27.2%、19.1%，其贡献率之和接近总贡献率的一半。布尔台煤矿塌陷区均匀利用的特征更为明显，0～20cm、20～60cm、60～100cm、100～150cm、150～200cm 的贡献率分别为 18.4%、12.6%、27.2%、26.0%、15.8%。这两点说明，塌陷区由于土壤条件被破坏，沙蒿对土壤水的利用策略转变为均匀吸收方式，这可以降低某一深度土壤含水率突然降低导致沙蒿死亡的风险。

此外，值得注意的是，上湾煤矿塌陷区之所以是 100～150cm 贡献率高，可能是由该地区地势较低，深部土壤含水率高且较容易恢复造成的。

6.4 土壤水运移规律分析

6.4.1 氧同位素土壤水垂直剖面运移特征（缺实验）

6.4.1.1 上湾煤矿土壤水氧同位素垂直剖面特征

上湾煤矿氧同位素的垂直变化剖面如图6.27所示。上湾煤矿对照区，在0～50cm的深度上，$\delta^{18}O$的变化范围为－7.88‰～－6.25‰，平均值为(－7.27±0.73)‰，变异系数为10.02%。50～150cm的深度上，$\delta^{18}O$的变化范围为－6.5‰～0.18‰，平均值为（－4.18±2.5)‰，变异系数为59.73%。150～250cm的深度上，$\delta^{18}O$的变化范围为－7.57‰～－2.2‰，平均值为(－5.56±2.06)‰，变异系数为36.99%。250～350cm的深度上，$\delta^{18}O$的变化范围为－7.67‰～－3.17‰，平均值为（－5.9±1.66)‰，变异系数为28.16%。350～500cm的深度上，$\delta^{18}O$的变化范围为－10.52‰～－6.89‰，平均值为（－8.79±1.13)‰，变异系数为12.9%（表6.15)。

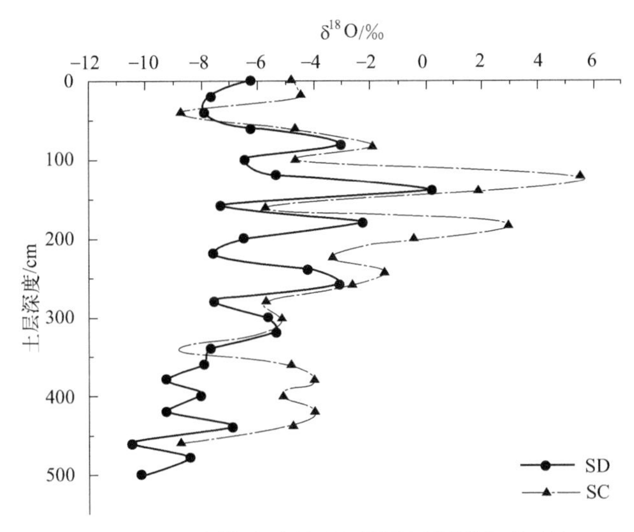

图6.27 上湾煤矿对照区与塌陷区氧同位素对比

表6.15 上湾煤矿对照区土壤水$\delta^{18}O$的垂直剖面特征

土层深度/cm	对照区			
	最大值/‰	最小值/‰	平均值/‰	变异系数/%
0～50	－6.25	－7.88	－7.27±0.73	10.02
50～150	0.18	－6.5	－4.18±2.5	59.73

续表

土层深度/cm	对照区			
	最大值/‰	最小值/‰	平均值/‰	变异系数/%
150～250	−2.2	−7.57	−5.56±2.06	36.99
250～350	−3.17	−7.67	−5.9±1.66	28.16
350～500	−6.89	−10.52	−8.79±1.13	12.9

上湾煤矿塌陷区，在0～50cm的深度上，$\delta^{18}O$的变化范围为−8.68‰～−4.48‰，平均值为（−5.98±1.91)‰，变异系数为31.95%。在50～150cm的深度上，$\delta^{18}O$的变化范围为−4.7‰～5.58‰，平均值为（−0.7±3.95)‰，变异系数为563.24%。150～250cm的深度上，$\delta^{18}O$的变化范围为−5.81‰～3.23‰，平均值为（−1.61±3.07)‰，变异系数为190.43%。在250～350cm的深度上，$\delta^{18}O$的变化范围为−9.01‰～−2.62‰，平均值为(−5.57±2.04)‰，变异系数为36.7%。在350～460cm的深度上，$\delta^{18}O$的变化范围为−8.76‰～−3.91‰，平均值为（−5.21±1.65)‰，变异系数为31.67%（表6.16）。

表6.16　上湾煤矿塌陷区土壤水$\delta^{18}O$的垂直剖面特征

土层深度/cm	塌陷区			
	最大值/‰	最小值/‰	平均值/‰	变异系数/%
0～50	−4.48	−8.68	−5.98±1.91	31.95
50～150	5.58	−4.7	−0.7±3.95	563.24
150～250	3.23	−5.81	−1.61±3.07	190.43
250～350	−2.62	−9.01	−5.57±2.04	36.7
350～500	−3.91	−8.76	−5.21±1.65	31.67

综合图6.27和上述数据分析发现，上湾煤矿对照区与塌陷区在0～50cm的深度上变异程度较低，随着深度的增加到50～150cm处，变异程度增加。当深度继续增加至150～500cm时，变异程度又逐渐减小。这是因为土壤深层受地表环境影响较少且接近潜水面，而旱季降雨少对土壤浅层的影响也较少，所以变异系数较小。土壤中层变异系数大，结合上述沙蒿根系分布和下述章节分析的结果来看，应该是植物水力再分配造成的。上湾煤矿对照区整体变异系数相比于塌陷区要小得多，这说明对照区的土壤基质混合作用强于塌陷区。上湾煤矿对照区$\delta^{18}O$的整体变化范围大于塌陷区，这说明在采煤塌陷的影响下，造成了土壤松动和地表裂缝，这使得塌陷区的土壤蒸发效应高于对照区。塌陷

区与对照区 δ^{18}O 均呈现出层层推进的波动曲线，这说明塌陷区与对照区均存在活塞流。

6.4.1.2　布尔台煤矿土壤水氧同位素垂直剖面特征

布尔台煤矿氧同位素的垂直变化剖面如图 6.28 所示。布尔台煤矿对照区，在 0～50cm 的深度上，δ^{18}O 的变化范围为－7.77‰～－6.94‰，平均值为（－7.41±0.35)‰，变异系数为 4.74％。50～150cm 的深度上，δ^{18}O 的变化范围为－10.96‰～－6.1‰，平均值为（－8.19±1.74)‰，变异系数为 21.25％。150～250cm 的深度上，δ^{18}O 的变化范围为－6.38‰～－3.57‰，平均值为（－5.2±1.03)‰，变异系数为 19.79％。250～350cm 的深度上，δ^{18}O 的变化范围为－8.42‰～－3.96‰，平均值为（－6.55±1.61)‰，变异系数为 24.61％。350～500cm 的深度上，δ^{18}O 的变化范围为－9.27‰～－4.56‰，平均值为（－7.02±1.65)‰，变异系数为 23.51％（表 6.17）。

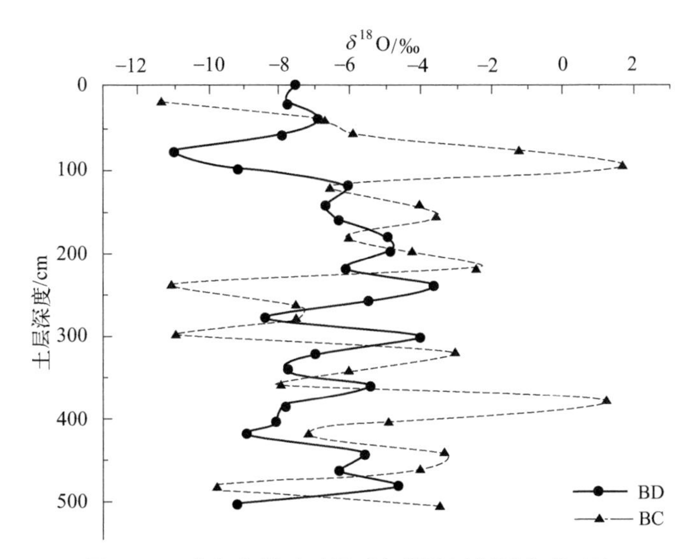

图 6.28　布尔台煤矿对照区与塌陷区氧同位素对比

表 6.17　布尔台煤矿对照区土壤水 δ^{18}O 的垂直剖面特征

土层深度/cm	对照区			
	最大值/‰	最小值/‰	平均值/‰	变异系数/％
0～50	－6.94	－7.77	－7.41±0.35	4.74
50～150	－6.1	－10.96	－8.19±1.74	21.25
150～250	－3.57	－6.38	－5.2±1.03	19.79

续表

土层深度/cm	对照区			
	最大值/‰	最小值/‰	平均值/‰	变异系数/%
250～350	−3.96	−8.42	−6.55±1.61	24.61
350～500	−4.56	−9.27	−7.02±1.65	23.51

布尔台煤矿塌陷区，在 0～50cm 的深度上，$\delta^{18}O$ 的变化范围为−11.45‰～−6.67‰，平均值为（−9.06±2.39)‰，变异系数为 26.42%。在 50～150cm 的深度上，$\delta^{18}O$ 的变化范围为−6.64‰～1.70‰，平均值为（−3.24±3.1)‰，变异系数为 95.7%。150～250cm 的深度上，$\delta^{18}O$ 的变化范围为−11.08‰～−2.42‰，平均值为（−5.44±3.07)‰，变异系数为 56.34%。在 250～350cm 的深度上，$\delta^{18}O$ 的变化范围为−10.91‰～−3.01‰，平均值为（−6.95±2.55)‰，变异系数为 36.71%。在 350～460cm 的深度上，$\delta^{18}O$ 的变化范围为−9.88‰～1.28‰，平均值为（−4.92±3.22)‰，变异系数为 65.6%（表 6.18)。

表 6.18　布尔台煤矿塌陷区土壤水 $\delta^{18}O$ 的垂直剖面特征

土层深度/cm	对照区			
	最大值/‰	最小值/‰	平均值/‰	变异系数/%
0～50	−6.67	−11.45	−9.06±2.39	26.42
50～150	1.7	−6.64	−3.24±3.1	95.7
150～250	−2.42	−11.08	−5.44±3.07	56.34
250～350	−3.01	−10.91	−6.95±2.55	36.71
350～500	1.28	−9.88	−4.92±3.22	65.6

综合图 6.28 和上述数据分析发现，布尔台煤矿对照区与塌陷区在 0～50cm 的深度上 $\delta^{18}O$ 的变异系数较小，这是因为采样时间为旱季，降雨量较小，对表层土壤水的干扰较小。土壤 50～150cm 的深度上相比于浅层具有较高的变异系数，结合上述沙蒿根系分布和下述章节的分析结果来看，这是植物水力再分配造成的。值得注意的是，无论是塌陷区还是对照区，本次采样的 150～500cm 深度上土壤水 $\delta^{18}O$ 依旧有着较高的变异系数，这可能是因为取样点地势较高，潜水面相比于上湾煤矿更深，这导致取样的极限深度离潜水面还较远，所以 $\delta^{18}O$ 还不稳定，变异系数较大。根据 $\delta^{18}O$ 的变异系数和变化范围来看，布尔台煤矿对照区的土壤基质混合作用要强于塌陷区，蒸发效应塌陷区要强于对照区。此外，布尔台煤矿对照区与塌陷区 $\delta^{18}O$ 的变化曲线随着深度层层推进，这说明布尔台煤矿土壤水补给的主导方式是活塞流[23]。

6.4.2 氢同位素土壤水垂直剖面运移特征

6.4.2.1 上湾煤矿土壤水氢同位素垂直剖面特征

这里需要做个说明，上湾煤矿塌陷区500cm的深度由于采样的时候洛阳铲断裂因此只采集到了290cm的深度，但是这对下面的数据分析也是有帮助的。

上湾煤矿投放氢氧同位素后，其垂直向地表运移的特征如表6.19和表6.20所示。从δD在0～500cm的数据来看，无论是塌陷区还是对照区所有放样深度，上湾煤矿δD均可以运移到地表。

值得注意的是，从δD的数值来看，除了在蒸发作用影响下土壤水向地表运移外，随着深度的增加沙蒿对土壤水的再分配也体现了出来。由上湾煤矿对照区δD的数据来看，在200cm的深度以内土壤水主要受到蒸发效应的影响。在300～500cm的深度上，虽然δD也运移到了地表，但是出现了隔层高值的现象，主要高值深度是0～30cm、100～150cm。结合上述沙蒿的根系分布特征和水分利用策略，说明沙蒿根系参与了土壤水的垂直运移，并将深部土壤水释放到0～30cm、100～150cm的土层中蓄积。

上湾煤矿塌陷区在0～100cm的深度上主要受蒸发作用的影响，150～500cm的深度上沙蒿就开始参与土壤水的垂直运移了，主要释放深度为0～30cm、60～100cm。整体上看，无论是对照区还是塌陷区，沙蒿均会对深部土壤的水分进行再分配，其中塌陷区由于土壤的持水性能较差，沙蒿会对更浅的土壤水进行再分配，由200cm减少到100cm。

表6.19　上湾煤矿对照区氢同位素垂直运移特征

土层深度/cm	平均值/‰							
	SD30	SD50	SD70	SD100	SD150	SD200	SD300	SD500
0～30	371.5	403.8	1036.9	201.2	419.3	51.3	45.4	533.2
30～60	312.9	698.3	4583.2	796.2	602.2	150.7	20.0	72.7
60～100			5900.2	4466.8	3484.9	483.0	−20.5	24.3
100～150					23915.6	3009.7	85.8	557.0
150～200					21703.0	11385.6	371.2	64.0
200～250					4413.5		2111.0	73.2
250～300					2149.8		9609.7	51.8
300～350								7.5
350～400								81.7
400～450								924.3
450～500								11287.9

表 6.20 上湾煤矿塌陷区氢同位素垂直运移特征

	平均值/‰			
土层深度/cm	SC50	SC100	SC150	SC500
0～30	632.6	305.6	316.8	−0.1
30～60	1808.5	801.0	204.9	5.9
60～100		4914.9	1275.5	−15.6
100～150			994.7	−6.3
150～200			7586.8	59.7
200～250			1112.8	50.1
250～300				−8.7
300～350				—
350～400				—
400～450				—
450～500				—

为了更直观地体现上湾煤矿土壤水氢同位素的垂直运移特征，这里选取数据较好、深度范围较广的150cm钻孔，作图6.29，作为上述分析的补充。

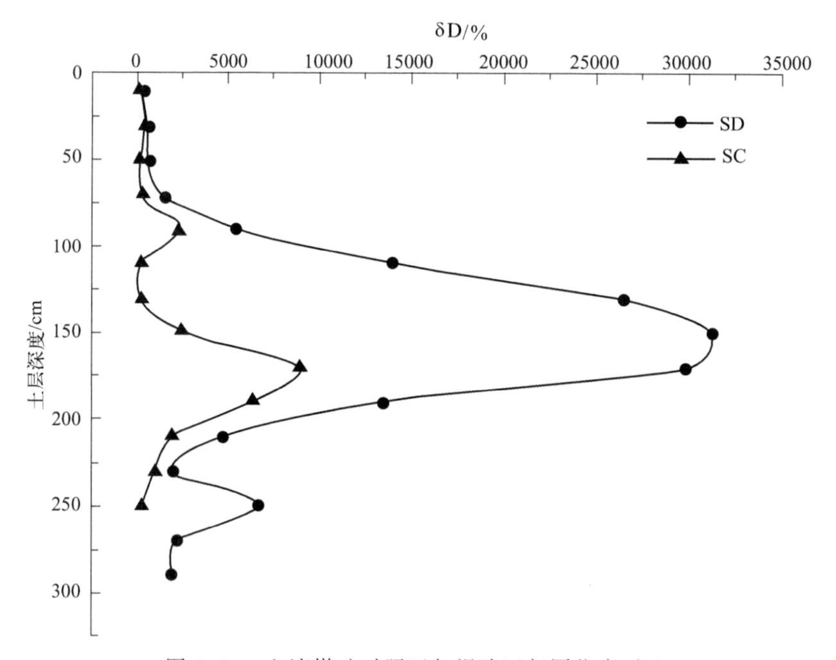

图 6.29 上湾煤矿对照区与塌陷区氢同位素对比

上湾煤矿150cm的钻孔，对照区150cm之上的曲线较为平滑，塌陷区90cm与30cm的深度上出现δD隔层高值，分别为2369.8‰和420.8‰（图6.29），这验证了沙蒿会参与土壤水垂直运移，塌陷区由于土壤的持水性能较差，沙蒿会对更浅的土壤水进行再分配的观点。

6.4.2.2　布尔台煤矿土壤水氢同位素垂直剖面特征

布尔台煤矿投放氢氧同位素后，其垂直向地表运移的特征如表6.21和表6.22所示。从δD在0～500cm的数据来看，无论是塌陷区还是对照区所有放样深度，布尔台煤矿δD均可以运移到地表。

值得注意的是，从δD的数值来看，除了在蒸发作用影响下土壤水向地表运移外，随着深度的增加沙蒿对土壤水的再分配也体现了出来。由布尔台煤矿对照区δD的数据来看，在100cm的深度以内土壤水主要受到蒸发效应的影响。在150～500cm的深度上，虽然δD也运移到了地表，但是出现了隔层高值的现象，主要高值深度是0～30cm、30～60cm、100～150cm。结合上述沙蒿的根系分布特征和水分利用策略，说明沙蒿根系参与了土壤水的垂直运移，并将深部土壤水释放到0～30cm、30～60cm、100～150cm的土层中蓄积。

布尔台煤矿塌陷区在0～50cm的深度上主要受蒸发作用的影响，100～500cm的深度上沙蒿就开始参与土壤水的垂直运移了，主要释放深度为0～30cm、30～60cm、60～100cm、150～200cm。综合布尔台煤矿的数据分析来看，沙蒿对土壤水的调控深度更浅了。相比于上湾煤矿，对照区与塌陷区分别由200cm减小到100cm，100cm减小到50cm。这可能是因为布尔台煤矿处于高坡上，随着时间的推移，土壤水更容易向土壤深层运移，土壤浅部的持水性变差，沙蒿为了更好的生存对更浅土层的土壤水进行了调控。

表6.21　布尔台煤矿对照区氢同位素垂直运移特征

	平均值/‰							
土层深度/cm	BD30	BD50	BD70	BD100	BD150	BD200	BD300	BD500
0～30	656.0	1473.6	686.2	385.3	508.1	416.7	694.1	27.2
30～60	1175.5	6119.3	2871.6	968.5	400.2	465.6	436.4	56.8
60～100				4397.2	3960.9	996.7	184.5	0.2
100～150					16402.5	5543.0	647.7	17.8
150～200					16023.9	33264.3	210.4	37.1
200～250					9026.3		2884.9	84.1
250～300							8216.8	30.1
300～350								137.2
350～400								98.0
400～450								1541.0
450～500								7087.1

表 6.22 布尔台煤矿塌陷区氢同位素垂直运移特征

土层深度/cm	平均值/‰ BC50	BC100	BC150	BC500
0～30	283.8	360.4	1076.8	178.8
30～60	93.7	151.6	785.6	189.1
60～100		1722.1	508.1	392.9
100～150			12896.6	221.9
150～200			17519.5	327.1
200～250			1107.1	210.6
250～300			542.1	194.3
300～350				490.9
350～400				851.9
400～450				13158.4
450～500				9282.5

为了更直观地体现上湾煤矿土壤水氢同位素的垂直运移特征，这里选取数据较好、深度范围较广的150cm钻孔，作图6.30，作为上述分析的补充。

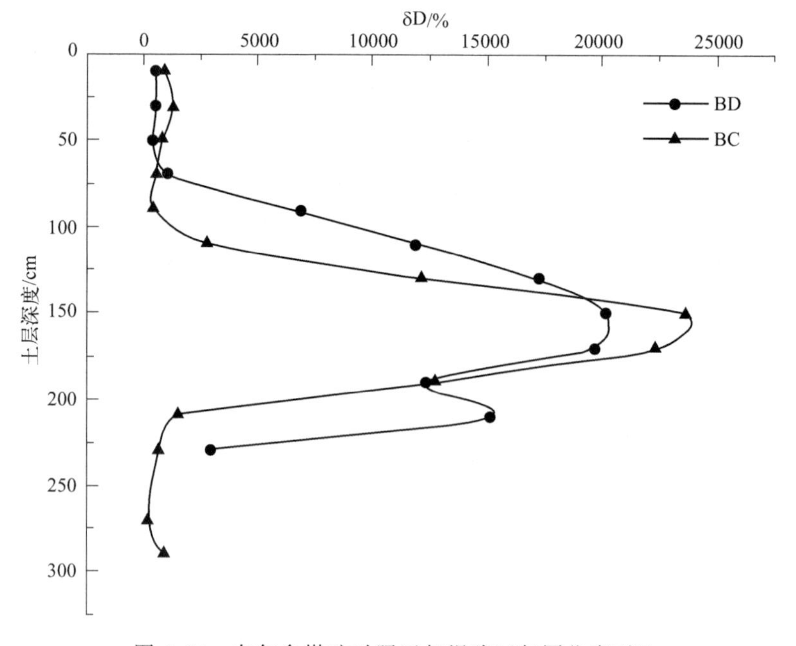

图 6.30 布尔台煤矿对照区与塌陷区氢同位素对比

布尔台煤矿150cm的钻孔，对照区30cm的深度上出现δD隔层高值，为499.87‰。塌陷区30cm、50cm、70cm的深度上出现了δD隔层高值，分别为1264.13‰、785.56‰、527.4‰（图6.30）。这验证了沙蒿会参与土壤水垂直运移，相比于上湾煤矿布尔台煤矿处于高坡上，随着时间的推移，水分更容易向土壤深层运移，土壤浅部的持水性变差，沙蒿为了更好的生存对更浅土层的土壤水进行了调控的观点。

6.5 小结

本章主要对研究区的气候特征、雨水与土壤水氢氧同位素特征、土壤含水率特征进行了分析，并分别采用直接对比法和贝叶斯混合模型模拟法对沙蒿的水分利用策略做了分析和阐述，以及对研究区域内的氧同位素垂直剖面和氢同位素的垂向上运移特征做了讨论。其主要结论如下。

（1）神东地区LWML的斜率相对于GMWL较小，这说明研究区域内气候干旱，空气中的湿度较小。同时，雨滴在空气中下落的时候被二次蒸发，轻同位素丢失，重同位素富集。土壤水相比于雨水，水线斜率更小，受到的蒸发效应更加强烈。土壤水同位素构成的散点图落于雨水同位素散点附近，土壤水的主要补给来源是降雨。

（2）根据砂粒、粉粒、黏粒对照区与塌陷区各层变异系数的大小对比，发现塌陷区黏粒整体上各层变异系数相对于对照区变化更大，这说明采煤塌陷对黏粒的影响较大。上湾煤矿的细颗粒薄层在350cm处，布尔台煤矿的细颗粒薄层在290cm、410cm与450cm处。

（3）由于雨季的时候，研究区域内的气候温度较高，蒸发强度大，并且该时节正值植物的生长期对土壤水的消耗较高，所以上湾煤矿0～100cm无论是对照区还是塌陷区，土壤含水率均比雨季后要低。布尔台煤矿对照区土壤含水率也体现出该特征，但是其深度范围要比上湾煤矿广一些，为30～230cm左右。

上湾煤矿与布尔台煤矿在0～500cm的深度上，塌陷区土壤含水率在整体上要大于对照区。在细颗粒和入渗的影响下，上湾煤矿塌陷区2020年10月250～400cm与2021年7月250～350cm深度上土壤含水率升高，布尔台煤矿塌陷区2020年10月350～430cm与2021年7月110～310cm深度上土壤含水率升高。

（4）利用直接对比法得出，上湾煤矿塌陷区沙蒿可以利用50cm、100cm和150cm深度的土壤水。上湾煤矿对照区沙蒿可以利用30cm、50cm、70cm、100cm、200cm深度的土壤水。布尔台煤矿塌陷区沙蒿可以利用50cm与100cm深度的土壤水。布尔台煤矿对照区沙蒿可以利用30cm、50cm、70cm、100cm、150cm、200cm深度的土壤水。

（5）利用MixSIAR模型法得出，在土壤条件未被破坏的对照区，土壤含水率在一定程度上可以影响沙蒿的水分利用策略，但这并没有改变沙蒿始终将深部稳定土壤水作为主要利用水源的策略，推测要想改变沙蒿土壤水的主要利用层位，除了含水率提高外还要长期保持。上湾煤矿与布尔台煤矿土壤水贡献率最高的深度都为200～250cm，贡献率分别为83.0%与58.9%。

塌陷区沙蒿干旱的条件下对土壤水的利用较为均匀，浅部、中部、深部土壤水的贡献率相近。推测这种水分利用策略降低了某一深度土壤水含水率突然下降导致沙蒿死亡的风险，保证了沙蒿的存活率。

（6）在旱季，上湾煤矿土壤0～50cm与150～500cm氧同位素的变异程度小，50～150cm的深度上受植物水力再分配的影响变异程度较大。布尔台煤矿0～50cm与50～150cm的深度上状态与上湾煤矿相同，但是150～500cm的深度上土壤水因为取样点地势较高，潜水面相比于上湾煤矿更深，导致取样的极限深度离潜水面还较远，$\delta^{18}O$还不稳定，变异系数较大。两个研究区的塌陷区氧同位素变化范围都比较大，这说明塌陷区在土壤松动和地表裂缝的影响下土壤水的蒸发强度更高。由氧同位素的波动来看，对照区与塌陷区土壤水的补给方式均存在活塞流。通过比较塌陷区与对照区氧同位素变异程度的大小发现，对照区的基质混合作用较强。

（7）0～500cm的深度上，塌陷区与对照区土壤水均可以运移到地表。但是，土壤水的垂直向上运移不仅仅是因为蒸发作用，沙蒿的根系也参与了土壤水的运移过程。无论是塌陷区还是对照区，沙蒿均会将深部的土壤水再分配到浅层沙蒿更易利用的深度上。不过，沙蒿会根据土壤的条件和地形的不同，自主调控自己对土壤水的调蓄作用，塌陷区和地势更高的区域会使得沙蒿对更浅的土壤水进行再分配。

参考文献

[1] 高娅，何凌仙子，贾志清，等. 降雨对高寒沙地不同林龄中间锦鸡儿水分利用特征的影响 [J]. 应用生态学报，2021，32（6）：1935-1942.

[2] 李雨芊，孟玉川，宋泓苇，等. 典型林区水分氢氧稳定同位素在土壤-植物-大气连续体中的分布特征 [J]. 应用生态学报，2021，32（6）：1928-1934.

[3] 顾大钊，张建民，李全生，等. 西部生态脆弱区现代开采对地下水与地表生态影响规律研究——神东大型煤炭基地地下水保护与生态修复途径探索 [M]. 北京：科学出版社，2019：1-2.

[4] 秦臻，汪云甲，王行风，等. 基于ENVI的决策树方法在土地利用分类中的应用 [J]. 金属矿山，2011（2）：133-135.

[5] 赵红梅. 采矿塌陷条件下包气带土壤水分布与动态变化特征研究 [D]. 北京：中国地质科学院，2006.

[6] 杨广巍. 荒漠化对赤峰市生态系统服务价值的影响 [D]. 哈尔滨：东北林业大学，2010.

[7] 赵阳. 黑沙蒿的优良特性与开发利用 [J]. 中国林业，2011，17：45.

[8] 赵佩佩. 黄土坡体植被分布效应的调查研究 [D]. 西安：长安大学，2015.

[9] 高映菲. 淤泥质土的流变特性及其工程应用研究 [D]. 南京：南京航空航天大学，2018.

[10] Gammons C H，Poulson S R，Pellicori D A，et al. The hydrogen and oxygen isotopic composition of precipitation，evaporated mine water，and river water in Montana，USA [J]. Journal of Hydrology，2006，328（1/2）：319-330.

[11] Cheng R R，Chen Q W，Zhang J G，et al. Soil moisture variations in response to precipitation in different vegetation types：A multi-year study in the loess hilly region in China [J]. Ecohydrology，2020，13（3）：2196.

[12] Che C，Zhang M，Argiriou A A，et al. The stable isotopic composition of different water bodies at the soil-plant-atmosphere continuum（SPAC）of the western loess plateau，China [J]. Water，2019，11（9）：1742.

[13] Benettin P，Volkmann T H M，Von Freyberg J，et al. Effects of climatic seasonality on the isotopic composition of evaporating soil waters [J]. Hydrology and Earth System Sciences，2018，22（5）：2881-2890.

[14] 张国盛，王林和. 毛乌素沙区风沙土机械组成及含水率的季节变化 [J]. 中国沙漠，1999，19（2）：145-150.

[15] 陈龙乾，邓喀中，赵志海，等. 开采沉陷对耕地土壤物理特性影响的空间变化规律 [J]. 煤炭学报，1999，24（6）：586-590.

[16] 邹慧. 神东风积沙区煤炭开采对土壤水分运移规律的影响 [D]. 北京：中国矿业大学（北京），2014.

[17] 赵国平，毕银丽，杨伟，等. 神府煤田风沙区采煤塌陷对粒度成分特征的影响 [J]. 中国沙漠，2015，35（6）：1461-1466.

［18］ 马力，罗强，武璟，等．露天矿外排土场粒径及土层厚度对表土渗透规律影响［J］．太原理工大学学报，2021，52（06）：953-959.

［19］ 孙建华．毛乌素沙地黑沙蒿根系分布及其生境适应性的研究［D］．咸阳：西北农林科技大学，2008.

［20］ 赵明，王文科，王周锋，等．半干旱区沙地沙蒿生物量及根系分布特征研究［J］．干旱区地理，2018，41（4）：786-792.

［21］ Lai Z，Zhang Y，Liu J，et al. Fine-root distribution，production，decomposition，and effect on soil organic carbon of three revegetation shrub species in northwest China［J］. Forest Ecology and Management，2016，359：381-388.

［22］ 周艳清，高晓东，王嘉昕，等．柴达木盆地灌区枸杞根系水分吸收来源研究［J］．中国生态农业学报（中英文），2021，29（02）：400-409.

［23］ 牟洋，范弢，户红红．滇东南喀斯特小生境土壤水来源与运移的稳定同位素分析［J］．福建农林大学学报（自然科学版），2020，49（4）：540-549.

第7章

采煤沉陷区地表生态环境质量综合评价

矿山生态环境质量评价作为生态环境修复工作的前提和基础，引起了社会各界的广泛关注和大量研究[1-5]。就评价内容而言，现有研究主要从自然因素（气温、降水）、地表因素（植被、土壤）、社会因素（生产、生活）等角度开展评价，适用于矿区或煤矿等大尺度区域。然而，采煤沉陷区作为小尺度区域，其特殊性在于不同沉陷区不仅存在植被、土壤等指标的差异，同时还存在包气带水分、地表变形程度等方面的差异，即影响沉陷区生态环境质量的因素更加复杂。因此，有必要针对小尺度沉陷区的生态环境质量评价开展研究。就评价方法而言，当前研究主要采用生态环境质量综合评价法，该方法包括主成分分析法[6]、综合指数法[7-8]、层次分析法[9]、模糊评价法[10]、机器学习法[11] 等。其中，层次分析法逻辑清晰，层次分明，适用于指标体系的层级构建，但在指标权重的确定中主要依靠人为评判，缺乏客观性；加权法依据客观标准确定指标权重，避免了人为主观性；模糊评价法考虑到环境质量分级间的模糊性，综合评价结果更符合实际情况。因此，这几种方法相结合可提高评价的科学性。

本章以西北荒漠区纳林河矿区为研究对象，以对照区、均匀沉陷区、非均匀沉陷区为评价对象，建立小尺度沉陷区地表生态环境质量层次分析结构评价模型，并利用加权法确定评价指标权重。在此基础上，利用模糊评价法分层解析了煤炭开采对沉陷区指标因子、环境要素和地表生态系统的影响，提出改善沉陷区生态环境质量的措施建议，并基于 GIS 平台开发智能监测评价模块，以期为该区域煤炭资源开发利用和生态恢复提供理论依据。

7.1 评价模型建立

7.1.1 数据来源

研究区选择纳林河二号矿采煤沉陷区，该区域地理位置及环境特征参考本书2.1.1中的“研究区域概况”。研究区地表生态环境评价数据库分为气象数据、实测数据和遥感监测数据。

(1) 气象数据

气象数据主要从中国气象数据网（http：//www.resdc.cn/data.aspx）上距离矿区最近的横山观测站下载和获取，主要包括气温、降水、蒸发量和地表温度等数据。

(2) 土壤监测数据

采样点布设方法和样品处理方式参考本书3.1.1.1中的“样品采集与测定”。土壤水分、土壤pH值、土壤碱解氮、土壤有效磷、土壤速效钾和土壤有机质的测定方法参考本书3.2.1中的“样品采集与测定”。

(3) 遥感监测数据

植被覆盖度数据来源和数据处理方法参考本书3.2.1中的“数据来源与预处理”。

7.1.2 评价指标选取

研究区地表生态环境质量综合评价的关键在于构建出全面而科学的评价指标体系，由于采煤沉陷区地表生态环境复杂多变，不仅涉及自然气候，还包含矿区开采因素的干扰，同时各环境要素之间还会产生内部干扰，应考虑到多方面的因素。依据研究区的实际情况选择出能够真实反映研究区地表生态环境质量变化的指标，在指标选取时遵循如下原则[12-14]。

(1) 科学合理性原则

依照生态环境评价中的基本原理，选择能够客观反映研究区地表生态环境质量变化的指标，要求指标含义必须明确，计算方法准确规范。

(2) 代表性原则

研究区地表生态环境较为复杂，选取指标时要具有代表性，能够突出研究区地表生态环境某一方面的特点。

(3) 实际可操作性原则

针对现场采样样品的典型指标有明确的分析测试方法和标准，可以回实验室检测到相关数据，进一步分析研究。

(4) 全面性原则

评价指标的选取应全面反映研究区地表生态环境全部要素，包括自然因素、土壤质量、植被丰度、地下水变化、地形地貌变化等。

(5) 易获取性原则

研究区地表生态环境评价指标有定性和定量指标两种类型，选取的生态要素能通过资料查询获取和实地采样获取，其中定性指标不能使整体评价结果定量化，某些定量指标代表性可能比较强，但是由于其数据资料的缺失，在时间和空间两个维度上不连续，同样不能作为生态指标。

(6) 优先原则

依据优先原则选取评价指标，对地表生态环境质量影响程度较大的环境要素优先选择；优先选择现场监测和实验室分析测试能够准确获得数据的环境要素；优先选择现有的质量等级标准或有文献资料依据的环境要素。

根据本书中 3.2.5 “植被-土壤响应关系” 的研究结果可知：植被因素（植被类型、覆盖度）、土壤因素（理化特性指标）、水文因素（包气带水分）之间相互影响，相互制约，具有相关性和煤炭开采扰动下的耦合互馈特性。从自然背景来看，气候是区域生态环境质量好坏的决定性因素。因此，本章从气候、土壤、植被、水文四个方面选取了年降水量，生长季平均气温，土壤 pH 值，土壤碱解氮，土壤有效磷，土壤速效钾，土壤有机质，乔木林植被覆盖度，灌木林植被覆盖度，草地植被覆盖度，包气带 0～2m、2～6m、6～10m 土壤水分共 13 项指标。各项指标分析如下。

(1) 气候因素

植被生长季平均气温和年降雨量是影响干旱半干旱地区地表生态环境质量的重要气候因子。研究表明，降水对植被覆盖和土壤理化性质有正向影响[11]；温度可以改变植物生长模式，对土壤理化性质也有较大的影响[15]，因此，选取植被生长季年均气温（6～9 月）和年降雨量作为气候因素评价指标。

(2) 土壤因素

土壤因素主要包括土壤 pH 值和土壤养分。土壤 pH 值是气候、生物、地质、水文等多种因素综合作用下形成的重要属性，决定着土壤中绝大多数元素的转化方向、转化过程、存在状态和有效性；而土壤养分是促进植被生长的重要元素。因此，本研究根据现场监测数据情况，选取 pH 值、碱解氮、有效磷、速效钾和有机质作为土壤因素评价指标。

（3）植被因素

不同沉陷区域的植被类型和植被覆盖度具有空间异质性，而煤炭开采对不同植被类型的影响存在差异性。因此，根据研究区植被类型实际情况，分别选取乔木林植被覆盖度、灌木林植被覆盖度和草地植被覆盖度作为植被因素的评价指标。

（4）水文因素

包气带土壤水分是干旱半干旱地区乔木、灌木和草本植物生长所需水分的主要来源。非均匀沉陷造成包气带土壤水分空间变异性增加，进而对植被生长产生影响。由土壤水空间变异机理分析结果可知，煤炭开采未引起潜水层的渗漏，对潜水层水位没有影响。因此，在水文方面，选取包气带在不同深度剖面的含水量作为评价指标。

7.1.3 AHP 层次模型建立

层次分析结构（Analytic Hierarchy Process，AHP）包括目标层、准则层和指标层。其中，目标层从整体上判断沉陷区生态环境质量，表述沉陷区地表生态环境的质量；准则层从不同因素角度反映目标层的生态环境稳定状况，包括气候因素、土壤因素、植被因素、水文因素；指标层是沉陷区生态环境质量评价指标体系的最基本层次，对准则层进行直接度量，包括年降雨量、生长季平均气温、土壤 pH 值、碱解氮、有效磷、速效钾、有机质、乔木林植被覆盖度、灌木林植被覆盖度、草地植被覆盖度、包气带土壤水分（0～2m）、包气带土壤水分（2～6m）、包气带土壤水分（6～10m）。AHP 层次结构模型如图 7.1 所示。

7.1.4 评价标准的来源和建立方法

由表 7.1 可知，气象因素参考《降水量等级标准》（GB/T 28592—2012）和《气温评价等级》（GB/T 35562—2017）；土壤理化性质指标采用《第二次全国土壤普查分级标准》，并结合当地实际环境情况确定；植被覆盖度变化情

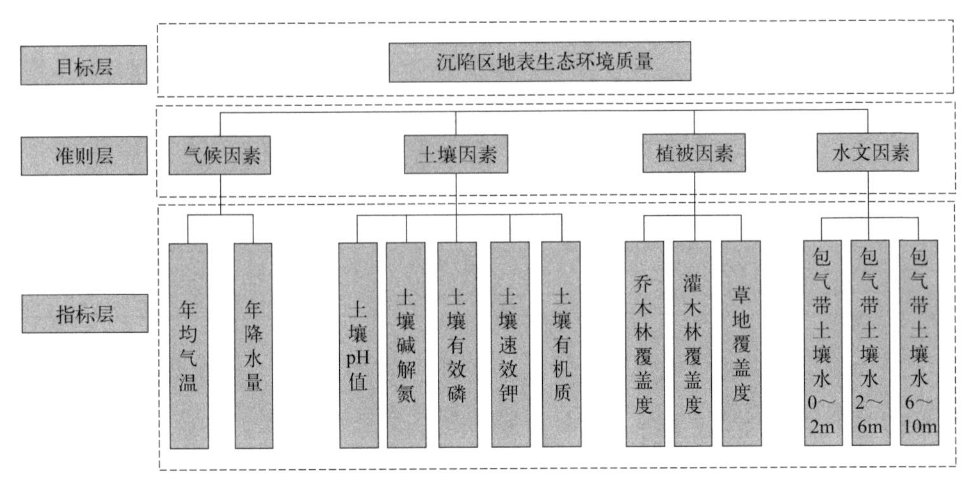

图 7.1　AHP 层次结构模型图

况参考《生态环境状况评价技术规范》（HJ 192—2015）；包气带土壤水分参考《第二次全国土壤普查分级标准》，并结合相关文献[16-18] 和当地实际环境情况确定。通过以上分级标准确定各指标对应取值范围的生态评级。

表 7.1　环境指标评价标准

环境要素	标准	指标	单位	标准分级			
				Ⅰ	Ⅱ	Ⅲ	Ⅵ
气象	降水量等级标准(GB/T 28592—2012)	年降水量	mm	800	600	400	200
	气温评价等级(GB/T 35562—2017)	平均气温	℃	/	/	/	/
土壤	第二次全国土壤普查分级标准	土壤水分	%	15	12	8	5
		土壤 pH 值	/	/	/	/	/
		碱解氮	mg/kg	150	120	60	30
		有效磷	mg/kg	25	20	10	5
		速效钾	mg/kg	150	120	50	20
		有机质	g/kg	30	25	15	10
植被	生态环境状况评价技术	植被覆盖度	%	5	20	50	70
水文	第二次全国土壤普查分级标准	包气带土壤水分	%	15	12	8	5

土壤 pH 值和生长季年均气温存在最适区间，过高或过低均会产生负面的作用。传统评价方法使用中间型模糊隶属度模型对土壤 pH 值进行评价，但对模型的边界值选取存在主观性，使用 3δ 准则[19] 可以较好地判断评价指标在质量分级的范围属性。由本书 3.2.3 中的“土壤理化性质描述性统计”可知，土壤 pH 值实测数据符合正态分布，依据 3δ 准则，得到如表 7.2 所示的采煤塌陷区土壤 pH 值等级表。

表 7.2 土壤 pH 值等级表

序号	pH 值范围	等级
1	7.13～7.42	Ⅰ级
2	7.42～7.56 6.99～7.13	Ⅱ级
3	7.56～7.70 6.84～6.99	Ⅲ级
4	＞7.70 ＜6.84	Ⅵ级

气温数据依据《气温评价等级》（GB/T 35562—2017）的标准差气温评价指标和等级对研究区气温进行质量分级，如表 7.3 所示。

表 7.3 标准差气温评价指标和等级表

气温范围	等级
$-0.5\sigma \leqslant \Delta T \leqslant 0.5\sigma$	Ⅰ级
$0.5\sigma \leqslant \Delta T \leqslant 1.5\sigma$	Ⅱ级
$-1.5\sigma \leqslant \Delta T \leqslant -0.5\sigma$	
$1.5\sigma \leqslant \Delta T \leqslant 2.0\sigma$	Ⅲ级
$-2.0\sigma \leqslant \Delta T \leqslant -1.5\sigma$	
$\Delta T \geqslant 2.0\sigma$	Ⅵ级
$\Delta T \leqslant -2.0\sigma$	

7.1.5 地表生态环境质量综合评价方法

采煤沉陷区生态环境特点不同于城市、农田、河流湖泊等，其具有活动性强、阶段性明显、时序性强等特点，需顾及评价因子、生态环境影响的种类和时空分布等多个维度的差异，综合评价方法的选取对最终评价结果有很大的影响[11,20]。目前生态环境综合评价方法有主成分分析法、生态环境状况指数法、AHP 法、模糊综合评价法、改进灰关联分析法和物元分析评价法等[11,20-24]。采煤沉陷区生态因子的变化具有不确定性，同时考虑到各单项指标高低差别较大，利用加权法确定各待评环境要素的权重更具科学性；环境要素质量分级参照的标准相邻两个评价等级之间的分级具有模糊性，将评价因子的监测值按照评价标准划分到某一个级别会造成评价结果不准确，模糊隶属度矩阵可以较好解决这一问题，利用其对研究区地表生态环境进行综合评价。

7.1.5.1　评价因子权重的确定方法

评价因子权重的计算方法采用加权法，公式如下[25]：

$$x_i = \frac{a_i}{p_i} \tag{7.1.1}$$

式中，$p_i = \frac{1}{n}(d_{i1} + d_{i2} + \cdots + d_{in})$

对 x_i 做归一化处理：

$$b_i = x_i \Big/ \sum_{k=1}^{n} x_i \tag{7.1.2}$$

式中，x_i 为权重因子；a_i 为第 i 个评价因子的实测值；p_i 为第 i 个评价指标各级标准值的平均值；d_{ij} 为 j 级标准值；b_i 为第 i 个评价指标的权重值。

利用各评价因子的权重值，组成模糊权重矩阵 $\boldsymbol{B}$：

$$\boldsymbol{B} = \{b_1, b_2, \cdots, b_n\} \tag{7.1.3}$$

7.1.5.2　评价因子质量等级的确定方法

引入模糊隶属度矩阵反映研究区地表生态环境评价指标的等级[21,26-29]。评价中取第 i 个评价因子的实测值为 a_i，其 j 级标准值为 d_{ij}（$i=1,2,\cdots n$；$j=1,2,\cdots,n$），则评价因子的隶属度函数如下：

对第 1 级评价标准的隶属函数，即 $j=1$

正指标　　　　逆指标

$$r_i = \begin{cases} 1 & \begin{cases} a_i \geqslant d_{i1} \\ d_{i2} < a_i \leqslant d_{i1} \\ a_i \leqslant d_{i2} \end{cases} & \begin{cases} a_i \leqslant d_{i1} \\ d_{i1} < a_i \leqslant d_{i2} \\ a_i > d_{i2} \end{cases} \\ \dfrac{d_{i2} - a_i}{d_{i2} - C_{i1}} & & \\ 0 & & \end{cases} \tag{7.1.4}$$

对第 j 级至 $n-1$ 级评价标准的隶属函数，即 $j=2$，3，4，…，$n-1$

正指标　　　　逆指标

$$r_i = \begin{cases} \dfrac{a_i - d_{ij-1}}{d_{ij} - d_{ij-1}} & \begin{cases} d_{ij-1} > a_i \geqslant d_{ij} \\ d_{ij} \geqslant a_i > d_{ij+1} \\ d_{ij-1} < a_i \leqslant d_{ij+1} \end{cases} & \begin{cases} d_{ij-1} < a_i \leqslant d_{ij} \\ d_{ij} \leqslant a_i < d_{ij+1} \\ d_{ij-1} \geqslant a_i > d_{ij+1} \end{cases} \\ \dfrac{d_{ij+1} - a_i}{d_{ij+1} - d_{ij}} & & \\ 0 & & \end{cases} \tag{7.1.5}$$

对第 n 级评价标准的隶属函数，即 $j=n$

$$
r_i=\begin{cases} 1 & \text{正指标：} d_{ij-1}>a_i\geqslant d_{ij} & \text{逆指标：} a_i\geqslant d_{ij} \\ \dfrac{d_{ij}-a_i}{d_{ij}-d_{ij-1}} & d_{ij}\geqslant a_i>d_{ij+1} & d_{ij-1}<a_i<d_{ij} \\ 0 & d_{ij-1}<a_i\leqslant d_{ij+1} & a_i\leqslant d_{ij-1} \end{cases} \tag{7.1.6}
$$

根据隶属函数和实测值，计算各单项因子对于评价标准的隶属度，可得到如下基于隶属度的模糊关系矩阵 $\boldsymbol{R}$：

$$
\boldsymbol{R}=\begin{bmatrix} r_{11} & \cdots & r_{1j} \\ \vdots & \ddots & \vdots \\ r_{i1} & \cdots & r_{ij} \end{bmatrix} \tag{7.1.7}
$$

根据加权法得到各要素的权重以及模糊数学法确立的模糊关系矩阵，依据：

$$
\boldsymbol{C}=\boldsymbol{BR} \tag{7.1.8}
$$

得到模糊综合评价结果向量 $\boldsymbol{C}$，进一步计算得到准则层气候因素、土壤因素、植被因素、水文因素的隶属度；按照模糊数学法中最大隶属度的要求，进行矩阵运算后，最终得到沉陷区地表生态环境质量的隶属度，其中Ⅰ级表示“优”、Ⅱ级表示“良”、Ⅲ级表示“一般”、Ⅳ级表示“差”。通过评价结果确定沉陷区各个评价单元的生态环境质量等级，为沉陷区地表生态环境质量的改善提供理论指导。

7.2 结果与讨论

7.2.1 评价因子权重

7.2.1.1 指标层因子权重

通过对评价指标的数据进行管理和分析，利用公式 7.1.1～7.1.3 对指标层指标权重进行计算，如表 7.4 和图 7.2 所示。

表 7.4 指标层生态环境质量评价指标的权重

指标	对照区	均匀沉陷区	非均匀沉陷区
年降水量	0.07	0.07	0.07
平均气温	0.12	0.12	0.13

续表

指标	对照区	均匀沉陷区	非均匀沉陷区
土壤水分	0.10	0.12	0.10
土壤 pH 值	0.01	0.01	0.01
土壤碱解氮	0.10	0.11	0.10
土壤有效磷	0.08	0.08	0.10
土壤速效钾	0.14	0.14	0.17
土壤有机质	0.04	0.05	0.03
乔木植被覆盖度	0.08	0.01	0.02
灌木植被覆盖度	0.04	0.03	0.04
草地植被覆盖度	0.04	0.03	0.04
0～2m 包气带水分	0.08	0.10	0.08
2～6m 包气带水分	0.08	0.09	0.09
6～10m 包气带水分	0.02	0.04	0.02

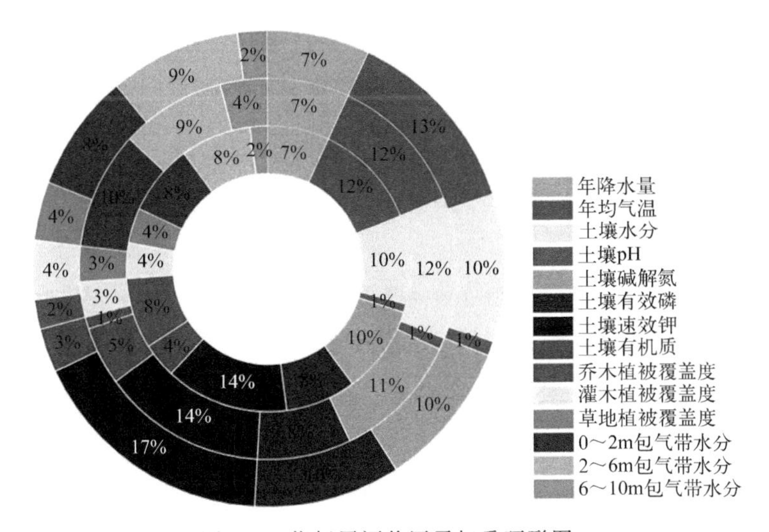

图 7.2　指标层评价因子权重环形图

7.2.1.2　准则层因子权重

准则层因子权重由各因子所包含的指标权重来确定，见表 7.5。

表 7.5　准则层生态环境质量评价指标的权重

生态因素	对照区	均匀沉陷区	非均匀沉陷区
气候	0.19	0.19	0.20
土壤	0.47	0.51	0.50
植被	0.16	0.10	0.07
水文	0.18	0.20	0.23

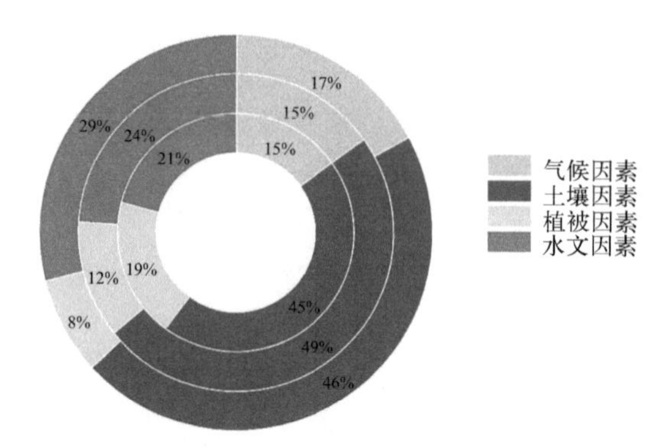

图 7.3 准则层评价因子权重环形图

由图 7.3 可知，土壤因素和水文因素在生态环境质量评价中权重较高，两项权重占比为 60%～70%，而气候因素和植被因素在生态环境质量评价中权重较低，两项权重占比为 30%～40%，表明在采煤沉陷区小区域尺度下，采煤沉陷导致的水土环境变化，是影响生态环境质量的主要因素。

7.2.2 评价因子隶属度

7.2.2.1 指标层因子隶属度

依据式(7.1.4)～(7.1.7) 计算各单项因子对评价标准 4 个级别的隶属度，对于 13 项评价因子即可得到如下的模糊关系矩阵（表 7.6）。

表 7.6 指标层生态评价指标隶属度值

隶属度值	对照区				均匀沉陷区				非均匀沉陷区			
	Ⅰ	Ⅱ	Ⅲ	Ⅳ	Ⅰ	Ⅱ	Ⅲ	Ⅳ	Ⅰ	Ⅱ	Ⅲ	Ⅳ
年降水量	0.00	0.00	0.61	0.39	0.00	0.00	0.61	0.39	0.00	0.00	0.61	0.39
年均气温	0.00	0.00	1.00	0.00	0.00	0.00	1.00	0.00	0.00	0.00	1.00	0.00
土壤水分	0.00	0.00	0.00	1.00	0.00	0.00	0.00	1.00	0.00	0.00	0.00	1.00
土壤 pH 值	1.00	0.00	0.00	0.00	1.00	0.00	0.00	0.00	1.00	0.00	0.00	0.00
土壤碱解氮	0.00	0.00	0.48	0.52	0.00	0.00	0.42	0.58	0.00	0.00	0.31	0.69
土壤有效磷	0.21	0.79	0.00	0.00	0.55	0.45	0.00	0.00	0.00	0.99	0.01	0.00
土壤速效钾	0.95	0.06	0.00	0.00	1.00	0.00	0.00	0.00	0.75	0.25	0.00	0.00
土壤有机质	0.00	0.06	0.94	0.00	0.00	0.24	0.76	0.00	0.00	0.00	0.98	0.02
乔木植被覆盖度	0.34	0.66	0.00	0.00	0.00	0.74	0.26	0.00	0.00	0.59	0.41	0.00
灌木植被覆盖度	0.00	0.90	0.10	0.00	0.00	0.88	0.12	0.00	0.00	0.80	0.20	0.00
草地植被覆盖度	0.00	0.93	0.07	0.00	0.00	0.92	0.08	0.00	0.00	0.78	0.22	0.00
0～2m 包气带水分	0.00	0.00	0.27	0.73	0.00	0.00	0.27	0.73	0.00	0.00	0.00	1.00
2～6m 包气带水分	0.00	0.00	0.37	0.63	0.00	0.00	0.33	0.67	0.00	0.00	0.23	0.77
6～10m 包气带水分	0.00	0.29	0.71	0.00	0.00	0.18	0.82	0.00	0.00	0.00	0.97	0.03

7.2.2.2　准则层因子隶属度

依据 $\boldsymbol{C}=\boldsymbol{BR}$，进一步计算得到准则层气候因素、土壤性质、植被状况、水文状况的隶属度（表 7.7）。

表 7.7　准则层生态评价指标隶属度值

评价单元	准则层	Ⅰ	Ⅱ	Ⅲ	Ⅳ	质量等级
对照区	气候	0.00	0.00	0.86	0.14	Ⅲ
	土壤	0.34	0.15	0.19	0.32	Ⅰ
	植被	0.17	0.79	0.04	0.00	Ⅱ
	水文	0.00	0.03	0.35	0.62	Ⅳ
均匀沉陷区	气候	0.00	0.00	0.86	0.14	Ⅲ
	土壤	0.46	0.10	0.12	0.32	Ⅰ
	植被	0.00	0.86	0.14	0.00	Ⅱ
	水文	0.00	0.02	0.37	0.61	Ⅳ
非均匀沉陷区	气候	0.00	0.00	0.86	0.14	Ⅲ
	土壤	0.22	0.20	0.17	0.41	Ⅳ
	植被	0.00	0.76	0.24	0.00	Ⅱ
	水文	0.00	0.00	0.26	0.74	Ⅳ

由图 7.4 可知，气候因素方面，三个区域评价结果都为Ⅲ级。大量研究表明，植被长势与气候因子关系密切，湿润气候能为植被生长提供良好的生长条件。而评价区年降雨量偏低，年蒸发量为年降水量的 5～10 倍，土壤水分和肥力均受到一定程度的影响，不利于地表植被的生长。

土壤因素方面，对照区和均匀沉陷区评价结果均为Ⅰ级，非均匀沉陷区评价结果为Ⅳ级。评价结果表明，开采沉陷对非均匀沉陷区土壤质量影响较大，对均匀沉陷区土壤质量则没有影响，甚至会有提升。这可能是由于非均匀沉陷区永久性地裂缝扩大了土壤养分的淋溶效应，使得养分向沉陷区盆底汇聚，造成非均匀沉陷区养分的下降和均匀沉陷区土壤养分的上升。

植被因素方面，三个区域评价结果均为Ⅱ级。其中对照区Ⅱ级隶属度 0.79，Ⅰ级隶属度为 0.17；均匀沉陷区Ⅱ级隶属度为 0.86；非均匀沉陷区Ⅱ级隶属度为 0.76。评价结果表明，开采沉陷对植被生长造成一定程度的影响，且非均匀沉陷区受到的影响大于均匀沉陷区。

水文因素方面，三个区域评价结果均为Ⅳ级。其中，对照区Ⅳ级隶属度为 0.62；均匀沉陷区Ⅳ级隶属度为 0.61；非均匀沉陷区Ⅳ级隶属度为 0.74。研

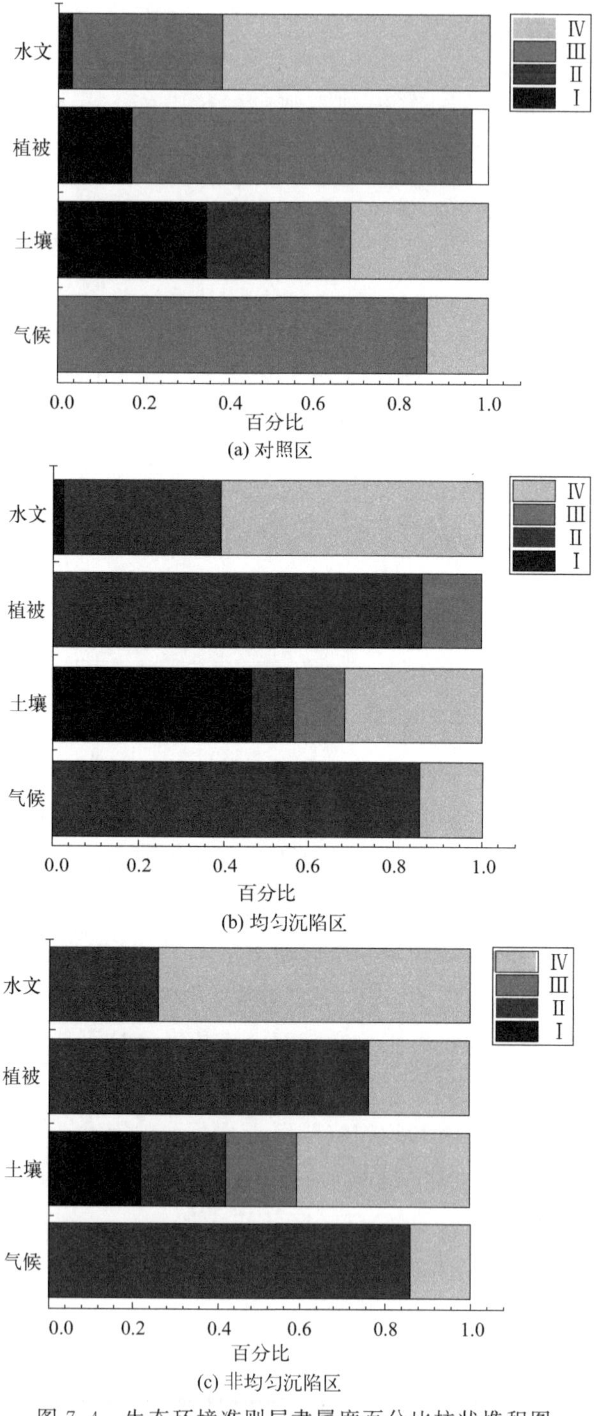

(a) 对照区

(b) 均匀沉陷区

(c) 非均匀沉陷区

图 7.4　生态环境准则层隶属度百分比柱状堆积图

究表明，在采煤过程中包气带水分的变化较为明显，不同受损区域的影响程度有所不同。均匀沉陷区包气带水分逐渐表现出“自修复”的现象，而非均匀沉陷区由于地表裂缝难以自我愈合，这种负面影响仍然存在，且在短期内难以恢复。

7.2.3 沉陷区地表生态环境质量综合评价

依据模糊数学法中最大隶属度原则，对模糊矩阵进行运算后，得到沉陷区地表生态环境质量目标层的隶属度（表 7.8）。

表 7.8　目标层隶属度

评价单元	Ⅰ	Ⅱ	Ⅲ	Ⅳ	质量等级
对照区	0.19	0.20	0.32	0.29	Ⅲ
均匀沉陷区	0.23	0.14	0.32	0.31	Ⅲ
非均匀沉陷区	0.11	0.15	0.34	0.40	Ⅳ

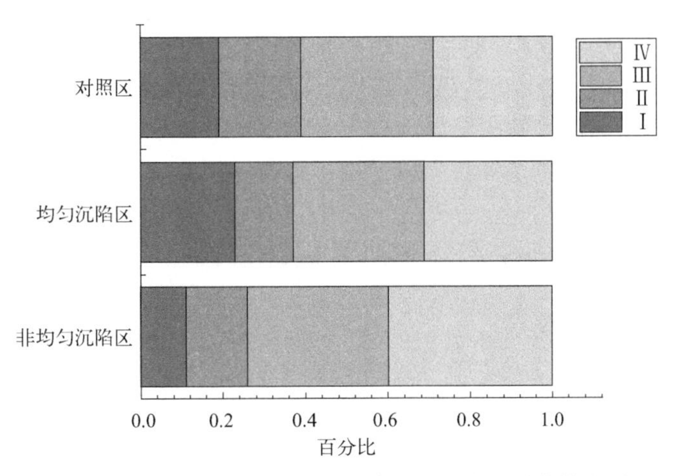

图 7.5　沉陷区地表生态环境综合评价百分比柱状堆积图

由图 7.5 可知，依据最大隶属度原则和参照的生态环境质量评价因子的评价分级，对照区的生态环境质量评价结果为Ⅲ级，生态环境质量为“一般”；均匀沉陷区的评价结果为Ⅲ级，生态环境质量为“一般”，与对照区接近；非均匀沉陷区的评价结果为Ⅳ级，生态环境质量为“差”。沉陷区地表生态环境综合评价结果表明，开采沉陷对非均匀沉陷区生态环境质量影响较大，生态环境质量由“一般”水平下降至“差”水平；而对于均匀沉陷区生态环境质量影响较小，生态环境质量等级未发生变化，表明均匀沉陷区生态环境质量已恢复至原始水平。

大量研究表明[9,20,22,30]，层次分析法评价指标相对丰富，计算过程相对合理，层次结构清晰，评价指标可根据研究区特性灵活选取，受研究区尺度变化的影响较小。本试验提出的层次结构模型适用于小尺度沉陷区的地表生态环境质量综合评价，评价结果与煤炭开采对地表生态环境的影响规律一致。与层次分析法相比，综合指数法是一种加权型多因子环境质量评价方法，在矿区生态环境评价中较为常用。如环保部颁布的《生态环境状况评价技术规范》（HJ/T 192—2015），以生态环境状况指数 EI 作为综合评价指数，反映生态环境质量。付国臣[31] 以霍林河矿区为研究对象，依据生物丰度、植被覆盖度、土地退化、环境质量 4 个指数，采用综合指数法确定各指标权重，计算得出 EI 指数，并对生态环境状况进行分级。然而，该方法假定不同自然条件下评价区域指标权重固定不变，不能反映地域差异，在评价生态环境状况时缺乏客观性[32]。随着遥感技术的发展，广大学者利用遥感方法快速获取地表生态要素信息，通过遥感生态指数 RSEI 反映生态环境质量，该方法具有指标数据稳定、易获取等优势[33]，其缺点在于 RSEI 指数对遥感指标依赖性较强，指标数量相对较少，缺乏反映沉陷区地表生态信息的测试性指标，较多应用于宏观尺度的矿区生态环境质量评价，不适用于小尺度沉陷区生态环境质量评价[20]。

7.2.4 沉陷区地表生态环境质量提升模式

7.2.4.1 开采减损模式

本研究预测三个工作面开采后地表沉陷范围为采空区外扩 450m（图 7.6），面积约为 675km^2，而采空区面积为 224km^2，沉陷区范围约为采空区范围的 3 倍，其中均匀沉陷区不足整个沉陷区范围的 1/9，这与浅部煤层超大工作面开采后形成的较大范围平底区存在较大差距[34-35]。此外，由于相邻工作面间预留 20m 宽度区段煤柱对上覆岩层无法起到有效支撑，相邻工作面开采会导致原本趋于稳定的老采空区地表发生二次变形，土壤和植被在重复扰动下受损加剧。因此，可以通过优化矿井开拓部署、科学预留区段煤柱、增加工作面宽度、加强地表控制等开采减损技术，减小地表变形程度，增大均匀沉陷区域，进而减小地表生态的损伤。

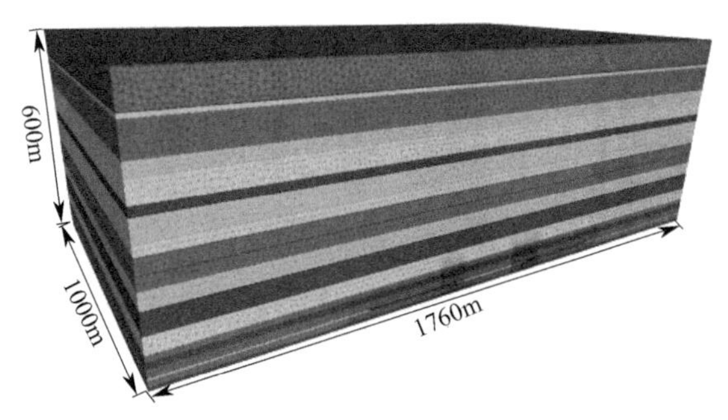

图 7.6　构建 $FLAC^{3D}$ 模型

7.2.4.2　分区修复模式

由沉陷区地表生态环境质量评价结果可知，对照区反映了该区域地表生态环境质量本底情况，评价结果为Ⅲ级，处于“一般”水平；均匀沉陷区地表生态环境质量与本底接近，同样为Ⅲ级的“一般”水平；非均匀沉陷区生态环境质量下降为Ⅳ级，处于“差”水平。因此，在生态修复与治理中，应该对均匀沉陷区和非均匀沉陷区实施差异化修复措施。

（1）自然修复

均匀沉陷区的土壤水肥条件较好，地表沉陷对植被生长影响较小，适宜采用封育修复技术，利用生态系统自我调节、自我修复能力使其自然恢复。

（2）人工修复

在非均匀沉陷区，土壤水分、养分受到地裂缝、塌陷等因素的影响造成流失，因此首先采取土地平整、地面裂缝回填措施来恢复土地的完整性，并配套实施灌溉排水设施等工程措施。进而通过土壤改良技术和植物配置优化技术，进行人工修复。

① 工程措施。

对于宽度较窄、可见深度较小的地裂缝，采取人工就地取土进行封堵、并填平夯实措施。这种作业方式的工程量小，且不会改变土地类型，土壤理化性质也基本保持不变。对于宽度和深度较大的沉陷错台地裂缝，可采取机械剥离，并采用覆土、超高水材料充填等方式。沉陷区土地完整性得到恢复后，配套建设鱼鳞坑、水平沟等灌溉排水设施，为实施植物措施奠定基础。

② 植物措施。

由于采煤沉陷对乔木生长的影响较大，而对灌木和草本植物影响较小。因此在该区域可以采用以灌草结合为主的植物配置方式，优选乡土植物沙柳、柠条、杨柴等沙生植物，并撒播沙米、沙蒿等草籽，通过人工补种和养护的方式提高植被覆盖率，增强生物多样性，并逐步提升土壤保水保肥能力，提高沉陷区地表生态环境质量。

7.3 地表生态环境智能评价预警模块

7.3.1 模块需求分析

7.3.1.1 软件技术需求

软件技术特点见表7.9。

表7.9 软件技术特点

开发的硬件环境	I7-9700＋3.00GHz＋16.0GB＋64位操作系统
运行的硬件环境	I5＋2.00GHz＋4.0GB＋32/64位操作系统
开发该软件的操作系统	Win10
软件开发环境/开发工具	Vistual studio 2010＋ArcEngine 10.0
该软件的运行平台/操作系统	Win7/Win8/Win10
软件运行支撑环境/支持软件	.net framework 4.0
编程语言	C#

表7.9所示的是地表生态环境智能评价预警的软件技术特点，主要包括易用性、扩展性和稳定性三个方面。

① 易用性。煤矿水文-地质-环境-生态智能评价预警软件的开发、运行环境要求较低，可兼容各类电脑设备，简洁易用，各个功能清晰明了，各种不同类型的用户能够快速了解和学习软件功能，提高软件的综合利用效率。

② 扩展性。采煤沉陷区地表生态环境随着外界环境的变化会受到不同因素、不同程度的影响，后期软件可能需要进一步整合更多的模块及功能，煤矿水文-地质-环境-生态智能评价预警软件编程语言采用C#语言设计，操作简单，用户可以直接在此软件基础上添加其它功能，能大大节约软件建设成本。

③ 稳定性。软件包括研究区的数据库查询、空间查询、空间分析、土壤水分空间插值展示、土壤养分空间插值展示、植被变化趋势展示、准则层生态环境要素等级评价和目标层生态环境等级评价。数据来源有开采数据、公共数据与监测数据，数据比较多且关系较为复杂。软件采用稳定的操作系统，不会导致数据泄露和生态环境等级的误判。

7.3.1.2 软件功能需求

为了刻画人类开采活动与各个生态环境要素的协同演变过程，需要对矿区各类生态环境要素进行大面积的同步观测。基于气象数据、实测数据与遥感数据的煤矿水文-地质-环境-生态智能评价预警软件在一定程度上满足采煤沉陷区的数据库查询、空间查询、空间分析、土壤水分空间插值展示、土壤养分空间插值展示、植被变化趋势展示、地表生态环境评价体系准则层生态环境要素等级评价和目标层生态环境等级评价等功能，确保系统在易用性、扩展性和稳定性等方面具有良好的保障，如图 7.7 所示。

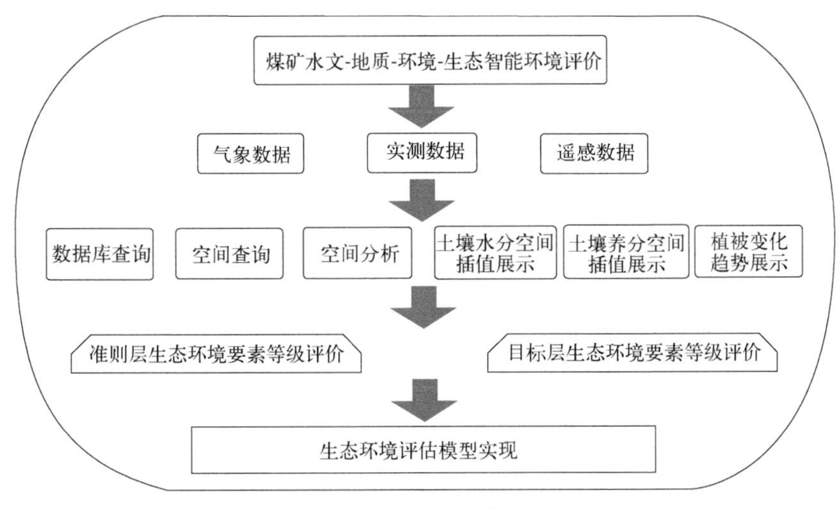

图 7.7　模块功能设计图

① 实现采煤沉陷区地表生态环境各生态要素调查结果的更新、展示和预警。对于具有生态阈值的生态要素，一旦超出其阈值范围，对矿区生态环境会产生较大影响，及时对超阈值的生态要素进行监测预警，分析问题的诱发机制、影响因素、危害性及其形成条件，并及时提出相应的治理和恢复措施。

② 实现采煤沉陷区地表生态环境智能评价。通过对比分析、区域统计、区域更新、距离分析、生态环境因子加权分析和隶属度计算得到生态环境状况分级、生态环境状况变化幅度分级。达到多尺度、多角度、多时空维度的成果展示与发布，同时具备数据分析功能。

③ 实现采煤沉陷区地表生态环境预警分析功能。对矿区自然资源环境和地表生态环境问题的形成条件、变化规律进行分析和模拟，并结合各个生态要

素进行环境评估，分析环境问题及存在的隐患，提出合理的治理意见。

7.3.2 模块结构设计

7.3.2.1 软件界面

软件结构良好、运行稳定、界面友好、交互性能好、层次清晰。软件采用模块化设计，并设置快捷按钮和工具，以方便用户操作。基于 C# + ArcEngine 的煤矿水文-地质-环境-生态智能评价预警软件主界面如图 7.8 所示，菜单栏主要包括数据库、空间查询、空间分析、土壤水分展示、土壤养分展示、植被变化趋势分析、地表生态环境准则层生态环境等级评价和目标层生态环境等级评价。

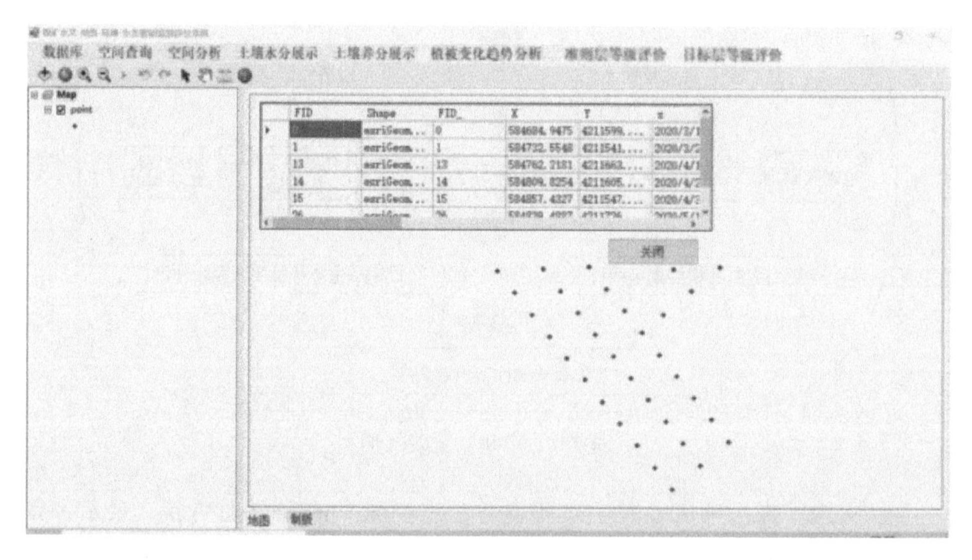

图 7.8 软件主界面图

7.3.2.2 空间数据管理

空间数据管理是以二维的地理空间数据为基础，实现数据同步、数据备份、数据恢复、数据导出、数据过滤、数据入库六大功能。当研究区地表生态环境的各个生态要素传输到模块时，若超过生态环境评估模型的标准会在软件上自动报警，同时会自动数据同步和数据备份，能够快速管理和了解所需的地理基础信息和地表生态环境信息。空间数据管理图如图 7.9 所示。

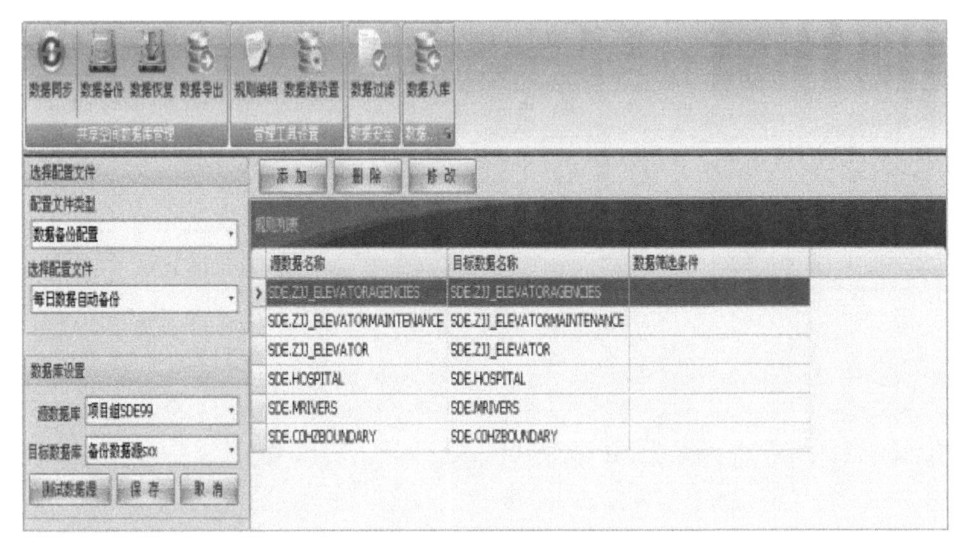

图7.9　空间数据管理图

7.3.2.3　空间数据分析

空间数据分析包括缓冲区分析和叠置分析。缓冲区功能可以及时对超阈值的生态要素进行监测预警，并依据缓冲区的环境条件，分析问题的诱发机制、影响因素、危害性及其形成条件。点击空间分析按钮，可依次选择缓冲区分析界面图，如图7.10所示。

叠置分析可以将基于相同坐标系统的多个地表生态环境的要素数据层相联系，可以得到复合评价结果图，从而分析问题的诱发机制、影响因素、危害性及其形成条件。点击空间分析按钮，可依次选择叠置分析界面图，如图7.11所示。

7.3.3　模块功能实现

本系统功能主要包括数据监测与预警功能、数据分析与可视化功能、生态环境评估模型实现功能等。

7.3.3.1　数据监测与预警

利用各种手段获取现场实时数据和调研数据，并传输到地表生态环境智能评价预警软件上，将指定的临时文件夹中的数据导入到数据管理系统中。数据包括矢量和栅格等类型，对于具有生态阈值的生态要素，一旦超出其阈值范

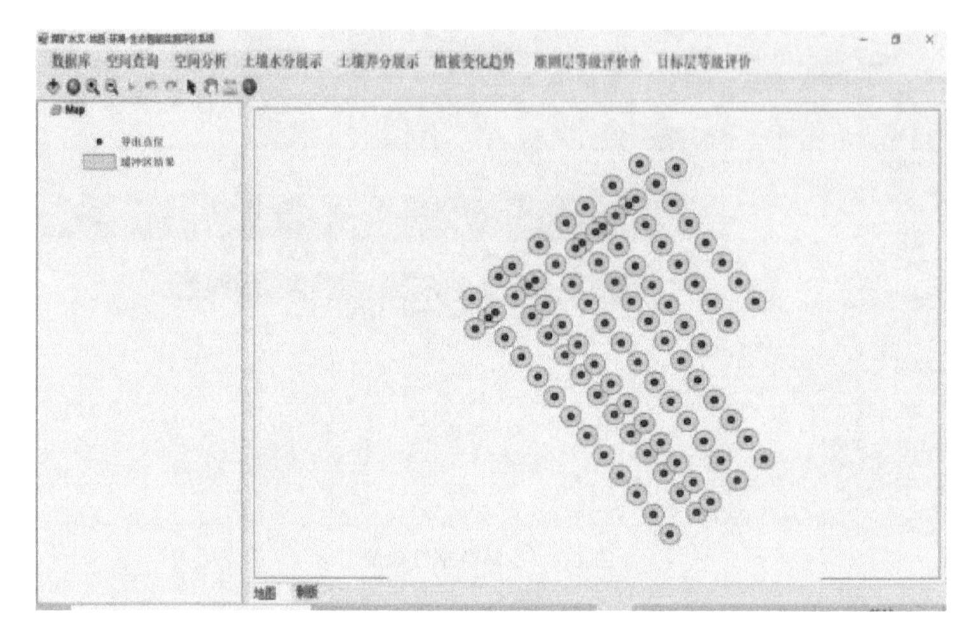

图 7.10 缓冲区分析界面图

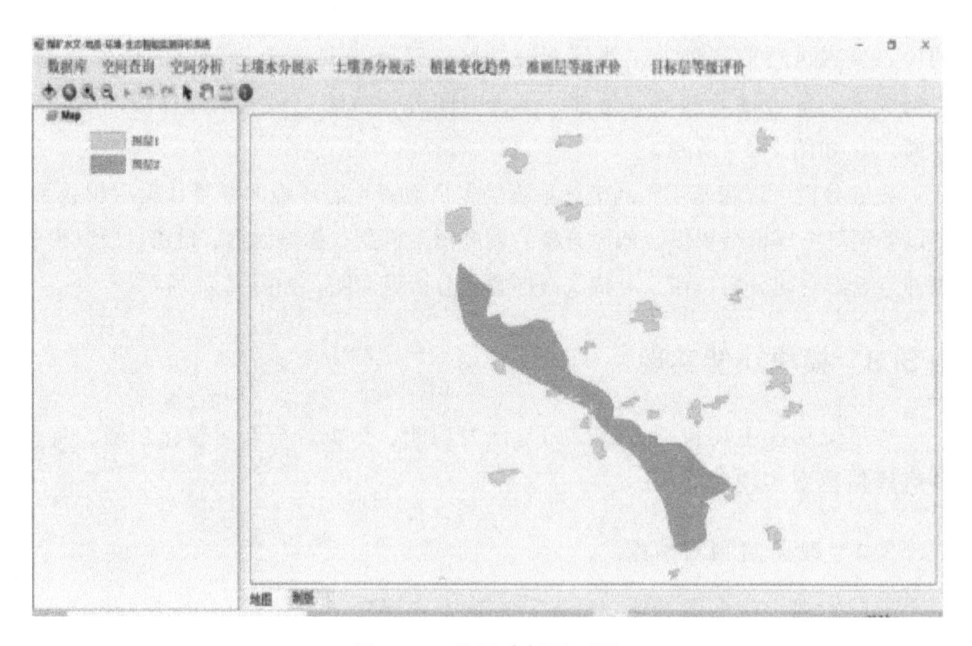

图 7.11 叠置分析界面图

围，就会对矿区生态环境产生较大影响，及时对超阈值的生态要素进行监测预警，可以防止地表生态环境发生进一步破坏，如图 7.12 所示。

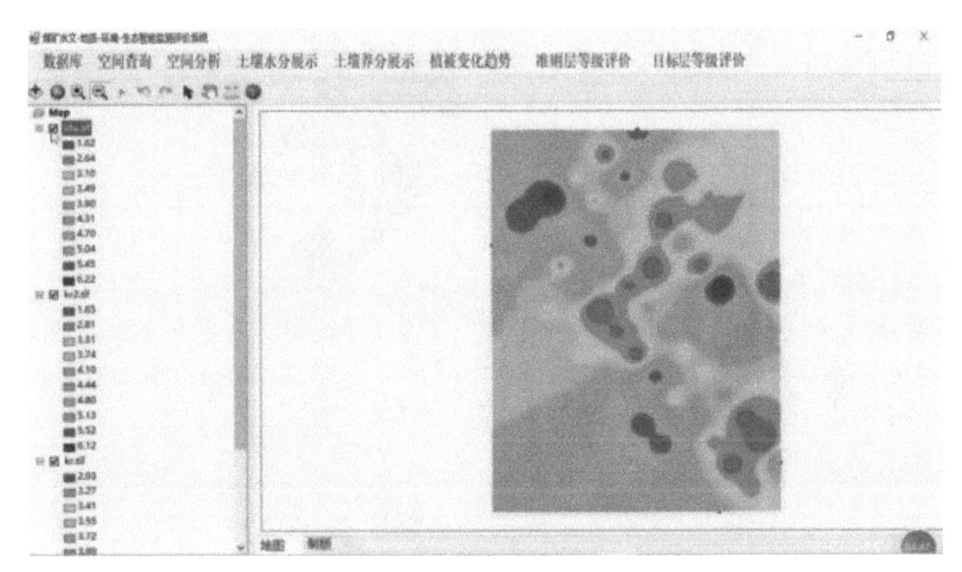

图 7.12　数据监测与预警界面图

7.3.3.2　数据分析与可视化

对于现场实时数据和调研数据的获取，利用各种传输手段将现场实时数据传输到服务器上，以便系统用户对现场情况进行全面把握。将指定的临时文件夹中的数据导入到数据管理系统中。

（1）土壤水分展示

点击土壤水分展示菜单栏，进入土壤水分展示界面，如图 7.13 所示。依据软件图示结果，可以及时发现土壤含水率低值区域和变化幅度较大的区域，并与该区域土壤养分、植被变化趋势和煤炭开采进度等信息进行对比分析，给出相应恢复治理措施。

（2）土壤养分展示

点击土壤养分展示菜单栏，进入土壤养分展示界面，如图 7.14 所示。依据软件图示结果，可以及时发现土壤养分低值区域和变化幅度较大的区域，并与该区域土壤水分、植被变化趋势和煤炭开采进度等信息作对比分析，防止土壤肥力下降间接导致植被退化，影响采煤沉陷区的地表生态环境。

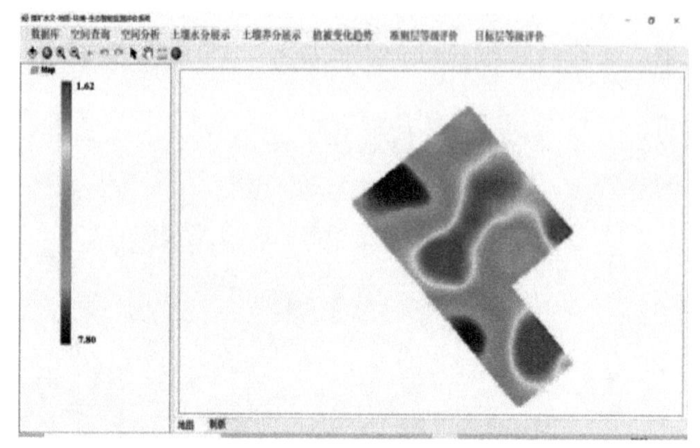

(a) 10cm土壤含水率分布图

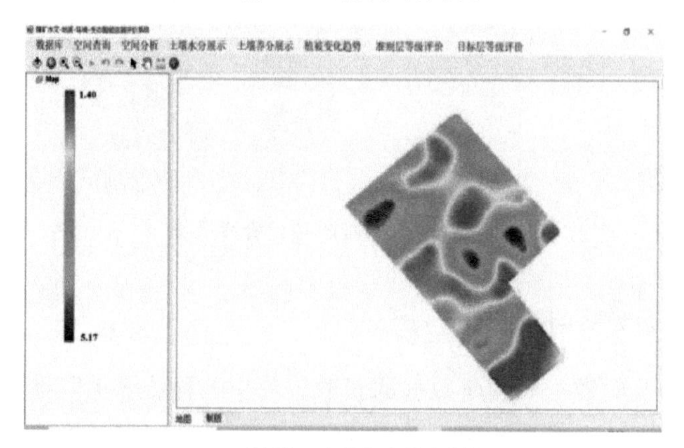

(b) 20cm土壤含水率分布图

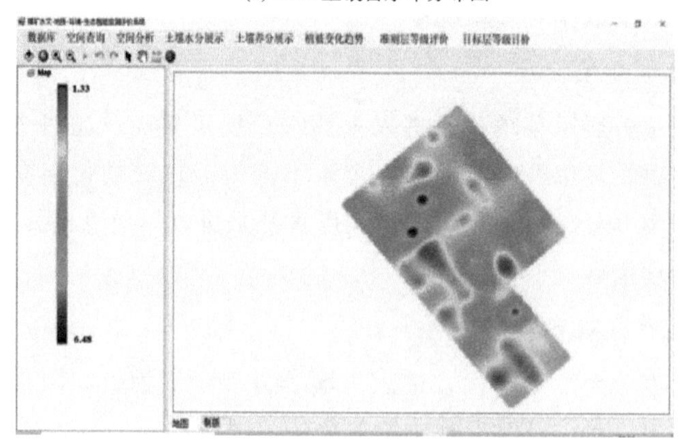

(c) 30cm土壤含水率分布图

图 7.13　土壤水分展示界面图

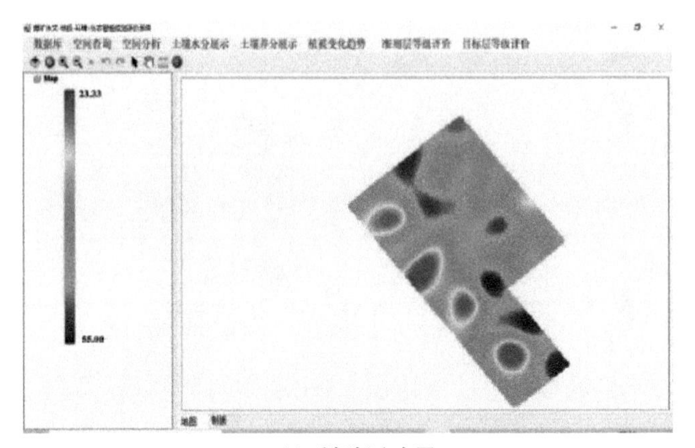

(a) 碱解氮分布图

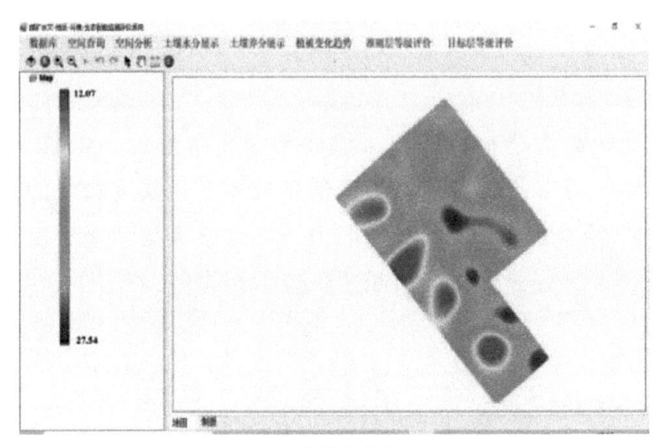

(b) 有效磷分布图

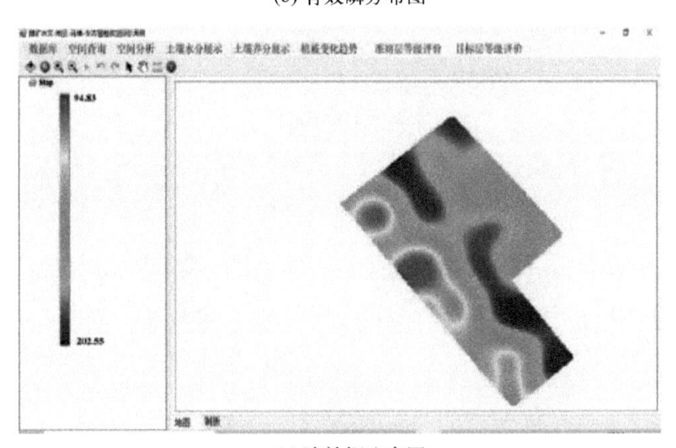

(c) 速效钾分布图

图 7.14

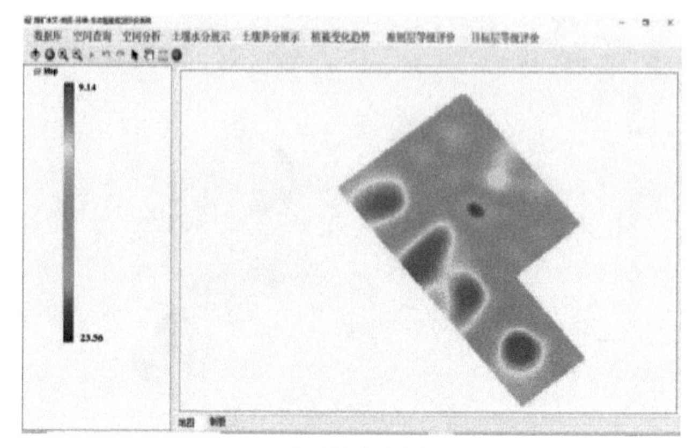

(d) 有机质分布图

图 7.14　土壤养分展示界面图

（3）植被变化趋势

点击植被变化趋势菜单栏，进入植被年份选择窗口，如图 7.15 所示。依据软件图示结果，可以及时发现植被低值区域和变化幅度较大的区域，利用单年植被变化分析多年植被变化趋势的原因，并结合土壤质量状况、自然气候和资源开发利用因素进行分析，给出相应恢复治理措施。

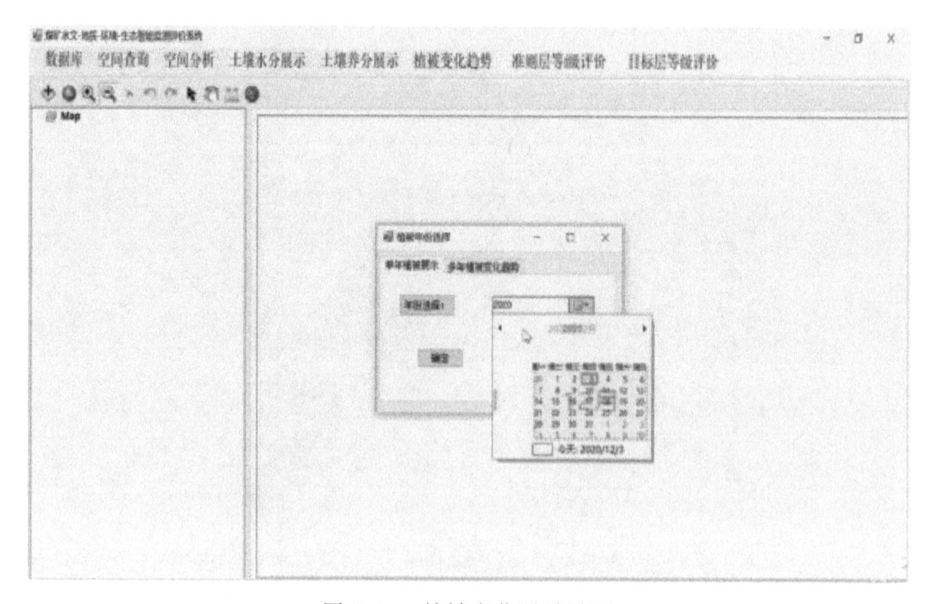

图 7.15　植被变化展示界面

点击年份时间选择控件，选择单年植被展示的年份，点击确定，展示所选定年份的植被空间分布。

点击多年植被变化趋势按钮，进入年份选择界面，如图 7.16 所示：

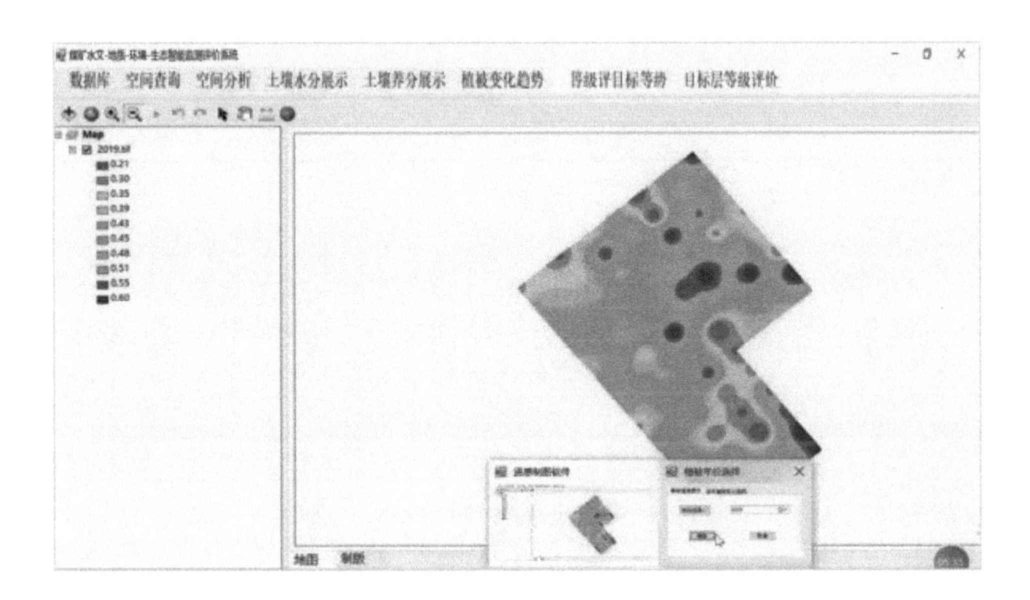

图 7.16　多年植被变化界面

7.3.3.3　生态环境评估模型实现

通过对比分析、区域统计、区域更新、距离分析、加权分析和生态评价计算得到生态环境状况分级、生态环境状况变化幅度分级，为纳林河矿区煤矿资源的开发利用和生态恢复提供理论依据。

(1) 准则层等级评价

点击准则层等级评价菜单栏，进入准则层等级评价窗口，依据最大隶属度原则和参照的生态环境评价因子的评价分级，对于评级较低的区域和时段，及时做出预警，给出恢复治理的措施，如图 7.17 所示。

(2) 目标层等级评价

点击目标层等级评价菜单栏，进入目标层等级评价窗口，得到综合评价结果。对于评级较低的区域和时段，及时做出预警，给出恢复治理的措施，如图 7.18 所示。

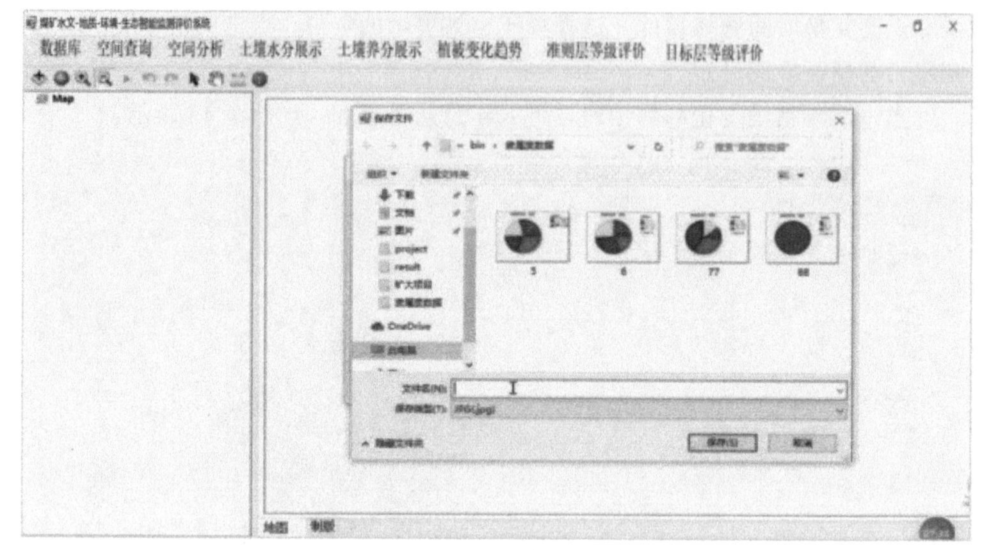

图 7.17　准则层等级评价图

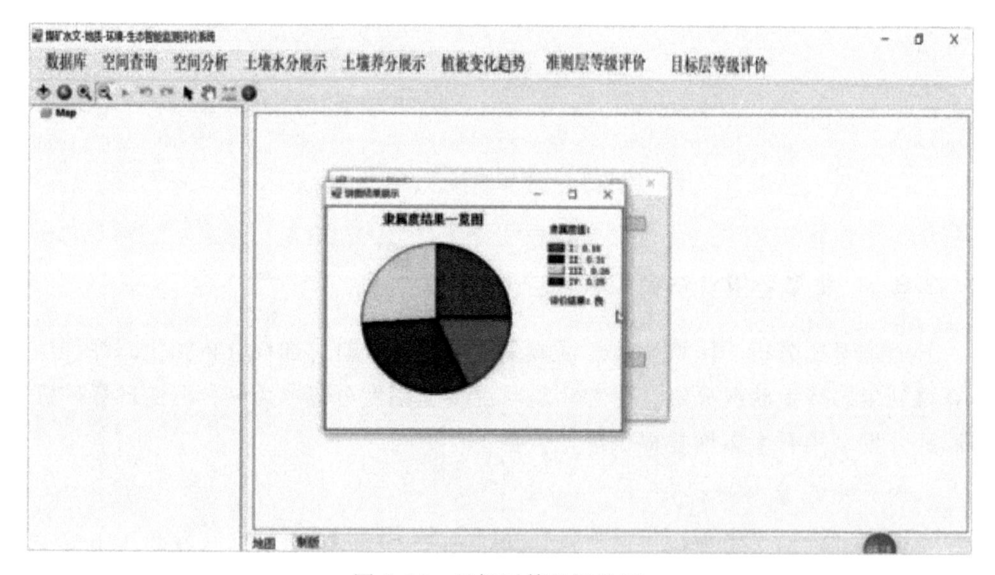

图 7.18　目标层等级评价图

7.4　小结

本章以西北荒漠区纳林河矿区为研究对象，主要阐述了 AHP 层次模型的建立方法，利用加权法和模糊综合评价法对地表生态环境质量进行综合评价和预警，实现小尺度沉陷区地表生态环境质量的综合评价，并基于GIS平台开发智能监测评价模块，结果表明：

① 土壤因素和水文因素在生态环境质量评价中权重较高，两项权重占比为60%～70%，气候因素和植被因素在生态环境质量评价中权重较低，两项权重占比为30%～40%。在小尺度沉陷区地表生态环境评价过程中，煤炭开采导致的水土环境变化是造成沉陷区生态环境质量差异的主要因素。

② 气候因素方面，三个区域评价结果均为Ⅲ级，气候因素对小尺度沉陷区的影响一致；土壤因素方面，对照区和均匀沉陷区评价结果均为Ⅰ级，非均匀沉陷区评价结果为Ⅳ级。采煤沉陷对非均匀沉陷区土壤质量影响较大，对均匀沉陷区土壤质量则没有影响，甚至会有提升。植被因素方面，三个区域评价结果均为Ⅱ级。不同等级隶属度值表明，开采沉陷对植被生长造成一定程度的影响，且非均匀沉陷区受到的影响大于均匀沉陷区。水文因素方面，三个区域评价结果均为Ⅳ级。不同等级隶属度值表明，采煤沉陷对非均匀土壤水分的影响较为显著，对均匀沉陷区几乎没有影响。

③ 对照区的生态环境质量综合评价结果为Ⅲ级，生态环境质量为“一般”水平；均匀沉陷区的评价结果为Ⅲ级，生态环境质量为“一般”水平，与对照区接近；非均匀沉陷区的评价结果为Ⅳ级，生态环境质量为“差”水平。沉陷区地表生态环境综合评价结果表明，采煤沉陷对非均匀沉陷区生态环境质量影响较大，生态环境质量下降；而对于均匀沉陷区生态环境质量影响较小，生态环境质量接近原始水平。

④ 建议通过优化矿井开拓部署、科学预留区段煤柱、增加工作面宽度、加强地表控制等开采减损技术，减小地表变形程度，增大均匀沉陷区域，进而减小地表生态的损伤；针对沉陷分区特点，实施差异化的分区修复模式。

⑤ 设计和开发的智能模块可实现研究区的空间查询、空间分析、土壤水分和养分展示、植被变化趋势分析和生态环境评估分级展示，为研究区域的煤矿资源的开发利用和生态恢复提供技术支持。

参考文献

[1] 徐嘉兴，李钢，陈国良，等. 矿区土地生态质量评价及动态变化 [J]. 煤炭学报，2013，38（S1）：180-185.

[2] 刘志钧. 矿区生态环境质量评价理论及预警方法研究 [D]. 青岛：山东科技大学，2005.

[3] 杨静. 矿区生态环境评价和预警的指标体系及方法的研究 [D]. 青岛：山东科技大学，2004.

[4] 陶涛. 井工煤矿开采生态环境影响评价指标体系研究及实例分析 [D]. 合肥：合肥工业大学，2012.

[5] 耿宜佳. 淮南煤矿区生态环境综合评价研究 [D]. 合肥：合肥工业大学，2016.

[6] 聂云超. 甘肃岷县禾驮金矿区小流域生态环境质量评价 [D]. 石家庄：河北地质大学，2020.

[7] Lv X, Xiao W, Zhao Y, et al. Drivers of spatio-temporal ecological vulnerability in an arid, coal mining region in Western China [J]. Ecological Indicators, 2019, 106: 1-18.

[8] 邵亚琴. 基于多源动态监测数据的草原区煤电基地生态扰动与修复评价研究 [D]. 徐州：中国矿业大学，2020.

[9] Han X, Cao T, Yan X. Comprehensive evaluation of ecological environment quality of mining area based on sustainable development indicators: A case study of Yanzhou Mining in China [J]. Environment, Development and Sustainability, 2021, 23 (5): 7581-7605.

[10] 郭蓬元，韩秀艳. 基于模糊可拓模型的煤炭开采区域生态环境质量评价研究 [J]. 环境科学与管理，2021，46 (03)：164-169.

[11] Guo J, Lu W, Jiang X, et al. A quantitative model to evaluate mine geological environment and a new information system for the mining area in Jilin province, mid-northeastern China [J]. Arabian Journal of Geosciences, 2017, 10 (20).

[12] 魏娜，唐倩. 采煤塌陷区土地质量评价指标体系探讨——以徐州矿区为例 [J]. 山东国土资源，2011，27 (03)：35-37.

[13] 丁翠. 赵固煤矿区景观生态质量变化及其生态效应评价 [D]. 焦作：河南理工大学，2018.

[14] 何祥亮. 淮北矿区杨柳矿地表沉陷综合评价及沉陷区生态恢复研究 [D]. 合肥：合肥工业大学，2009.

[15] Hao J, Xu G, Luo L, et al. Quantifying the relative contribution of natural and human factors to vegetation coverage variation in coastal wetlands in China [J]. Catena, 2020, 188: 104429.

[16] 郭春荣，董高鸣. 西部能源开发区土地生态状况质量评价——以伊金霍洛旗为例 [J]. 内蒙古师范大学学报：哲学社会科学版，2015 (44)：76.

[17] 杨磊. 陕北煤矿沉陷区边坡土壤因子分析及质量评价 [D]. 西安：西安科技大学，2019.

[18] 杨德军，雷少刚，卞正富，等. 土壤物理质量指标研究进展及在矿区环境中的应用展望 [J]. 长江流域资源与环境，2015，24 (11)：1961-1968.

[19] 覃欣，熊娟. LabVIEW 数据处理中 3σ 准则的应用 [J]. 中国测试，2009，35 (05)：66-69.

[20] 夏楠. 准东矿区生态环境遥感监测及生态质量评价模型研究 [D]. 乌鲁木齐：新疆大学，2018.

[21] Meng R F, Yang H F, Liu C L. Evaluation of water resources carrying capacity of Gonghe basin based on fuzzy comprehensive evaluation method [J]. 地下水科学与工程：英文版，2016，4 (3)：213-219.

[22] Zhang Y, Lu W, Guo J, et al. Geo-environmental impact assessment and management information system for the mining area, Northeast China [J]. Environmental Earth Sciences, 2015, 74 (10): 7173-7185.

[23] Yang Y, Ren X, Zhang S, et al. Incorporating ecological vulnerability assessment into rehabilitation planning for a post-mining area [J]. Environmental Earth Sciences, 2017, 76 (6): 245.

[24] Hao Y, Zhenqi H U, Yang Z. Integrated Evaluation of Ecological Environment Damage in Shendong Mining Area Based on RS and GIS [M]. 北京：科学出版社，2007.

[25] 裴文明. 淮南潘谢矿区生态环境动态监测及预警研究 [D]. 南京：南京大学，2016.

[26] 杨静. 改进的模糊综合评价法在水质评价中的应用 [D]. 重庆：重庆大学，2014.

[27] 杨国强，王承安，王贺祥. 基于北斗卫星导航系统技术的矿山地质环境动态监测体系研究 [C] //第十届中国卫星导航年会，北京，2019.

[28] 丁绍刚，朱嫣然. 基于层次分析法与模糊综合评价法的医院户外环境综合评价体系构建 [J]. 浙江农林大学学报，2017，34 (06)：1104-1112.

[29] 李媛媛，万金保. 模糊综合评价法在都阳湖水质评价中的应用 [J]. 上海环境科学，2007，26 (5)：215-218.

[30] Yang Z, Li W, Li X, et al. Assessment of eco-geo-environment quality using multivariate data: A case study in a coal mining area of Western China [J]. Ecological Indicators, 2019, 107: 105651.

[31] 付国臣. 矿区规划环评生态环境影响研究 [D]. 呼和浩特：内蒙古大学，2013.

[32] 房阿曼. 内蒙古东部干旱半干旱草原矿区生态累积效应研究 [D]. 徐州：中国矿业大学，2020.

[33] 胡思汉，姚玉增，付建飞，等. 基于 RSEI 指数的东北矿区生态质量变化评价：以辽宁弓长岭区为例 [J]. 生态学杂志，2021，40 (12)：1-11.

[34] 陈超. 风沙区超大工作面地表及覆岩动态变形特征与自修复研究 [D]. 北京：中国矿业大学（北京），2018.

[35] 李全生，贺安民，曹志国. 神东矿区现代煤炭开采技术下地表生态自修复研究 [J]. 煤炭工程，2012 (12)：120-122.